# はじめての MEMS

Micro Electro Mechanical Systems

江刺 正喜 著
Esashi Masayoshi

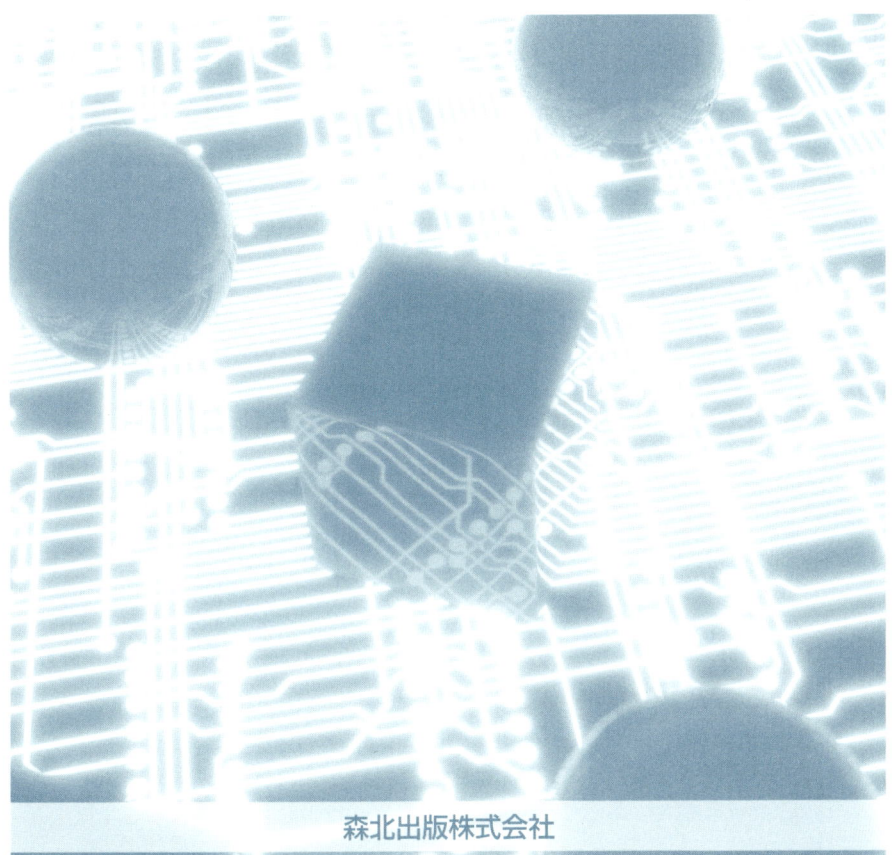

森北出版株式会社

● 本書のサポート情報を当社Webサイトに掲載する場合があります．下記のURLにアクセスし，サポートの案内をご覧ください．

https://www.morikita.co.jp/support/

● 本書の内容に関するご質問は，森北出版 出版部「(書名を明記)」係宛に書面にて，もしくは下記のe-mailアドレスまでお願いします．なお，電話でのご質問には応じかねますので，あらかじめご了承ください．

editor@morikita.co.jp

● 本書により得られた情報の使用から生じるいかなる損害についても，当社および本書の著者は責任を負わないものとします．

■ 本書に記載している製品名，商標および登録商標は，各権利者に帰属します．

■ 本書を無断で複写複製（電子化を含む）することは，著作権法上での例外を除き，禁じられています．複写される場合は，そのつど事前に(一社)出版者著作権管理機構（電話03-5244-5088，FAX03-5244-5089，e-mail：info@jcopy.or.jp）の許諾を得てください．また本書を代行業者等の第三者に依頼してスキャンやデジタル化することは，たとえ個人や家庭内での利用であっても一切認められておりません．

## は　じ　め　に

　MEMS（Micro Electro Mechanical Systems）は異種技術の融合で，幅広い知識が必要とされるため，それを提供できる書籍が必要である。教科書などには単独著者のものを使うようにしているが，それは多人数で分担して書かれたものに比べ系統的な内容にできるためである。しかし単独著者で書かれたMEMS分野の日本語の専門書は見かけないため，そのようなMEMS関係の書籍を書いてみたいと思ったのが，執筆のきっかけである。

　MEMSはSiチップ上に信号処理のためのトランジスタだけでなく，感じるセンサや動く運動機構などさまざまな要素を形成するもので，いろいろなシステムの鍵を握る部分で重要な働きをしている。半導体集積回路の製作技術を発展させて，ある程度立体的な構造を作る，「マイクロマシーニング」と呼ばれる微細加工技術がMEMSの製作に用いられる。半導体集積回路を作るにはフォトリソグラフィ技術が基本になっているが，これではマスクパターンを一括転写することで，多数の小さなトランジスタからなる複雑な集積回路を作ることができる。しかし進化をし続けて高度に微細化した集積回路技術も，最先端では経済性で行き詰まりを見せている面がある。すなわち設備投資が巨額なものになり，大量生産品でないと採算が合わないのである。これに対してMEMSでは，電子回路だけでなく機械や光あるいは材料などの異種技術を導入する。また脳のような情報処理機能に留まらず，入力部にあたる感覚器のようなセンサ機能，あるいは出力部などに関係する運動（アクチュエータ）機能なども実現する。このように半導体微細加工技術の特長を活かし，小さくて複雑なものを大量につくりながら，同時に多様な異種要素を取り込むことにより，大きな付加価値をもったものがMEMSである。以下のような内容で本書は構成されている。

　1章のマイクロマシーニングとMEMSでは，この技術の全体を理解してい

ただくことを目的に概論を述べている。2章では製作に関して説明したが，エッチングなどの個別技術の後，それらを組み合わせたプロセスについて，特に回路との集積化やパッケージングなどに重点をおいてまとめた。3章は要素として，センサ，アクチュエータ，エネルギー源に分けて，原理や具体例を説明した。4章では応用分野ごとに述べ，最後にMEMSビジネスということで産業化への課題などを議論した。それぞれ，関係する基礎や応用を本全体で参照し合うことができるようにしてある。

多くの知識を組み合わせ，互いに協力し合い，高度な技術をきめ細かに駆使して実現するのがMEMSである。MEMS産業の売り上げは毎年13%程の割合で拡大し，われわれの身の回りでますます重要な働きをしている。このように半導体産業はより一層知識集約した，「ヘテロ集積化」と呼ばれるような次世代産業へと進化しつつある。しかし従来の集積回路のように同じ製造技術をいろいろな種類に共通に利用することはできず，品種ごとに異なる製造方法を開発しなければならない。多くの高額の設備を使用するが，製造技術が共通でないために装置の稼働率は必ずしも高くなく，また多品種で多くの場合は少量しか必要とされないため，設備投資や研究開発投資を回収することは容易ではない。しかし知恵を出し合い，幅広い経験を持つ人材を育て，うまくいくように仕組を工夫して，このような困難を克服していくところに，次世代産業が生まれ人々の働く場ができる。それに本書が役立つことを期待している。

なお，本書では脇道にそれてしまうような内容については，コラムとして掲載をした。

本書は，2009年9月に工業調査会から「はじめての」シリーズとして出版された初版を継続して森北出版より発行することになったものである。

2010年12月

江刺　正喜

# CONTENTS

はじめに

第 1 章　マイクロマシーニングと MEMS
 1.1　**マイクロマシーニングと MEMS** ────── 8
 1.2　**MEMS の歴史** ────── 11

第 2 章　MEMS の製作
 2.1　**パターニング** ────── 16
  2.1.1　フォトレジスト　16
  2.1.2　レジストの塗布　18
  2.1.3　露光　21
  2.1.4　マイクロコンタクトプリンティング他　26
 2.2　**エッチング** ────── 32
  2.2.1　ウェットエッチング　33
  （1）　等方性エッチング　33
  （2）　結晶異方性エッチング　34
  （3）　不純物濃度依存性エッチング　37
  （4）　ポーラス Si　41
  （5）　多層金属膜の異常エッチング　43
  2.2.2　ドライエッチング　45
  （1）　等方性エッチング　45
  （2）　反応性イオンエッチング　47

2.3　堆積と応力制御 ─────────────────────── 54
　　2.3.1　気相堆積　54
　　2.3.2　液相堆積　59
　　2.3.3　応力制御　61
2.4　接合 ─────────────────────────── 68
　　2.4.1　陽極接合　68
　　2.4.2　直接接合とプラズマ支援接合　71
　　2.4.3　その他の接合　74
2.5　複合プロセス ─────────────────────── 79
　　2.5.1　バルクマイクロマシーニング　79
　　2.5.2　表面マイクロマシーニング　80
2.6　集積化 ──────────────────────────── 86
　　2.6.1　SoC MEMS　87
　　　（1）　Pre CMOS　87
　　　（2）　Post CMOS　89
　　2.6.2　SiP MEMS　94
2.7　パッケージングと組立 ──────────────────── 98
2.8　設計・評価 ────────────────────────── 109

## 第3章　MEMSの要素

3.1　センサ ─────────────────────────── 120
　　3.1.1　ピエゾ抵抗型センサ　120
　　3.1.2　静電容量型センサ　123
　　3.1.3　共振型センサ　125
3.2　アクチュエータ ───────────────────── 128
　　3.2.1　静電アクチュエータ　128
　　3.2.2　圧電アクチュエータ　132
　　3.2.3　電磁アクチュエータ　135
　　3.2.4　熱型アクチュエータ　137

3.2.5 界面現象などを利用するポンプ　137
3.3 **エネルギー源** ───────────────────────── 142

# 第4章　MEMSの応用
4.1 **自動車・家電応用** ───────────────────── 150
   4.1.1 圧力センサ　150
   4.1.2 加速度センサ　152
   4.1.3 角速度センサ（ジャイロ）　155
4.2 **情報・通信応用** ───────────────────── 163
   4.2.1 入力　163
   4.2.2 出力　165
   4.2.3 外部記録　171
   4.2.4 通信　174
4.3 **製造・検査応用** ───────────────────── 184
   4.3.1 成形用モールド　184
   4.3.2 マスクレス描画　185
   4.3.3 LSIテスト用プローブカード　188
   4.3.4 赤外線センサ（イメージャとガスモニタ）　189
   4.3.5 保全用センシング　191
   4.3.6 気体・液体の制御　192
   4.3.7 マイクロプローブ　196
4.4 **医療・バイオ応用** ───────────────────── 200
   4.4.1 神経インタフェース　200
   4.4.2 体内埋め込み　201
   4.4.3 光学診断機器と内視鏡　202
   4.4.4 カテーテル　204
   4.4.5 生体成分分析とDNAチップ　208
4.5 **MEMSビジネス** ───────────────────── 218

## コラム

| | | |
|---|---|---|
| ［コラム 1］ | MEMS によるガスクロマトグラフ | 13 |
| ［コラム 2］ | セルフアセンブリ | 29 |
| ［コラム 3］ | 選択研磨 | 44 |
| ［コラム 4］ | 低温 Deep RIE | 50 |
| ［コラム 5］ | 改質加工（サーモマイグレーション，温度勾配帯溶融法） | 66 |
| ［コラム 6］ | 陽極接合による真空封止 | 75 |
| ［コラム 7］ | 共振ゲートトランジスタ | 85 |
| ［コラム 8］ | 低応力厚膜の epi-poly-Si（エピタキシャルポリシリコン） | 95 |
| ［コラム 9］ | レーザで割れ目を入れるダイシング | 107 |
| ［コラム10］ | MEMS 材料の機械的特性 | 115 |
| ［コラム11］ | 触覚イメージャ | 126 |
| ［コラム12］ | クヌーセンポンプ | 140 |
| ［コラム13］ | 超小形ガスタービンエンジン発電器 | 146 |
| ［コラム14］ | 原子力潜水艦のナビゲーションに用いられてきた静電浮上回転ジャイロ | 161 |
| ［コラム15］ | 20 年間あきらめなかった DMD 開発 | 181 |
| ［コラム16］ | カーボンナノチューブラジオ | 198 |
| ［コラム17］ | 多孔神経再生電極 | 215 |
| ［コラム18］ | MEMS 企業 9 社の連携プロセスによる MEMS 携帯ストラップ | 221 |

# 第1章
## マイクロマシーニングとMEMS

この章では，本書で説明する各章のMEMS技術の位置付けと関係を示した。MEMSを製作する微細加工技術「マイクロマシーニング」の原理を示し，一括加工ができるという特徴を生かした応用の広がりを述べた。最後に，MEMSの歴史の概要を紹介した。

## 1.1　マイクロマシーニングとMEMS

集積回路技術を発展させた「マイクロマシーニング」と呼ばれる微細加工技術により，回路だけでなく微細構造体やセンサ，あるいは機械的に動くアクチュエータを一体化・集積化した「MEMS（Micro Electro Mechanical Systems）」を作ることができる[1]~[3]。これらは，小形で高度な働きをする部品あるいはサブシステムとして，システムの鍵を握る部分に広く使われている。マイクロマシーニングでは，フォトマスクのパターンを一括転写するフォトファブリケーション（フォトリソグラフィ）を基本にして，多数の微細な要素からなる複雑なシステムをチップ上に形成し，これをSiウェハ上に並べて製作することができる。

図1.1には，このフォトファブリケーションを基本としたマイクロマシーニングの原理を示す。フォトマスクのパターンを紫外光で転写し，感光性のフォ

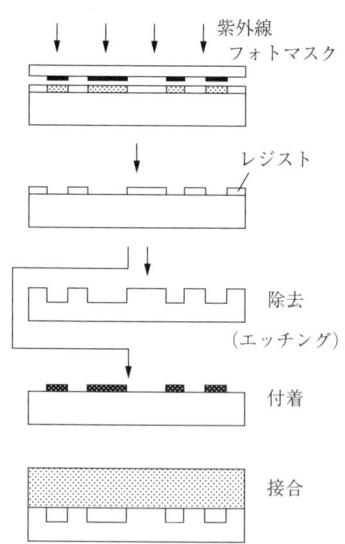

図1.1　フォトファブリケーションを基本とした
　　　　マイクロマシーニング

トレジスト（省略してレジストとも呼ぶ）によるパターンを基板上に形成する。レジストのない部分から下地の材料をエッチングする除去加工，あるいはレジストを鋳型にして金属をめっきする電鋳と呼ばれる付着加工が行われる。なおエッチングで加工した Si 基板をガラス基板などに接合するようなこともできる。このように平面的な加工であるフォトファブリケーションの技術を基本にして，ある程度の立体的（2.5次元的）な微細加工技術を行うのが，マイクロマシーニングである[4]〜[6]。またこれにカーボンナノチューブのように，ナノ構造を分子レベルで自己組織的に形成できる「ナノマシニング」を部分的に適用することもでき，これは「NEMS（Nano Electro Mechanical Systems）」と呼ばれる。

図 1.2 には機械加工とマイクロマシーニングを比較して示す。従来の機械加工では，各部品を異なる場所で並列に加工することができるが，その組立は直列に順次なされる。このため部品点数が多い複雑なシステムを作るのには適していない。この場合の部品レベルの加工段階では，プレス加工や射出成形のように型を用いた複製が適用される。これに対してマイクロマシーニングでは，同一基板に一括してフォトファブリケーション，および付着加工や除去加工などを順次適用するため，加工は直列に行われる。フォトマスクパターンの転写を繰り返し完成した段階で，組み立てられた状態にでき上がり，言わば組立は並列になされることになる。このフォトファブリケーションは平面的な手法で

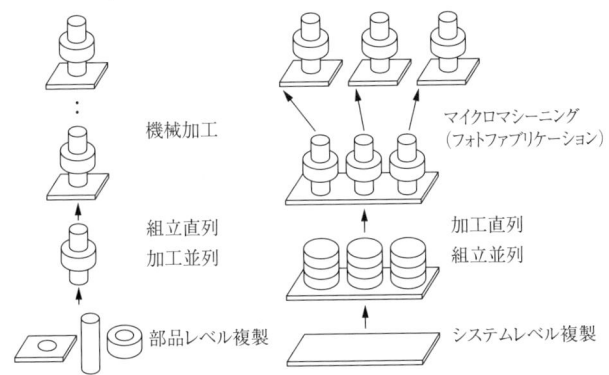

図1.2　機械加工とマイクロマシーニング

あり，しかも一体で製作するため加工上の制約も多いが，沢山の要素からなる複雑なシステムを，ウェハ上に多数同時に作ることができる．この場合は光でフォトマスクパターンを一括転写するため，いわばシステムレベルで複製が行われるといえる．なお生物の場合には，各細胞の中でDNAの複製，すなわち設計情報レベルでの複製が行われており，この設計情報を基に作られるたんぱく質が集まって形成される．

このようにフォトファブリケーションを基本とした，一括加工のマイクロマシーニングで作られるMEMSデバイスの特長は，小形化，一体化（集積化），低コスト化（量産性）にある．

小形化の特長により，場所を占有しないことや高空間分解能であるだけでなく，高感度で高速に応答するセンサや，低電力で速く動くアクチュエータなどを可能にする．熱容量や熱時定数なども小さくなるため，熱型デバイスなども役に立つ．

一体化の特長により，構造体，センサ，回路，アクチュエータなど多様な要素を複数含む，高機能なシステムが実現できる．光集積化と呼ばれる光部品を一体化した技術では，光軸合わせなどを必要とせずに小形の光システムが安価に実現できる．また回路を集積化することでは，静電容量検出回路の集積化により寄生容量や雑音の影響を減らして微小容量検出ができる．いっぽう寄生インダクタンスを減らすことは高周波において有利になるが，これには高周波用の微細トランジスタとMEMSのプロセス整合性が要求され，回路を破壊しない低温プロセスなどで作らなければならない．この他多数配列したものでリード線の数を減らすのに，スイッチング回路などを集積化することが有効で，インクジェットプリンタのヘッドのような1次元アレイ，あるいはイメージャやビデオプロジェクタチップのような2次元アレイなどに回路の集積化は不可欠になっている．なおこの回路を集積化することについては2.6で述べる．

低コスト化の特長により，フォトファブリケーションによる一括加工で，多数の要素からなる複雑なシステムのチップをウェハ上に多数製作できる．このため量産化が可能で，産業的には寡占化に繋がる．

図 **1.3** のように，MEMSは光・機械・電子・材料などの幅広い技術分野の

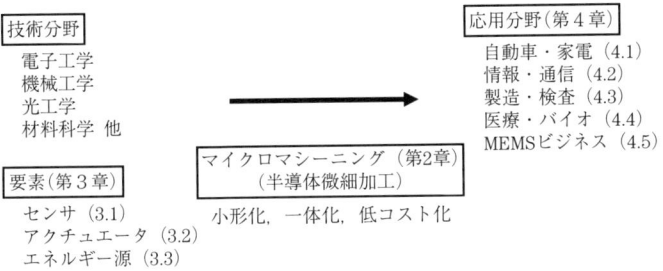

図1.3 技術分野と応用分野

組み合わせであると同時に，自動車・家電，情報・通信，製造・検査，医療・バイオなどの幅広い応用分野で，システムの鍵を握る重要な部品として用いられる．図には本書で説明する各章の関係も同時に示してある．

## 1.2 MEMSの歴史

表1.1にはMEMSの歴史の概要を示す．1960年代に結晶異方性エッチングや陽極整合などの基本技術ができ，1970年代に米国のスタンフォード大学の電気工学科を中心に具体的な応用の研究が始った．1980年代になると，圧力センサが自動車の排気ガス規制をクリアするためエンジン制御に用いられるようになった．またインクジェットプリンタのヘッドとして使われ始めた．1987年頃から米国でMEMS（Micro Electro Mechanical Systems）と呼ばれるようになったが，欧州では主にマイクロシステムと呼ばれてきた．1990年頃から自動車にエアバックが装備されると，車の衝突を検出するため加速度センサが用いられるようになった．

またチップ上に回路とともに多数の可動ミラーを形成した，図1.4に示すDMD（Digital Micromirror Device）が米国のテキサスインスツルメンツ社で開発され，ビデオプロジェクタに用いられるようになった[7]．DMDは回路基板上にAl$_3$Ti製の鏡が多数平面上に配列されており，静電力でそれらが独立に高速で動き，それに光を反射させることによってビデオプロジェクタとして用いられている．

表1.1　MEMSの歴史

|  | 1960年代 | 1970年代 | 1980年代 | 1990年代 | 2000年代 |
|---|---|---|---|---|---|
|  |  | スタンフォード大学で研究 | 名称MEMS |  |  |
| 圧力センサ |  | Si圧力センサ研究（ハネウェル,トヨタ中研） | エンジン用圧力センサ（自動車排ガス対策） | 血圧センサ | タイヤ圧モニタ（Bosch） |
| 加速度センサ |  |  |  | 自動車エアバッグ（ADI）　ハードディスク保護 | ゲームユーザーインタフェース |
| 角速度センサ（ジャイロ） |  |  |  | 自動車走行安全制御 | デジカメ手振補正 |
| マイクロホン |  |  | MEMSマイク研究・製品化 |  | 携帯電話用 |
| RFMEMS |  |  |  | FBAR（アジレント2001） | 周波数源（SiTIME2006） |
|  |  | アレイ・集積化 |  |  |  |
| インクジェットプリンタ |  | プリンタヘッド研究（IMB 1978） | 熱型インクジェットヘッド（HP, キヤノン1987） |  |  |
| ディスプレイ |  | DMDプロジェクタ研究（TI社 1977） | DMDプロジェクタ製品化（TI社 1996） |  | ピコプロジェクタ（TI社） |
| 熱型赤外イメージャ |  |  | 実用化開始（ハネウェル, NEC) |  | 自動車ナイトビジョン（GM2000） |

(左側ラベル：自動車 / IT)

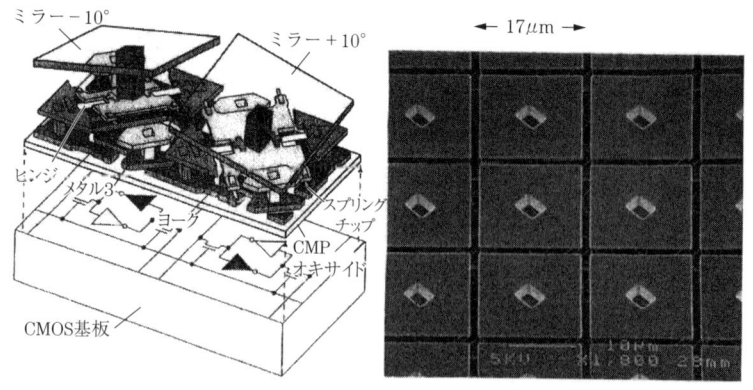

図1.4　ビデオプロジェクタに用いられるDMDチップ

2000年代になると角速度センサ（ジャイロ）が自動車の高度な安全装備に用いられるようになると同時に，それはデジタルカメラの手振れ防止にも使用されている。また加速度センサがゲームや携帯情報機器のユーザインタフェースなどに使われるようになった。

---

コラム 1

## MEMSによるガスクロマトグラフ

1979年にスタンフォード大学から，ウェハ上のガスクロマトグラフの発表が行われている[8]。これは図1.5のように直径5cmのSiウェハ上にガスクロマトグラフの装置を製作したものである。当時は米ソの宇宙開発競争時代で，宇宙船で運んで火星などの大気を分析する小形のガス分析装置を製作するため，NASA（米国航空宇宙局）からの委託で研究が行われた。Si基板上にガス注入バルブと分離カラム，および熱伝導検出器が形成されており，アクチュエータやセンサを一体で形成したMEMSの最初のデバイスと言えるものである。検出器は自己支持薄膜にヒータが形成されており，分離カラムで時間的に分けられたガスを熱伝導率の違いで検出する。このデバイスは分離カラムだけ別にする形で携帯用ガス分析装置として実用化された。

その後米国のミシガン大学では，空港などのテロ対策などの目的で研究が進められており，図1.6にその写真と爆薬を分析した例を示す[9]。

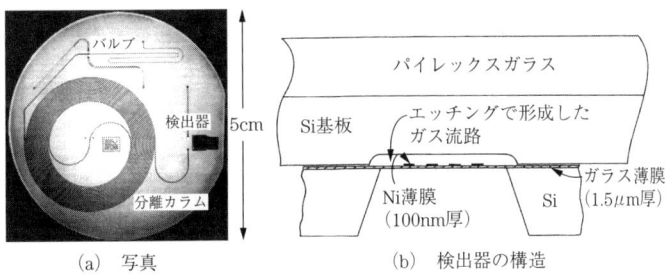

(a) 写真　　　　(b) 検出器の構造

図1.5　宇宙船搭載用でSi基板上に一体形成したガスクロマトグラフ

このような目的では速く分析できることが要求されるが，小形で速く昇温でき，分離カラムの吸着ガスが短時間で放出されるため，図に示すように1分ほどで分析することができる。

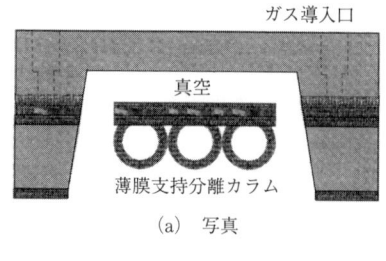

(a) 写真

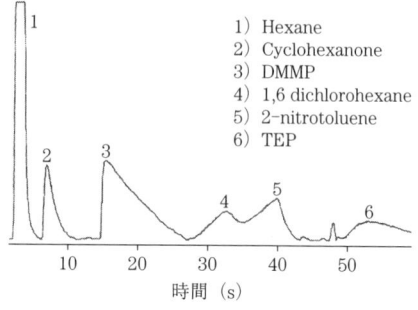

1) Hexane
2) Cyclohexanone
3) DMMP
4) 1,6 dichlorohexane
5) 2-nitrotoluene
6) TEP

(b) 高速分析の例

図1.6 保安検査用で高速分析のために開発されたガスクロマトグラフ

## 参 考 文 献

1) 江刺正喜，藤田博之，五十嵐伊勢美，杉山進：マイクロマシーニングとマイクロメカトロニクス，培風館（1992）
2) M. J. Madou : Fundamentals of Microfabrication, CRC（2002）
3) Y. B. Gianchandani, O. Tabata & H. Zappe : Comprehensive Microsystems 1-3, Elsevier（2007）
4) 江刺正喜：2003 マイクロマシン/MEMS技術大全，電子ジャーナル（2003）
5) 江刺正喜：2006 マイクロマシン/MEMS技術大全，電子ジャーナル（2006）
6) 江刺正喜：2008 マイクロマシン/MEMS技術大全，電子ジャーナル（2008）
7) P. F. Van Kessel, L. J. Hornbeck, R. E. Meier & M. R. Douglass : Proc. of the IEEE, **86**, 1687（1998）
8) S. C. Terry, J. H. Jerman & J. B. Angell : IEEE Trans. on Electron Devices, **ED-26**, 1880（1979）
9) J. A. Potkay, G. R. Lambertus, R. D. Sacks & K. D. Wise : J. of Microelectromechanical Systems, **16**, 1071（2007）

# 第2章
## MEMSの製作

この章ではMEMSの製作について紹介した。工程順に,パターニング,エッチング,堆積と応力制御,接合の各プロセスを詳しく述べ,さらにチップ上に立体的な構造を形成する複合プロセス,集積化についてまとめた。MEMSの後工程のパッケージングと組立は,ウェハレベルパッケージングの具体例を示した。そして,最後に設計と評価について述べた。

## 2.1 パターニング

### 2.1.1 フォトレジスト

MEMSの製作に用いるマイクロマシーニングの基本は，Siウェハなどの基板上に感光性のフォトレジスト（省略してレジストとも呼ぶ）を塗布し，フォトマスクのパターンを光で一括転写するフォトファブリケーションである．この工程を繰り返すことによって，基板上に多数の要素からなる複雑なシステムを作ることができる．表2.1のように，目的に応じたいろいろな種類のレジス

表2.1 マイクロマシーニングに使用するレジストの例

| 名　前 | 仕　様 | 供給メーカー | 特　徴 |
| --- | --- | --- | --- |
| OFPR-800 | ポジ | 東京応化工業 | 一般フォトリソグラフィ用 |
| OMR-83 | ネガ | 東京応化工業 | 一般フォトリソグラフィ用 |
| SU-8　3000 | ネガ，厚膜 | 化薬マイクロケム | 超厚塗り，垂直側壁，エポキシ系 |
| KMPR | ネガ，厚膜 | 化薬マイクロケム | 超厚塗り，垂直側壁，エポキシ系＋剥離可 |
| TMMR S-2000 | ネガ，厚膜 | 東京応化工業 | 超厚塗り，垂直側壁，エポキシ系 |
| THB-430 N | ネガ，厚膜 | JSR | 超厚塗り，垂直側壁，アクリル系，アセトンで剥離可 |
| AZ 4903 | ポジ，厚膜，めっき他用 | Clairant | 厚塗り，厚膜めっきに適 |
| PMER-900 | ポジ，めっき他用 | 東京応化工業 | 厚塗り可（約 $10\,\mu m$） |
| オーディル TR-440 | ネガ，めっき他用 | 東京応化工業 | ドライフィルム（$30\,\mu m$ 厚） |
| オーディル BF-410 | ネガ，サンドブラスト用 | 東京応化工業 | ドライフィルム（$100\,\mu m$ 厚） |
| CRC-8200 | ポジ，ポリイミド | 住友ベークライト | 中耐熱性，キュアによる収縮小 |
| フォトニース | ネガ，ポリイミド | 東レ | 高耐熱性，キュア（350℃）時収縮大 |
| AZ 5214 E | イメージリバーサル | Clairant | 逆テーパ断面になりリフトオフに適，露光→ベーク→全面露光→現像でネガ |
| UNITY | ポジ，熱分解自己現像 | Promerus | 加熱で露光部が分解気化 |
| ProTEK PS | ポジ，耐アルカリ | 日産化学工業 | Si結晶異方性エッチングに耐える |
| SINR 31705 | ネガ，柔軟 | 信越化学 | 柔らかいシリコーンゴム系レジスト |

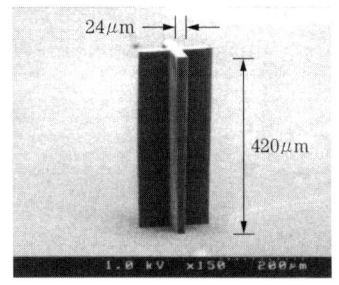

(a) 厚膜レジストによる構造 　　(b) 厚膜レジストの鋳型によるNiめっき構造

図2.1　厚膜レジストによる高アスペクト比構造

トが用いられる。光で露光した後に現像液にさらしたとき，光があたったところが重合して残るネガ型と，逆に光があたったところが分解して除去されるポジ型がある。

　立体的な形状で，幅に対する厚さをアスペクト比と呼ぶが，厚くできてアスペクト比の大きなSU-8などのレジストが用いられる[1]。これは化学増幅型と呼ばれるもので，レジスト内で光によって酸が発生して重合させる。厚い場合は，応力があると割れや剥がれ，あるいは基板の反りなどを生じるため，低応力が必要とされる。この他，除去する場合は剥離性，めっきの鋳型に使う場合は耐めっき液性なども要求される。図2.1はSU-8系の厚塗用レジストの例で，(a)は低応力に改良されたレジストのSU-8 3000であり，図の例ではアスペクト比20が得られる。またこれを鋳型にして金属を電解めっきしレジストを剥離すると，(b)のような金属の構造体を製作することもできる。

　孔を覆って付ける必要がある場合には，ドライフィルムと呼ぶフィルム状のレジストを貼り付ける。ガラスなどに砂を照射するサンドブラスト加工のマスクになるドライフィルムのレジストもある。厚い膜を均一の厚さに形成するには液体を塗布する方法では難しいが，この目的にもドライフィルムは適している。図2.2にはドライフィルムを貼り付けた状態を示しているが，表面に沿うコンフォーマル貼り，あるいはテンティング貼りと呼ばれる内部に空洞を残すような貼り方もできる[2]。

　耐熱性の感光性ポリイミドもある。またレジストでパターンを形成したとこ

(a) コンフォーマル貼り　　　　　(b) テンティング貼り

図2.2　ドライフィルムの貼り付け

ろに蒸着し，レジストを除去することでレジストのなかったところにだけ金属を形成するリフトオフ工程（2.3で説明）では，断面を逆テーパ形状にすることが望ましく，このためのイメージリバーサルレジストも用いられる。この他，微細パターンを形成する電子ビーム用レジストや，露光後に現像液に入れなくても加熱すると分解蒸発してパターンが形成できる自己現像レジスト[3]，Siの結晶異方性エッチング（2.2.1（2）で説明）に用いられるアルカリ性のエッチング液に耐性があるレジスト，柔らかいシリコーンゴム系レジスト，あるいは導電性材料に電着で形成できる電着レジストなどもある。

## 2.1.2　レジストの塗布

パターニングしたレジストをエッチングのマスクに使用したときに剥がれないようにするには，レジストと基板の密着性が大切である。レジストを塗布する前のSi基板の表面状態を**図2.3**に示すが，高温で酸化などの処理を行った

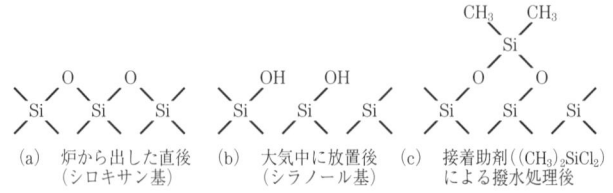

(a) 炉から出した直後　　(b) 大気中に放置後　　(c) 接着助剤（$(CH_3)_2SiCl_2$）
　　（シロキサン基）　　　　（シラノール基）　　　　による撥水処理後

図2.3　レジストを塗布する前のSi酸化膜表面

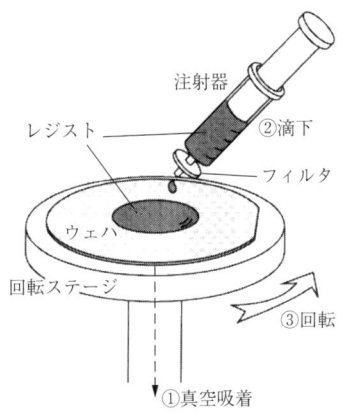

図 2.4　スピンナによるレジストの塗布

後は，(a)のようなシロキサン基になってレジストの付着性が良い。しかし大気中に放置すると，(b)のように表面の結合が切れてシラノール基（水酸基）(OH基)になり，水素結合で水分子により覆われて水分子の層からレジストの剥離が生じる[4]。このため炉から取り出してすぐ，(a)のような状態で塗布することが基本となる。なお温度を上げられず(a)の状態にできないときなどには，(c)のように接着助剤によって表面を撥水性にし，レジストの剥離を防止することもできる。

　レジストの塗布について述べると，通常は**図2.4**のようなスピンナと呼ばれる装置を用い，基板上にレジスト液を付けて高速回転させ，遠心力によって $1\mu m$ ほどの厚さに塗布する。

　マイクロマシーニングではレジストなどを厚く塗布することが必要な場合があり，**図2.5**はそのような厚膜を塗布する目的のスピンナであるが，これでは蓋のついた容器を用い，蓋をした容器ごと回転させ，回転後に停止してから蓋を開ける。回転中は(a)のように，遠心力で周囲に広がったレジストが表面張力のため縁で盛り上がり，回転中に乾燥すると平坦にならない。これに対して蓋をしておくと回転中は内部が溶剤の蒸気で満たされているために乾燥せず，停止後に遠心力によるレジストの盛り上がりがなくなった状態で，蓋を開け乾燥させれば平坦に塗布することができる[5]。

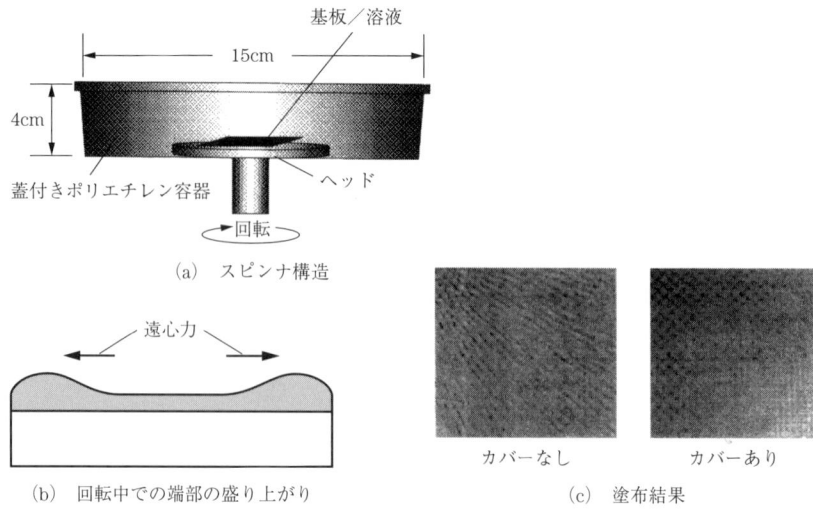

図2.5　蓋付きのスピンナを用いた厚膜レジストの塗布

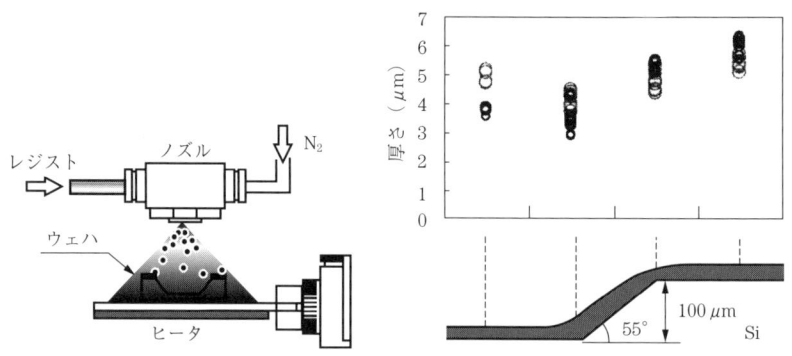

図2.6　スプレーコーティングによるレジストの塗布

　平らでない表面にスピンナでレジストを塗布することは難しい。この場合には**図2.6**に示すような装置で、スプレーでレジストを塗布することができる[6]。この装置ではステージを動かしたり、回転させたりして立体的なものに塗布することも可能である。図の装置では基板を加熱しながらレジストを塗布しているが、これはレジストの溶剤が蒸発する時、潜熱で冷えて溶剤が蒸発せずにレジストが流れてしまうのを防ぐためである。これによって(b)のように段の所

にも，ほぼ一定の厚さで塗布することができる。

### 2.1.3 露光

レジストを塗布したSi基板などに紫外線でパターンを転写する際に，前の工程で基板上に形成したマークに，次の工程のマスクパターンを位置合わせることが必要である。マスク合わせ装置や露光装置と呼ばれるものが使用されるが，これにはレジストを塗布した基板にフォトマスクを重ねて転写する密着露光（プロキシミティ露光）と，フォトマスクのパターンをレンズなどによって基板上に投影して転写する投影露光がある

密着露光の場合の機構を図2.7に示す。通常は(a)のように，ガラスを通して基板上のマークとフォトマスクのパターンを同時に見ながら位置を合わせる。

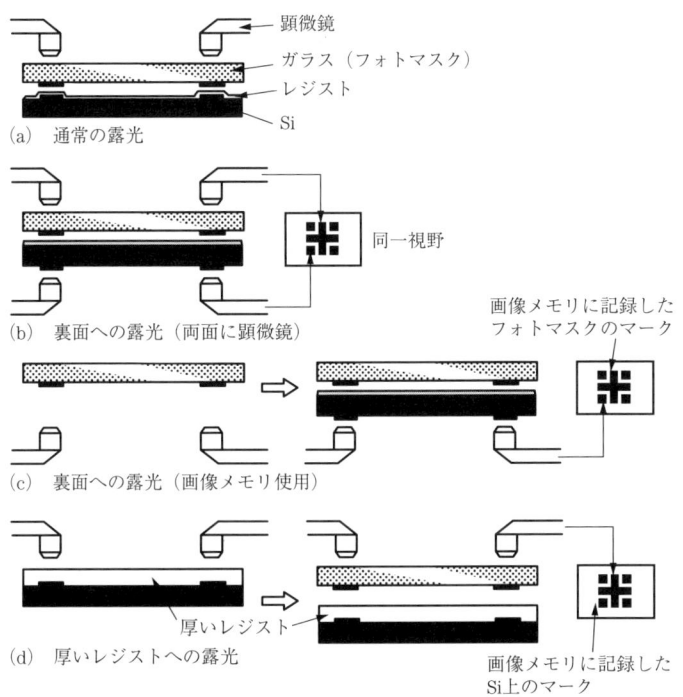

図2.7 マイクロマシーニングにおけるマスク合わせ露光

両面を加工するため，基板裏面にフォトマスクのパターンを合わせる場合は，(b)のように表と裏につけた顕微鏡の像を同一視野で見られるようにする。また(c)のように裏面から見たフォトマスクの像をTVカメラで取り込んでこれを画像メモリに記録しておき，基板を入れてからそれのマークを記録してたフォトマスクのパターンと重ねて表示して合わせる。(d)のように厚いレジストを用いる場合，フォトマスクのパターンを見たときに厚いレジストの下にある基板上のマークは焦点ぼけで見えない場合がある。このような場合にも画像メモリを用いると，基板上に焦点を合わせて取り込んだ画像を記録しておくことで合わせることができる。マスク合わせ装置は露光の目的以外に，2.5で述べる接合のための位置合わせにも必要とされる。この時Si基板同士を接合する

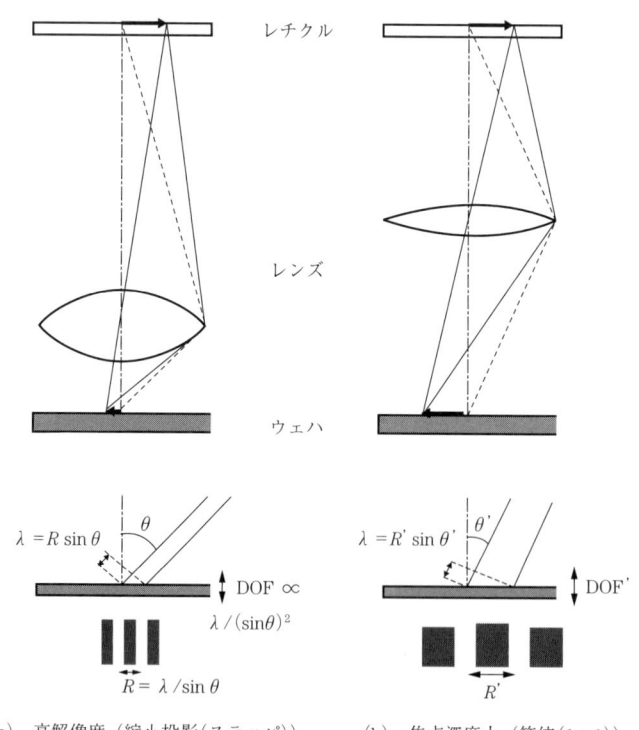

(a) 高解像度（縮小投影（ステッパ））　　(b) 焦点深度大（等倍(1:1)）

図2.8　投影露光

場合には，Si を透過する赤外線で見る方法を用いることができる。

投影露光の場合の構成を図 2.8 に示す。通常の集積回路に用いられるのは(a)の縮小投影である。レチクルと呼ばれるフォトマスクのパターンを，近接したレンズを通して 1/5 などに縮小してウェハ上に投影する。ウェハを一定間隔で動かして逐次露光していくので，ステッパと呼ばれる。露光に用いる光の波長を $\lambda$，レンズからの最大入射角を $\theta$ とすると，最小パターンにあたる解像度 $R$（Resolusion）は $\lambda/\sin\theta$ となる。この $\sin\theta$ は開口数 $NA$（Numerical Aperture）と呼ばれ，$NA$ が大きなレンズで接写するほど，また短い波長 $\lambda$ で露光するほど微細なパターンを形成することができる。この場合に焦点深度 DOF（Depth Of Focus）は $\lambda/(\sin\theta)^2$ となり，$NA$ が大きいほど焦点が合う範囲は小さいため凹凸がある表面にはパターンを形成できなくなる。これに対して(b)のようにウェハからレンズを離して露光する場合には，解像度 $R$ は数ミクロン程度とあまり良くないが，焦点深度 DOF は $\pm 50\,\mu\mathrm{m}$ 程に大きくなる。なおこの場合には縮小ではなく，1：1 の等倍で露光することになる。図 2.6 のスプレーコーティングによるレジストの塗布と組み合わせると，凹凸のある表面にパターンを形成することもできる[7]。

密着露光ではレジストを塗布した基板にフォトマスクを密着させて紫外光を照射するが，この場合にウェハが反っていたり表面に凹凸があったりすると完全に密着できず，図 2.9(a)のように光の回折で微細パターンが正しく転写できなくなる。この場合に基板とフォトマスクの間に水を入れる液浸密着露光を用いると，(b)のように $1.5\,\mu\mathrm{m}$ ほどの微細パターンでも正しく転写することができる[8]。これは空気に対して水の屈折率が大きいため，屈折や反射が小さくなるためである。通常微細パターンを形成するには図 2.8(a)の縮小投影露光（ステッパ）が用いられるが，MEMS では部分的にしか微細パターンを形成しないことが多いため，この液浸密着露光が有効な場合がある。

フォトマスクを使わずにコンピュータで制御して直接描画する，マスクレス露光を行うこともできる。図 2.10(a)のように，図 1.4 に示した DMD チップに反射させた光を投影するマスクレス露光装置を使用する。(b)のようにパターンをマスクレスで多重露光し，(c)のように Si 基板上のポジレジストにレン

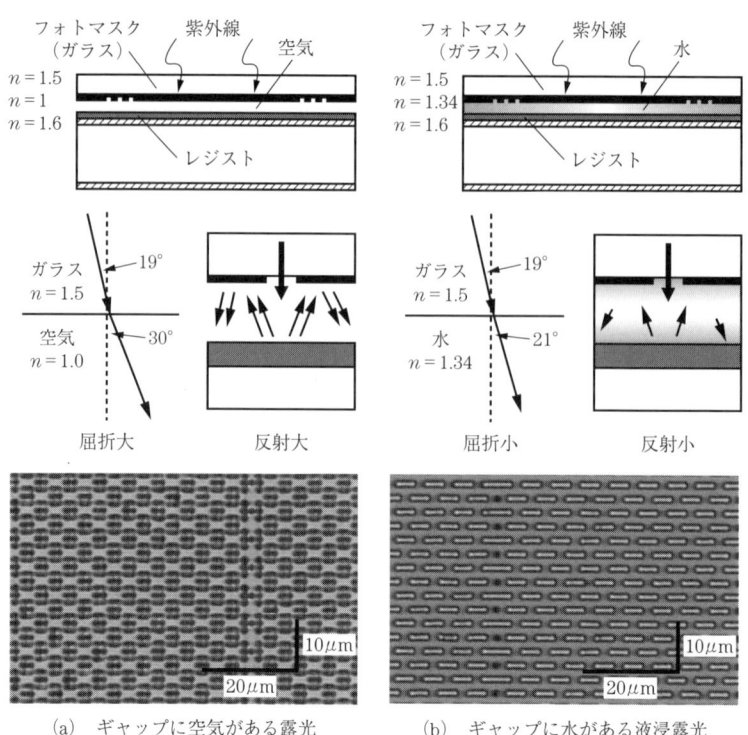

図 2.9　液浸密着露光

ズなどの形状を作ることができる[9]。

　光ファイバから出た光は広がるが，端面にレンズを形成すれば平行に光を取り出すことができる。**図 2.11** は，光が通るコアの部分に自己整合的にレンズを形成する方法である[10]。光ファイバ端面にスプレーでネガレジストを塗布し，光ファイバの反対側から紫外線を導入するとコアを通ってきた光で先端のコアの部分だけレジストが重合し，現像した時に残る。この場合は図 2.10 の場合とは逆に裏面から露光するので，下側が重合して残るようにネガレジストを用いる。その後加熱してレジストを溶融させて表面張力によって丸まった形状にし，最後にレジストとガラスを同じ速度で反応性イオンエッチングするエッチバックによって，レジスト形状を光ファイバのガラスに転写してガラスのレン

第 2 章◆MEMS の製作

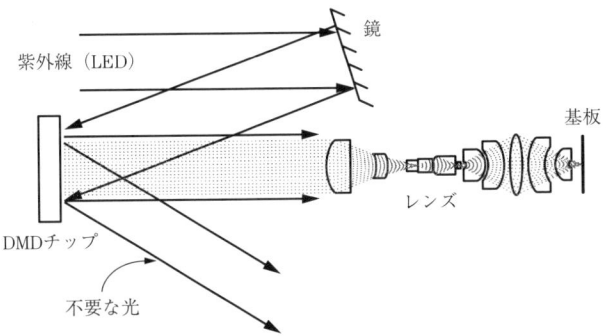

(a) DMD を用いたマスクレス露光の原理

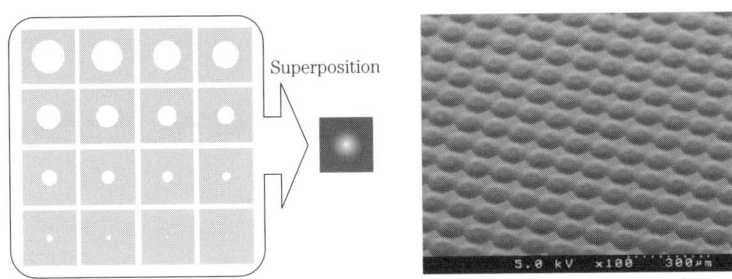

(b) 多重露光によるリソグラフィ  (c) 形成したレンズパターン

図 2.10 マスクレス露光によるレンズ形状の作製

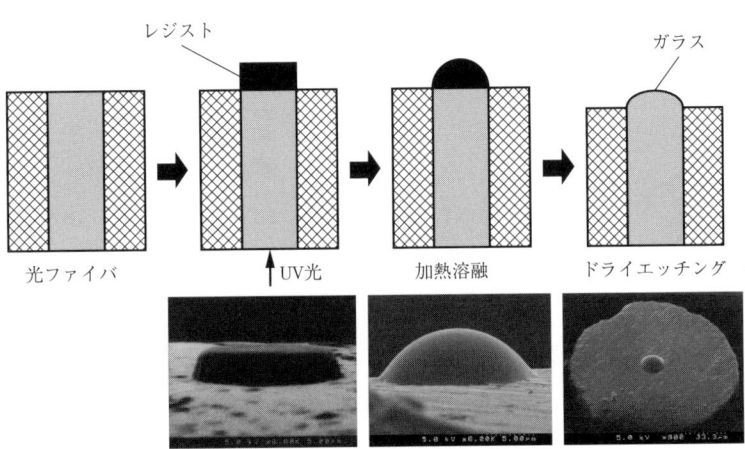

図 2.11 光ファイバ先端でコアの部分に自己整合的にレンズを形成する方法

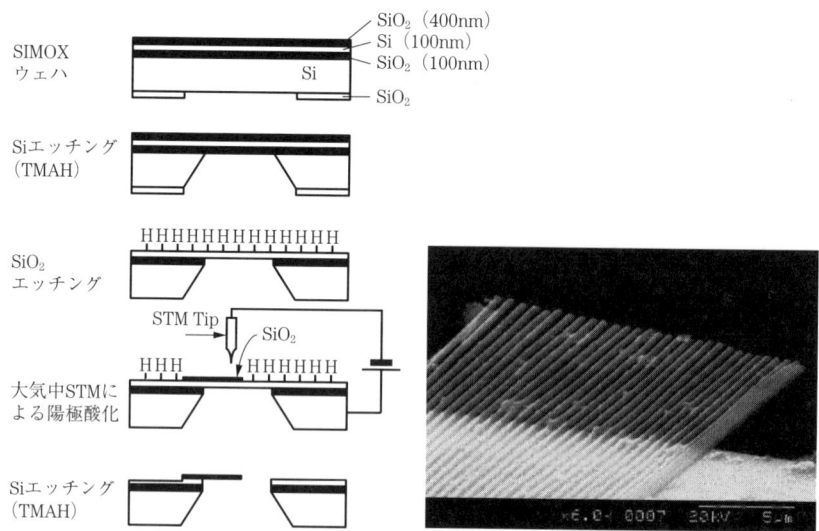

図2.12 走査型トンネル顕微鏡（STM）の描画によるパターン形成法とそれによるナノ構造体の写真

ズとする。

　ナノメータ（nm）レベルの微細なパターンを形成するには，電子ビーム露光を用いることができる。この場合に電子ビームの散乱などの影響でパターンが広がる近接効果も問題になる。これに対して走査型トンネル顕微鏡 STM (Scanning Tunnel Microscope)の技術で描画すると，ナノパターンを比較的容易に形成することができる。**図 2.12** はこの技術によるパターン形成法と，描画したパターンを用いて厚さ 100 nm の Si 薄膜をエッチングした，100 nm の太さの Si の配列である[11]。$SiO_2$ をエッチングする工程では，HF（フッ化水素）液に浸すため，Si 表面は水素原子で覆われる。この表面を STM で描画して陽極酸化した後，それで形成された $SiO_2$ 膜をマスクにして Si をエッチングして製作した。なおこのような構造はエッチング後に水面から出す時に表面張力で破壊されるので，2.5 で述べる超臨界乾燥を行うことで作ることができる。

## 2.1.4　マイクロコンタクトプリンティング他

　光を使わずに，印刷で微細パターンを形成することも可能である。**図 2.13**

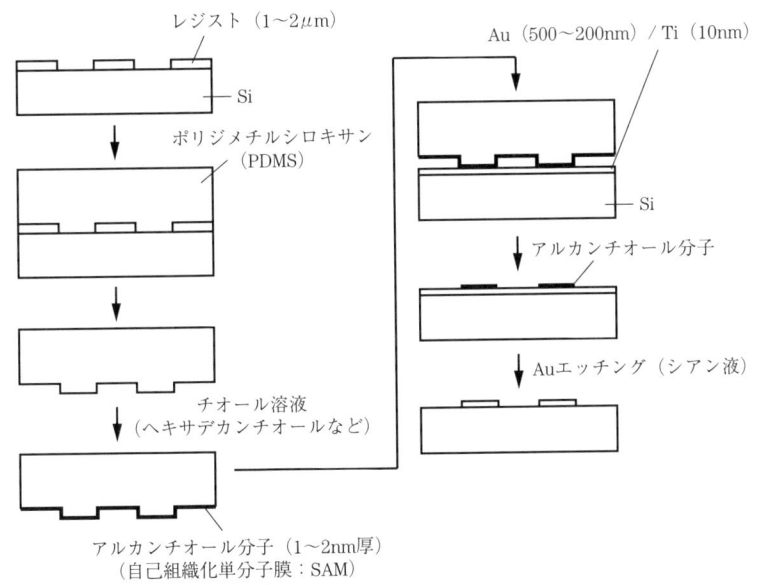

図 2.13　マイクロコンタクトプリンティング

はマイクロコンタクトプリンティングと呼ばれる方法で，PDMS（ポリジメチルシロキサン）というシリコーンゴムの板で印刷を行う。(a)にその工程を示すが，はじめに Si 基板などにレジストパターンを形成しておき，それに PDMS を流して型取りする。この PDMS をヘキサデカンチオールの溶液に入れると，分子が並んで自己組織的単分子膜 SAM（Self Assembled Monolayer）が表面に形成される。この分子の端部にある S–H 基は Au 原子と結合し易いため，この SAM のついた PDMS を Au の付いた基板に押し合てるとパターンが転写（印刷）され，その SAM 膜をマスクにして Au をエッチングする[12]。

　凹凸のパターンを形成した型を基板表面の紫外線硬化樹脂などに押し付ける，一種の型成型で微細パターンを転写する方法も行われている。図 2.14 は紫外線透過性のシリコーンゴムで型を作り，それを立体的なマスクとして用いて，基板との間にある紫外線硬化樹脂を，マスクを通して照射した紫外線で硬化させるものである[13]。この立体的な形状を転写する方法は，UV マスクモールディングなどとも呼ばれている。

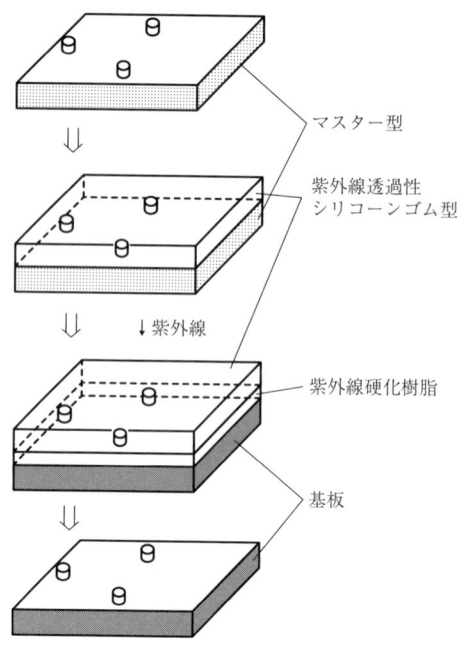

図2.14 UVマスクモールディング

　ナノインプリントあるいはホットエンボシングと呼ばれる成形のため，微細な型（モールド）をダイヤモンドCVDによって製作する例を**図2.15**に示す[14]。Alを陽極酸化すると，細い孔が規則的に並んだポーラスアルミナ構造を製作することができる。この孔を通して酸素の高速原子線FAB（Fast Atom Beam）を平滑なダイヤモンド面に照射する。これによってダイヤモンドをエッチングして加工し，温度を上げてレジストなどのポリマーに押し付けることによって微細構造を作ることができる。平滑なダイヤモンド面を作るには，Si基板にCVDでダイヤモンドを堆積した後，Alを付けてこれをガラスに陽極接合し，Si基板をエッチング除去する。このようなナノインプリントで製作した微細構造体は，パターンドメディアと呼ばれる記録媒体や，波長以下の寸法の光学素子などに応用できる。

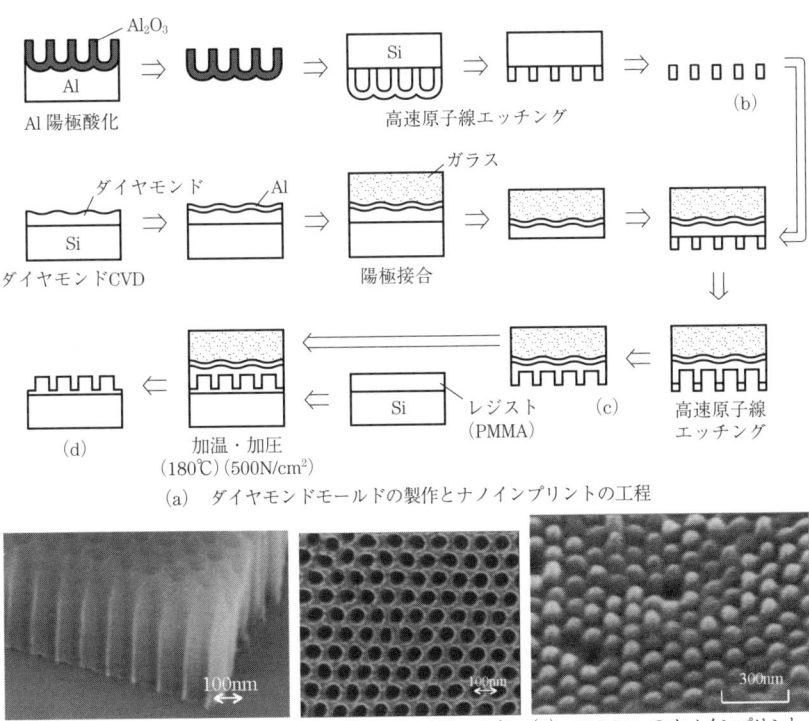

(a) ダイヤモンドモールドの製作とナノインプリントの工程

(b) ポーラスアルミナ　(c) ダイヤモンドモールド　(d) PMMAへのナノインプリント

図 2.15　ポーラスアルミナ構造から製作したダイヤモンドモールドによるナノインプリント

---

### コラム 2

## セルフアセンブリ

　ジブロックコポリマーのミクロ相分離による自己組織化（セルフアセンブリ）を用いて，周期的なナノ構造を作製することができる[15]。図2.16 に示すように，分子内でのポリメチルメタクリレート（PMMA）とポリスチレン（PS）の割合の違いによって，異なる構造を作ることができるが，PMMA は光や電子ビームで分解するため，その部分を除去して穴の開いた構造も作れる。

~10nm
"A"
"B"
PMMA
ポリメチルメタクレート
PS
ポリスチレン
PS
PMMA
分子内におけるPMMAとPSの割合による，相分離後の構造の違い
10%A
30%A
50%A
70%A
90%A

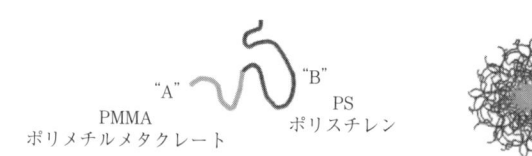

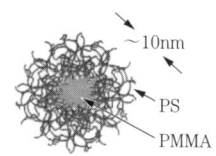

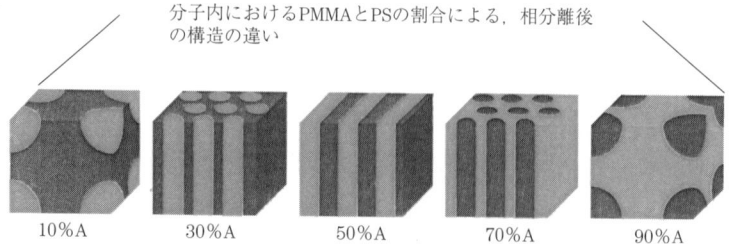

図2.16　ジブロックコポリマーのミクロ相分離による周期的なナノ構造作製

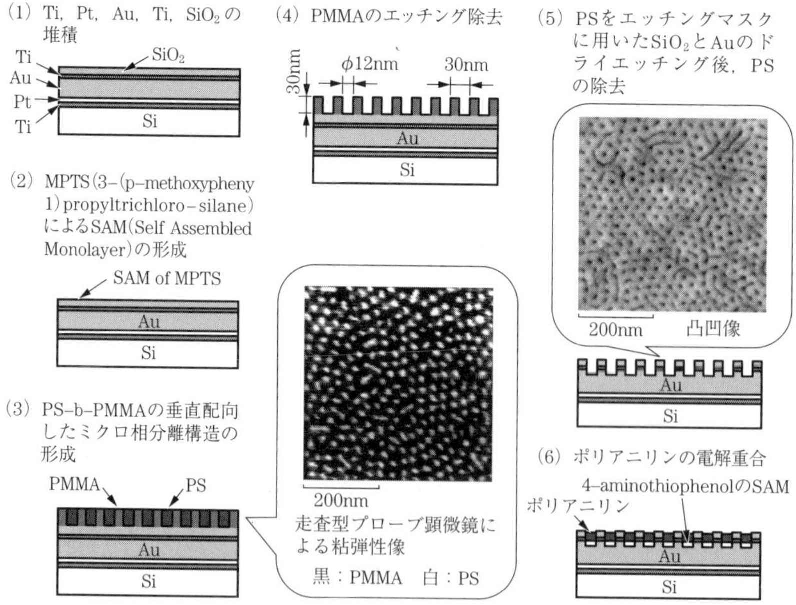

(1) Ti, Pt, Au, Ti, $SiO_2$の堆積
Ti
Au
Pt
Ti
$SiO_2$
Si
(2) MPTS(3-(p-methoxyphenyl)propyltrichloro-silane)によるSAM(Self Assembled Monolayer)の形成
SAM of MPTS
Au
Si
(3) PS-b-PMMAの垂直配向したミクロ相分離構造の形成
PMMA
PS
Au
Si
200nm
走査型プローブ顕微鏡による粘弾性像
黒：PMMA　白：PS
(4) PMMAのエッチング除去
30nm
φ12nm
30nm
Au
Si
(5) PSをエッチングマスクに用いた$SiO_2$とAuのドライエッチング後，PSの除去
200nm
凸凹像
Au
Si
(6) ポリアニリンの電解重合
4-aminothiophenolのSAM
ポリアニリン
Au
Si

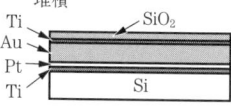

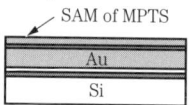

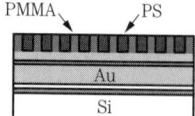

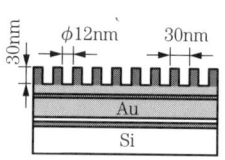

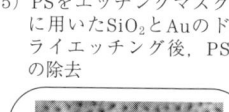

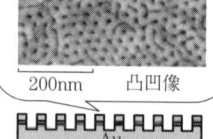

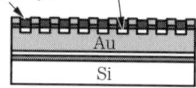

図2.17　ジブロックコポリマーのミクロ相分離によるポリアニリンによるパターンドメディアの製作

これを用いた書き換え可能マルチプローブデータストレージの研究が行われている[16)17)]。パターンドメディアとして，導電性ポリマーのポリアニリンを記録媒体に用いるものである。図2.17のようにして，ジブロックコポリマーの相分離で形成した周期的なナノ構造に各ビットのポリアニリンを分離して形成し，電気化学的にプローブ先端で酸化・還元して記録（絶縁状態）・消去（導電状態）を行う。書き込みにより抵抗が1桁程増大するため，微小電圧で抵抗を求め読み出しに用いる[16)]。ビットの間隔は30 nmで0.7 T bit/inch$^2$の記録密度に相当する。

## 参 考 文 献

1) N. Honda, S. Mori, S. Tanaka & M. Esashi : Proceedings of the 22 th Sensor Symposium, p. 511（2005）
2) 刀根庸浩：SEMI Technology Symposium 2008, p. 106（2008）
3) J. P.Jayachandran, H. A. Reed, H. Zhen, L. F. Rhodes, C. L. Henderson, S. A. B. Allen & P. A. Kohl : J. of Microelectromechanical Systems, **12**, 147（2003）
4) 楢岡清威：フォトエッチングと微細加工，総合電子出版社（1977）
5) 古澤俊夫，南和幸，江刺正喜：第15回「センサの基礎と応用」シンポジウム 講演概要集, p. 67（1997）
6) V. K. Singh, M. Sasaki, J. H. Song & K. Hane : Jpn. J. Appl. Phys., **42**, 4027（2003）
7) Y. X. Liu, L. Z. Gu, M. Sasaki, K. Hane and M. Esashi：第17回「センサ・マイクロマシンと応用システム」シンポジウム 講演概要集, p. 98（2000）
8) K.–S. Chang, S. Tanaka & M. Esashi : J. of Micromech. Microeng., **15**, S 171（2005）
9) K. Totsu & M. Esashi : J. Vac. Sci. Technol. B, **23**, 1487（2005）
10) P. N. Minh, T. Ono, Y. Haga, K. Inoue, M. Sasaki, K. Hane & M. Esashi : Optical Review, **10**, 150（2003）
11) H. Hamanaka, T. Ono & M. Esashi : Proc. of MEMS '97, p. 153（1997）
12) J. A. Rogers, R. J. Jackman & G. M. Whitesides : J. of Microelectromechanical Systems, **6**, 184（1997）
13) K. Sawa & M. Esashi : Technical Digest of the 18th Sensor Symposium, p. 229（2001）
14) T. Ono, C. Konoma, H. Miyashita, Y. Kanamori & M. Esashi : Jpn. J. Appl. Phys., **42**, 3867（2003）
15) T. Thurn–Albrecht, et al. : Science, **290**, 2126（2000）

16) S. Yoshida, T. Ono & M. Esashi：Nanotechnology, **19**, 475302（2008）
17) 内藤勝之：精密工学会誌, **70**, 326（2004）

## 2.2　エッチング

　エッチングによって必要な形状に除去加工するには，**図2.18**のように液中でのウェットエッチングと気体中でのドライエッチングが用いられる。それぞれに等方性エッチングと異方性エッチングがある。等方性エッチングには，図2.18(a)のウェット等方性エッチングの他，(c)のドライによるガスエッチングやプラズマエッチングが用いられる。

　異方性エッチングの場合，ウェットエッチングではエッチング速度が結晶方向に依存する性質を利用した(b)の結晶異方性エッチング，またドライエッチングではイオンが方向性をもって照射されることを利用して垂直に深くエッチングする(d)のイオンエッチングが用いられる。このイオンエッチングでエッチング速度やマスクに対する選択性を向上させるため$F^+$などの反応性イオンを用いたものは，反応性イオンエッチング RIE（Reactive Ion Etching）と呼ば

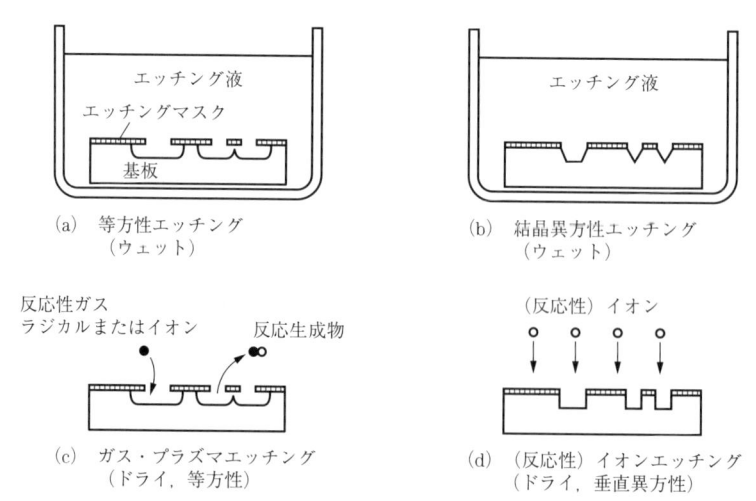

図2.18　各種のエッチング加工

れる。

　等方性エッチングはマスク下の横方向にもエッチングされるため，2.5.2で述べる表面マイクロマシーニングの犠牲層エッチングに用いられる。フォトファブリケーションで形成したエッチングマスク（省略してマスク）の開口部から下の材料をエッチングするため，マスクはエッチングされずに下の材料だけがエッチングされる選択性が要求される。レジストがエッチングに耐えずマスクとして使用できない場合には，レジストをマスクとしてエッチングした$SiO_2$（酸化シリコン）膜などをマスクとして用いる。MEMSではいろいろな材料が用いられ，各材料のエッチング液[1]，およびエッチング方法が研究されているが[2,3]，以下では図2.18のそれぞれのエッチング方法をSiの場合を中心に説明する。

## 2.2.1　ウェットエッチング

### （1）　等方性エッチング

　図2.18(a)に対応する等方性のSiウェットエッチングは，HFと$HNO_3$を用いて以下の反応で行われる[4]。

〈$HNO_3$より$h^+$（ホール）が生成する反応〉

$$HNO_2 + HNO_3 + H_2O \rightarrow 2\,HNO_2 + 2\,OH^- + 2\,h^+ \quad (1)$$

〈ホールで酸化したSiがHFと反応し，$H_2SiF_6$として溶解する反応〉

$$Si + 2\,H_2O + 4\,h^+ \rightarrow SiO_2 + 4\,H^+ \quad (2)$$

$$SiO_2 + 6\,HF \rightarrow H_2SiF_6 + 2\,H_2O \quad (3)$$

　**図2.19**にはHFと$HNO_3$，および$CH_3COOH$の混合液でSiをエッチングした際の，液組成と形状の関係を示してある。上端はHFが多い場合，右端は$HNO_3$が多い場合に対応しており，$CH_3COOH$は反応に直接関与せず希釈のために用いている。$HNO_3$が少ない上端の液組成の場合はとがった形状になるが，これは上の(1)式が律速になるためである。すなわち$HNO_3$から$h^+$ができる反応では，反応生成物の$HNO_2$（亜硝酸）が式の左側にもあって反応を促進する自己触媒反応であり，反応生成物が溜まっている奥まったところで反応が進行しやすい。一方HFが少ない図2.19の三角形の右端の場合では平滑になる。

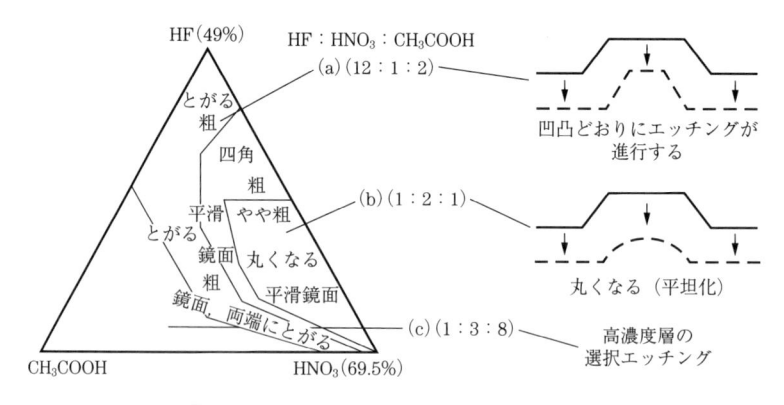

図 2.19　HF-HNO₃ による Si の等方性エッチング

これは上の式でホールにより酸化した Si が HF と反応し H$_2$SiF$_6$ として溶解する(2)式と(3)式の反応が，律速になるためである。この場合は HF や H$_2$SiF$_6$ の拡散で反応速度が決まるため，凸部の拡散がし易い部分がエッチングされて平らになる。なお図中(a)の組成ではこれらの効果が等しく働き表面の凹凸の形にエッチングが進行し，(c)のように CH$_3$COOH が多い液組成では，図 2.24(a)で改めて説明するように高不純物濃度の層が選択的にエッチングされる。この Si の等方性ウェットエッチングには，直接にフォトレジストをマスクにして用いることはできない。SiO$_2$ をマスクに用いた場合は，SiO$_2$ も HF でエッチングされるが，HF：HNO$_3$ が 1：10 の液で選択比は 50 程度になり，厚さ 1 $\mu$m の熱酸化による SiO$_2$ 膜で最大 50 $\mu$m ほどの深さに Si をエッチングすることができる。

**（2） 結晶異方性エッチング**

Si の結晶異方性エッチングに関する以下の説明で，{ } は方向の違う同種の結晶面（(001) 面，(010) 面など）の総称である。Si の結晶は周囲の 4 個の Si と共有結合した構造であるが，**図 2.20** に示すように表面原子の非結合ボンド数が {100} 面では 2 なのに対し，{111} 面では 1 である。これは {111} 面が {100} 面よりもエッチングされにくいことを意味しており，この違いを利用すると，エッチングされた凹部ではエッチングの遅い {111} 面が現れる。**図 2.21** は結晶面の相互関係であるが，A の {100} 面に対し約 55°の角度で V

(100)面　　　　　　　　　　(111)面

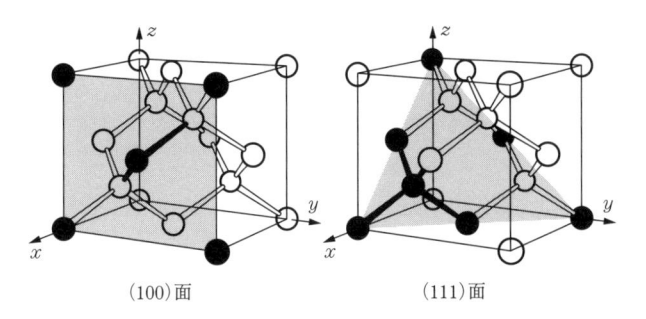

図 2.20　Si 結晶構造における表面原子の結合状態

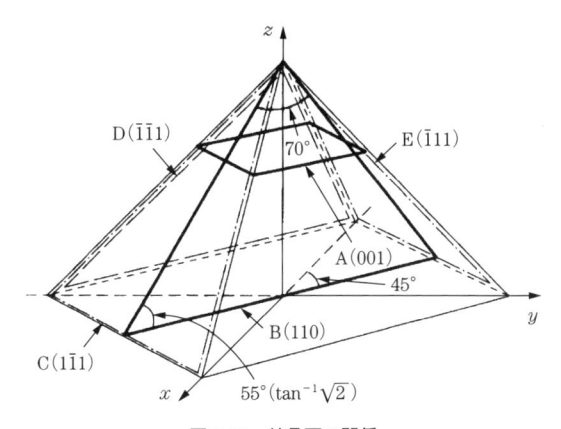

図 2.21　結晶面の関係

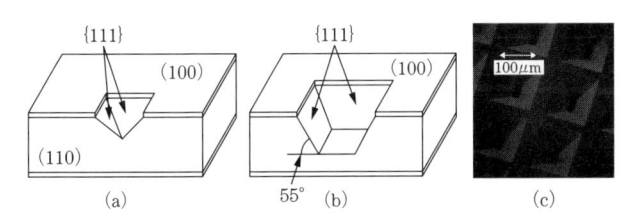

図 2.22　(100) 面 Si の結晶異方性エッチング

形に {111} 面がある。

図2.22 は {100} 面のSi基板に対して結晶異方性エッチングを行った例である[5]。(a)ではV型にエッチングされ {111} 面が現れてエッチングが停止している。(b)はエッチングが進行中である。このような凹の構造では角が正しく保たれるのに対し，凸の角の部分はエッチングが進むが，これは角の原子は非結合ボンド数が多いためである。

エッチング液には，アルカリ系の，KOH[6]，TMAH（水酸化テトラメチルアンモニウム）[7]，EDP（エチレンジアミン－ピロカテコール－水）[8]，ヒドラジン[9]などが用いられる。組成が変らないように還流装置を付けたエッチング装置を用い，一定温度に加温するもので，エッチング速度は 1～2 $\mu$m/min 程度である。$SiO_2$ はエッチングされにくいので，これをマスクにしてSiを深くエッチングすることができる。KOHで $K^+$ イオンによる汚染が心配される場合にはTMAHを使用するが，この場合は {111} 面に対する {100} 面のエッチング速度の比がKOHの場合（約200）よりも1桁ほど小さくなる。

KOH液によるエッチングでの反応機構は，Siが次の反応で $SiO_2(OH)_2^{2-}$ の錯イオンとして溶解し，水素の泡を発生するものである。

$$Si + 2H_2O + 2OH^- \rightarrow SiO_2(OH)_2^{2-} + 2H_2 \uparrow \qquad (4)$$

一方EDP液では，エチレンジアミンと水によってSiが酸化されて $Si(OH)_6^{2-}$ となり，さらにピロカテコールで錯イオン $Si(C_6H_4O_2)_3^{2-}$ となって溶解する。

エッチングした表面に粗さを生じることがあり，その原因が究明されている。エッチング液中の1ppm程度の微量なCuイオンが荒れを生じるが，これはエッチングの反応生成物である水素と標準電極電位が近いCuが，析出するためと考えられている[10]。またKOHエッチング液に酸素ガスを混合させることで荒れを防ぐ実験結果が示されているが，これは(4)式で反応生成物として生じる水素の除去に関係すると考えられている[11]。

表面が {110} 面の基板を用いた場合は，表面の {110} 面に垂直に {111} 面があるため，垂直な壁を作ることができる。これは図2.21で，Bの {110} 面に対して垂直にCとEの {111} 面があることによる。なお垂直なCとEの間の角度は約70°と制限される。図2.23 には，このようにしてSiを垂直に

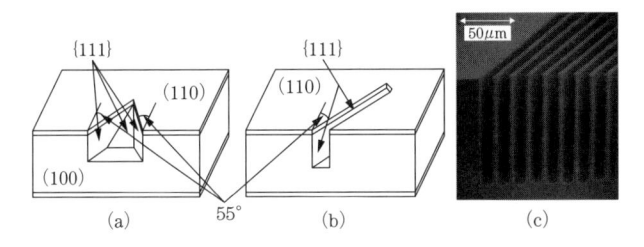

図2.23 (110)面Siの結晶異方性エッチング

エッチングした例を示している．なお幅が狭くて垂直な溝を形成する場合に，エッチング中に生じた水素の泡を除去するため，定在波が生じないように周波数を切り替えながら超音波をかけてエッチングすることも行われている[12]．

エッチング速度の遅い面が現われるため，{100}面と{110}面のエッチング速度の違いを利用して，{100}面のSi基板に対して45°の傾斜面などを形成することができる[13]．すなわちEDP液の場合には{100}面よりも{110}面のエッチング速度が遅いため{110}面が現われる．図2.21でx軸に垂直な{100}面に対してBの{110}面が45°になっているためである．この面を鏡として用いると，水平に配置した光ファイバ先端からの光を基板表面から垂直に取出す構造などを作ることができる．

Si以外の単結晶材料でも結晶異方性エッチングを行うことができる．$Br_2$-$CH_3OH$液によるGaAsのエッチング[14]，あるいは重弗化アンモニウム系の液による水晶のエッチングなどが知られている[15]．

**（3） 不純物濃度依存性エッチング**

エッチング速度が不純物濃度に依存する性質を利用して，特定の層だけを選択的にエッチングすることができ[16]，これは圧力センサの薄いダイアフラムを形成する場合などに用いられている．Siの場合は**図2.24**のような各種の方法が可能で，このうち(a)と(b)は等方性エッチングによるもの，(c)と(d)および(e)は結晶異方性エッチングによるものである．

図2.24(a)は，不純物濃度が約$10^{19}$/$cm^3$以上の高濃度層のみを選択的に除去できる方法である[17]．図2.19で説明したHF-$HNO_3$-$CH_3COOH$系で，$CH_3COOH$成分を多くした液は結晶転位などの欠陥を検出する目的でも使用されるが，不

(a) HF + HNO₃ + CH₃COOH (1:3:8)

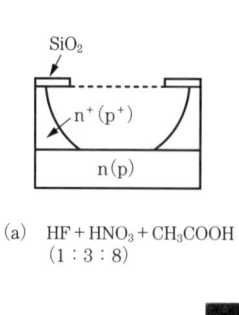

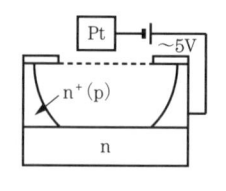

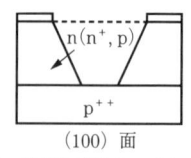

(b) 5%HF（電解エッチング）

(c) 結晶異方性エッチング （100）面

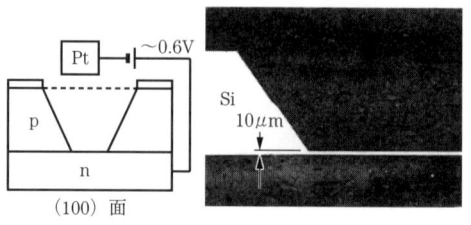

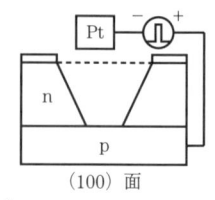

(d) 結晶異方性エッチングと製作したSiダイアフラムの断面（電気化学エッチング停止法）

(e) KOH（パルス電流陽極酸化法） （100）面

図 2.24 Si の不純物濃度依存性選択エッチング

純物濃度が大きくなるとエッチングが速くなる性質がある。これは結晶欠陥や不純物による活性点の場所で，(1)式に対応するホール生成反応が進行するためである。しかし長時間エッチングを続けると$HNO_2$が生成するため，(1)式の反応が不純物による活性点とは無関係に進行するようになり，不純物濃度依存性がなくなる。これを防ぐため反応生成物の$HNO_2$を$H_2O_2$などの酸化剤で$HNO_3$に戻しながらエッチングする方法が用いられる。

図2.24(b)は5%程のHF液中でSiを電解エッチングする方法で，電解電流が流れないn型層はエッチングされない[18]。(2)式のSiの酸化反応に必要なホール（$h^+$）は，(1)式でなく電気的にSiからの注入によって供給される。このため$HNO_3$は不要で，次式のようにSiが陽極酸化して$SiO_2$となり，これが(3)式でHFによって溶解する。

$$Si + 2h^+ + 2OH^- \rightarrow SiO_2 + H_2\uparrow \qquad (5)$$

Siからホールを注入するには，Si基板に正の電圧を印加して電流を流せばよい。p型Siではホール電流が流れるが，低濃度のn型Siでは空乏層ができ電流は流れない。一方高濃度の$n^+$型では，空乏層の厚さが薄いため降伏電圧

が小さく，それ以上の電圧を印加すると降伏電流が流れる。このため低濃度のn型層だけエッチングされないことになる。なお，エッチング速度は電流に比例し，またその電流の積分値は除去されたSiの体積に比例するため，これを利用すればエッチング中にその状況をモニタするインプロセスモニタリングを行うこともできる[19]。しかし電流による基板内の電圧降下によってエッチングが場所的に不均一になったり，またエッチングされて電流の通路が切断されると，それ以上エッチングが進まなくなったりする問題もある。

図2.24(c)は，ボロンなどのp型不純物を高濃度に入れた$p^{++}$層が，結晶異方性エッチング液に溶けない性質を利用するもので，p型高不純物濃度層の自己支持薄膜構造などを作ることができる[20]。EDP液の場合$10^{20}/cm^3$程のボロン濃度でエッチング速度が1/100程度，他のエッチング液では1/10程度に低下する。このメカニズムとしては，反応に関係して生成する電子がSi中の高濃度のホールと再結合して消滅し，反応が進行しなくなるものと考えられている。この$p^{++}$層がエッチングされない性質を利用し，ガラスに陽極接合した$p^{++}$層だけを残して基板をエッチングしてしまう方法が用いられる。これはディゾルブドウェハプロセスと呼ばれ，その例として2.5の図2.63では，ガラスの孔を通して配線を取り出す構造の製作例を紹介する。

図2.24(d)は，pn接合を用いた電気化学エッチング停止法である。結晶異方性エッチング液中では，$SiO_2$膜は薄くてもエッチングのマスクとして有効に働くため，陽極酸化がpn接合のn型側だけで生じるようにすれば，n型だけがエッチングされないようにすることができる[21]。n型はp型よりも拡散電位分だけ電圧が正であるため，Si表面が陽極酸化されるのに必要な電圧はn型のほうがp型よりも小さくて済む。このためn型側に端子を取り付けn型側のみ陽極酸化される電圧を与えると，その表面には$SiO_2$膜ができてn型層はエッチングから保護される。なお電圧が大きくてもpn接合の逆方向バイアスになるため，p型側には電流が流れず陽極酸化されないが，リーク電流があっても確実にp型側がエッチングされるようにするには，p型層にも端子を取り付けてエッチングされない電位に固定すればよい。エッチング時の電流をモニタすると，n型の表面が現れ陽極酸化の電流が流れて$SiO_2$膜が形成される

時に電流が観察される．これからエッチングの進行状況や終点を知ることもできる．図 2.24(d) にはこの pn エッチング停止法で製作した Si ダイアフラムの断面写真を示した．この方法は，(c) の $p^{++}$ 層を用いる方法とは異なり，n 型の低不純物濃度の薄膜を作れるため，この薄膜にピエゾ抵抗素子やトランジスタ回路などを形成することが可能である．またエッチングを停止させる目的で電流を流す方式であるため，(b) の電解エッチングの場合と異なり，電流分布の違いよるエッチングの不均一が生じない．なお外部から電圧を印加しなくても金属の電池作用でエッチング停止に必要な電圧を発生させるガルバノメトリックエッチング停止法もある[22]．これは TMAH の液中で n 型側に金を付けておくもので，金は標準電極電位が最も貴であるため，n 型に正の電位を与えることができるためである．

図 2.24(e) は (d) と同様な，pn 接合と KOH による結晶異方性エッチングであるが，(d) とは逆に n 型側だけをエッチングする方法である．パルス状の正の電圧を Si に印加したとき，p 型側はホール電流により厚い $SiO_2$ 膜が形成されるが，n 型表面には薄い $SiO_2$ 膜しかできない．この薄い $SiO_2$ 膜は KOH 液でエッチングされてしまうため，n 型側の Si だけを選択的にエッチングすることができる[23]．

なお SOI (Silicon On Insulator) のウェハ，すなわち Si 結晶の間に $SiO_2$ 膜を挟んだウェハを用いる場合には $SiO_2$ 膜でエッチングを停止させることができるので，これを利用しても薄い Si ダイアフラム構造などを作ることができる．

以上は Si の不純物濃度に依存した選択エッチングであるが，GaAs などでも同様な選択エッチングが可能である．GaAs と AlGaAs からなる構造においては，$H_2O_2$ と $NH_4OH$ による pH 7 の液を用いて GaAs のみをエッチングすることができる[24]．

これらの選択エッチングの応用例として，図 3.9 で説明する共振型圧力センサ（横河電機㈱製）の製作工程を紹介する[25]．これは Si ダイアフラムの内部空洞に形成した共振子の共振周波数が，圧力によるダイアフラムの張力で変わるのを検出するもので，**図 2.25** に振動子部分の製作工程と写真を示す．(1)

(1) SiO$_2$をマスクにして Siをエッチング

(2) p–Si, p$^{++}$–Si, p–Si, p$^{++}$–Si を連続的に成長

(3) SiO$_2$をエッチング

(4) p–Siを選択エッチング

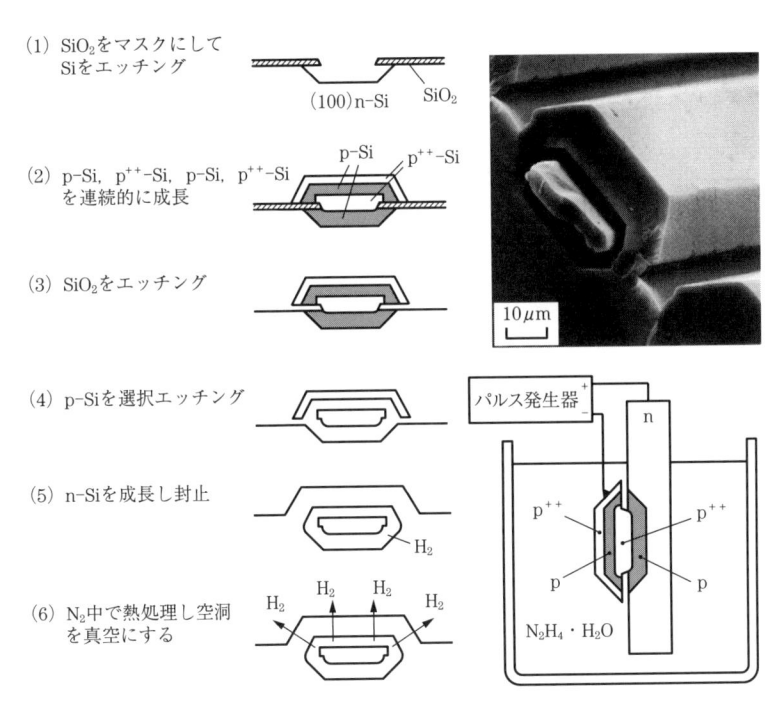

(5) n–Siを成長し封止

(6) N$_2$中で熱処理し空洞を真空にする

図2.25 Siの不純物濃度依存性選択エッチング（図2.24の(c)と(d)）を用いた共振型圧力センサの製作工程

でSiO$_2$をマスクにしてSiをエッチングし，(2)のようにp–Si, p$^{++}$–Si, p–Si, p$^{++}$–Siを連続的に気相成長させる．(3)のようにSiO$_2$をエッチングした後，(4)でp層だけをエッチングする．このときに図中に示すエッチング装置で，図2.24の(c)と(d)の選択エッチングを同時に行い，p–Siだけエッチングされてp$^{++}$–Siとn–Si基板が残るようにする．その後(5)のようにn–Siを気相成長させて封止した後，(6)のように窒素中で熱処理すると内部のH$_2$ガスが拡散で抜け出し空洞内は真空になる．真空にすることで共振子のQ値を高くすることができる．

(4) ポーラス Si

図2.24(b)でも述べたように，ホールを持つp–Si基板に正電圧を印加すると陽極酸化によるSiO$_2$膜が形成され，これをHF液中で行うとSiO$_2$膜が溶解

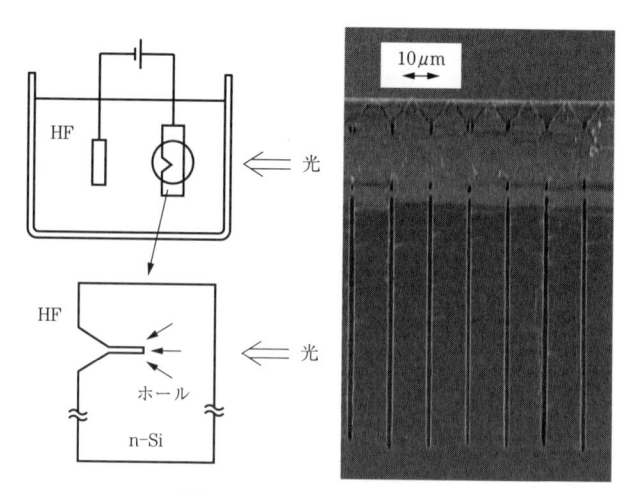

図2.26 マクロポーラスSiの形成

しSiがエッチングされることになる。n–Siの場合にはホールはないが，図2.26のようにHF液中のn–Siに裏面から光を照射することでホールを生成することができる。この場合に結晶異方性エッチングで（100）面のn–SiにV型の凹みを形成しておくと，電界が集中する凹みの底の部分にホール電流が集中する。このようにしてV型の底に陽極酸化膜が形成され，それがHF液に溶解するため，同図の写真のように垂直な孔を形成することができ，これはマクロポーラスSiと呼ばれる[26]。これを応用して孔を開けてから，横のSiをエッチングすると，垂直な立体構造を形成することもできる[27]。これを用いると，次の2.2.2（2）で述べる深い反応性イオンエッチング（Deep RIE）を使わなくても，低コストで高アスペクト比の立体構造を実現できる可能性がある。

HF液中でSiを陽極酸化（陽極化成）する際に，条件によってp–Siを多孔質にすることができ，これはマイクロポーラスSiと呼ばれる。図2.27(a)にはこの技術で単結晶Si基板に空洞を形成する応用例を示す[28]。多孔質化した後に水素中で熱処理すると，Si原子が移動して表面が塞がって内部に空洞ができ，これにSi結晶を気相エピタキシャル成長させて圧力センサのダイアフラムを形成している。(b)には断面写真を，また(c)にはダイアフラムにピエゾ抵抗を形成して製作した圧力センサを示すが，このセンサはドイツのRobert

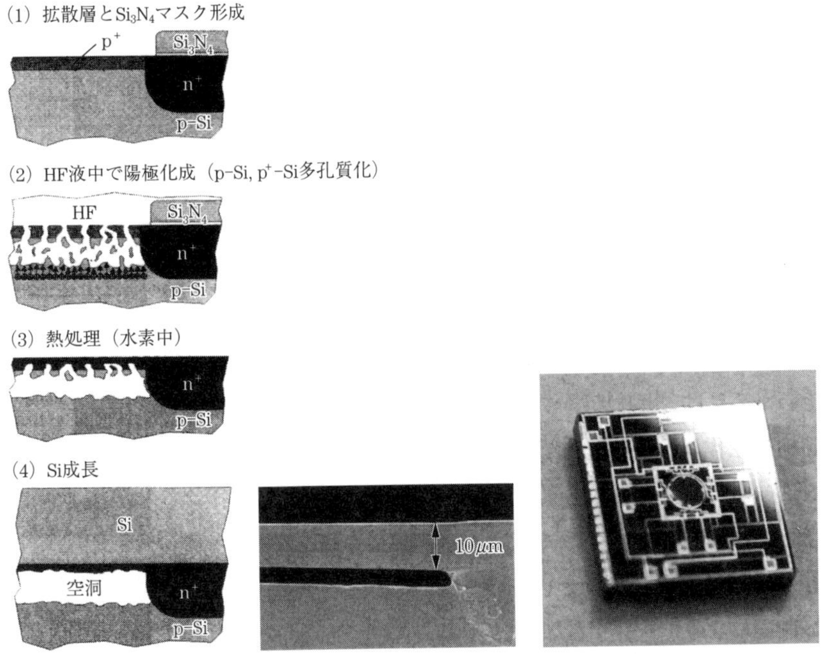

第 2 章◆MEMS の製作

(1) 拡散層と$Si_3N_4$マスク形成

(2) HF液中で陽極化成（p-Si, p$^+$-Si多孔質化）

(3) 熱処理（水素中）

(4) Si成長

(a) 製作工程　　(b) 断面写真　　(c) 圧力センサ

図2.27　マイクロポーラス Si とその圧力センサへの応用

Bosch 社でタイア圧モニタ用に作られている。

### （5）多層金属膜の異常エッチング

ウェットエッチングで多層の金属膜をエッチングする場合には，それぞれの金属とエッチング液の間で電池作用による電圧を生じるため，電流が流れて異常エッチングを生じることが多い。**図 2.28** には Cr-Au の 2 層膜の金をエッチ

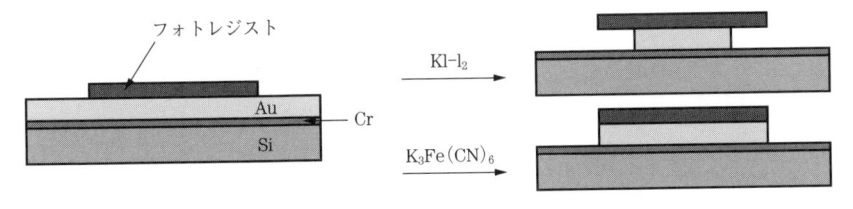

図2.28　多層金属の局所電池による異常エッチング

ングする際に，エッチング液の違いによって生じる異常エッチングの例を示す[29]。金属多層膜のエッチングを不要にするには，2.3で述べるようにレジストを形成しておいて蒸着後にレジストを除去してパターンを形成するリフトオフ法や，孔の開いたステンシルマスクを通して蒸着する方法を用いることができる。

---

**コラム 3**

## 選択研磨

CMP（Chemical Mechanical Polishing）と呼ばれる，化学作用を併用した研磨技術が表面を平坦にするのに用いられている。この技術で，ある材料だけを選択研磨することができる。図2.29(a)はエチレンジアミン液中でSiを選択研磨する原理である[30]。Siの結晶異方性エッチング液に用いられる，EDP（エチレンジアミン—ピロカテコール—水）の液では，エチレンジアミンでSi表面にSiの水酸化物を形成している。この水酸化物をポリシングクロスで機械的に除去することで，Siだけを選択的に研磨して除去することができる。これに対しSiO$_2$は除去できないため，同図(b)のようにSiO$_2$があるとそれが出た所で研磨が停止することになる。

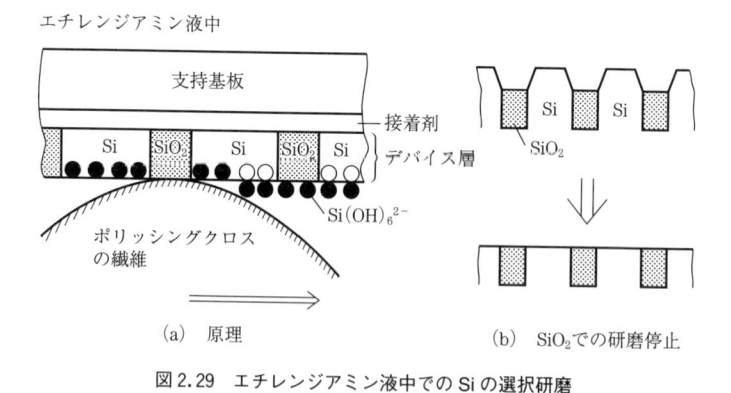

図2.29 エチレンジアミン液中でのSiの選択研磨
(a) 原理
(b) SiO$_2$での研磨停止

## 2.2.2　ドライエッチング

**（1）　等方性エッチング**

図 2.18(c) に示した等方性ドライエッチングには，プラズマエッチングとガスエッチングがある。Si のプラズマエッチングでは，**図 2.30** のように $CF_4$ ガスを用い高周波放電で F ラジカル（F*）を生成し，以下の反応で Si をエッチングする。なお酸素ガスを用いたプラズマエッチングはレジストの除去などに用いられる。

$$Si + 4F^* \rightarrow SiF_4 \uparrow \tag{6}$$

**図 2.31** には Si と $SiO_2$ をガスエッチングする装置を示す[31]。Si のガスエッチングには $XeF_4$ ガスを用いることができる[32]。$XeF_4$ ガスは固体ソースから昇華

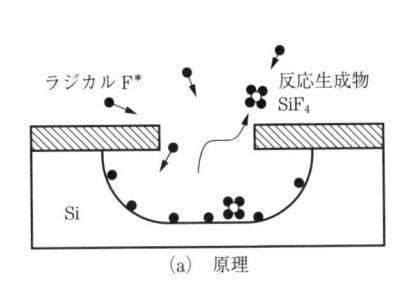

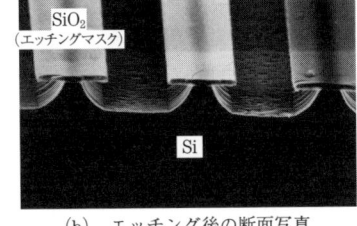

(a)　原理

(b)　エッチング後の断面写真

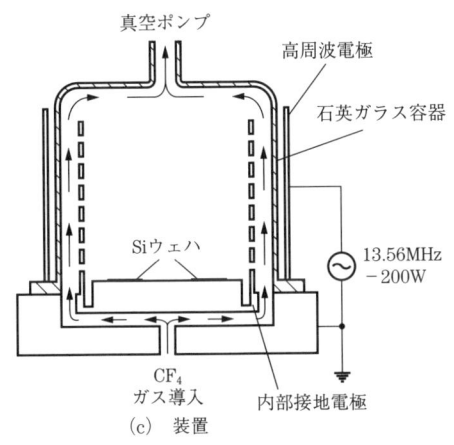

(c)　装置

図 2.30　Si のプラズマエッチング

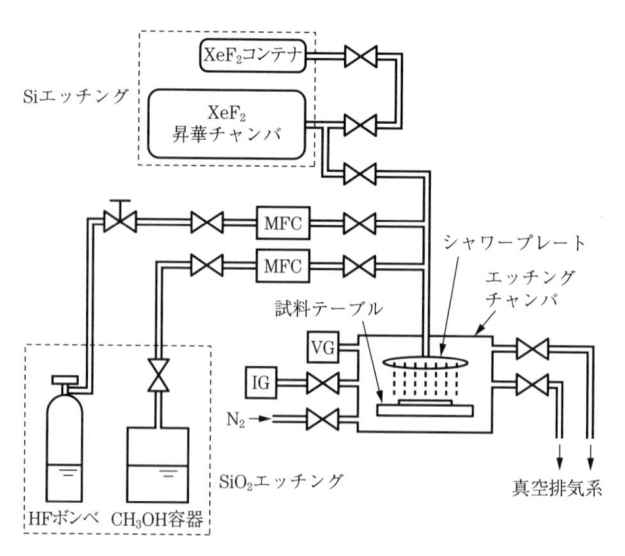

図2.31 SiとSiO$_2$のガスエッチング装置

し，分解して生成したF原子がSiと反応してSiF$_4$となって，減圧下室温でSiをエッチングする[33]。SiO$_2$，レジスト，Al，Cr，TiN，SiCに対しては千倍以上，Si$_3$N$_4$，Ti，Nbは数十倍から数百倍の選択性を持つが，Mo，W，Ir，Au，Ag，Taなどはエッチングされる[34]。

$$2\,\mathrm{XeF_4} + \mathrm{Si} \rightarrow 2\,\mathrm{Xe} + \mathrm{SiF_4}\uparrow \tag{7}$$

SiO$_2$をガスエッチングするにはHFガスが用いられ基板は加熱し，(8)式のような反応でエッチングする。この反応の詳細は(9)(10)(11)式のようになり，反応生成物がSiF$_4$となって除去されるが，中間生成物のH$_2$SiF$_6$が水と反応して(11)式でH$_2$SiO$_3$を生じ，それが残留することもある。この残留物を防ぐには水分濃度を減らしHFを濃くすることが有効である[35]。

$$\mathrm{SiO_2} + 4\,\mathrm{HF} \rightarrow 2\,\mathrm{H_2O} + \mathrm{SiF_4}\uparrow \tag{8}$$

$$6\,\mathrm{HF} + \mathrm{SiO_2} \rightarrow \mathrm{H_2SiF_6} + 2\,\mathrm{H_2O} \tag{9}$$

$$\mathrm{H_2SiF_6} \rightarrow 2\,\mathrm{HF} + \mathrm{SiF_4}\uparrow \tag{10}$$

$$\mathrm{H_2SiF_6} + 3\,\mathrm{H_2O} \rightarrow \mathrm{H_2SiO_3} + 6\,\mathrm{HF} \tag{11}$$

(8)式のように水が反応生成物として生じるが，表面張力の小さなメタノー

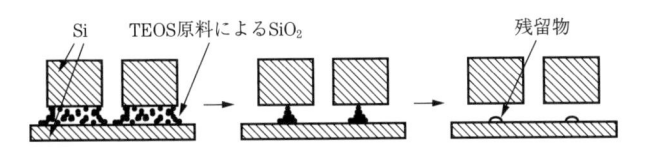

図2.32 TEOS原料のCVDで形成したSiO₂のHFガスエッチングにおける残留物

ルをガスとして添加して貼り付きを防ぐことも行われる。

2.5.2で説明する表面マイクロマシーニングには，下側の犠牲層を除去することで立体的な構造体を作る，犠牲層エッチングと呼ばれる方法が用いられる[36]。この犠牲層エッチングには等方性ドライエッチングが有効である。これはウェットエッチングの場合に，乾燥時に液体のメニスカス力（表面張力）で貼り付きが生じるためである。

なおドライエッチングの後でも表面に水酸基（SiOH）があると水素結合で貼り付きを生じるため，2.5で改めて説明するように表面を撥水性にすることで表面同士の貼り付き防止することが行われる。

なお TEOS（Tetraethyl orthosilicate $Si(OC_2H_5)_4$）を原料として CVD で堆積した $SiO_2$ を HF ガスエッチングするような場合，堆積した $SiO_2$ に未反応のエチル基などが含まれていると，**図2.32**のようにそれがエッチングされずに残留する[37]。ウェットエッチングの場合は流れ去り問題は生じないが，ドライエッチングではこのような残留物ができる可能性もある。

（2） **反応性イオンエッチング**

図2.18(d)の異方性ドライエッチングは，イオンを電界で加速し基板表面に照射するイオンエッチング（スパッタエッチング）で，これでは基本的に垂直にエッチングされる。特にFやClなどの反応性イオンを照射する反応性イオンエッチング RIE（Reactive Ion Etching）を用いると，マスクに対する選択性が高く，また高速にエッチングできる。MEMSの場合に，深くエッチングしてアスペクト比（幅に対する深さの比）の大きな構造を作る目的などで使われ，これは Deep RIE と呼ばれる。

エッチングのための $SF_6$ ガスと，側壁保護膜堆積（パッシベーション）のための $C_4F_8$ ガスを交互に導入する技術が，ドイツの Robert Bosch 社で開発され

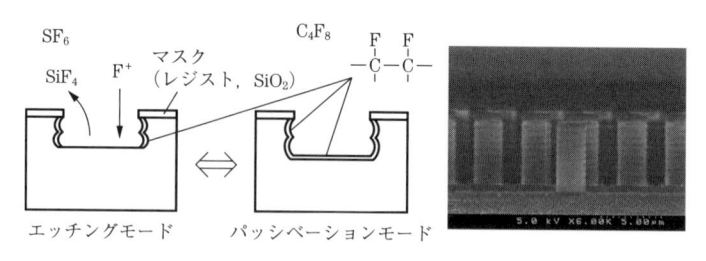

図 2.33 Bosch 法による深い反応性イオンエッチング（Deep RIE）

た[38)39)]。それによる装置が市販されており，エッチング速度も 50 $\mu$m/min ほどに，またアスペクト比も 130 程度が得られている。この方法は図 2.33 のようにして，側壁保護とエッチングを交互に行うもので，その周期に対応して図のようなスカロプスと呼ばれる凹凸が側壁に生じる。側壁で光を反射させるような目的で側壁を平滑にするには，減圧水素中（10 Torr）での熱処理（1,100℃，10 分）によって，Si 原子を表面移動させ平滑化する処理などを行う[40)]。

Deep RIE 技術の課題としては，スループットに関係するエッチング速度，ウェハ面内でのエッチング速度の均一性，またマスクの開口幅がエッチング速度やエッチング形状におよぼす影響などがある。図 2.34 はマスクの開口幅が側壁の垂直性に影響する様子であるが，正イオンが加速されるシースと呼ばれ

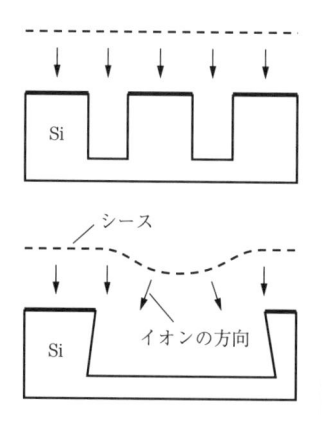

図 2.34 Deep RIE において，マスクの開口幅が側壁の垂直性に影響する例

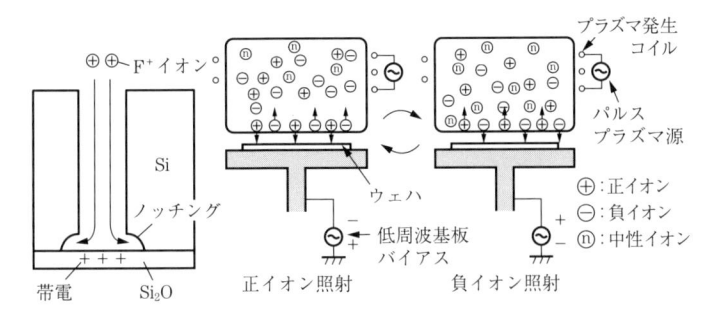

図2.35 帯電によるノッチングと，パルスプラズマエッチングによるその解消

(a) 帯電によるノッチングの発生
(b) パルスプラズマエッチングによるノッチングの解消

る領域の厚さに対して，マスクの開口幅やエッチング深さが大きくなると，イオンが斜めに加速されるために側壁が逆テーパになることが分かる。特にエッチング速度を大きくするため高密度プラズマにすると，シースが薄くなるためこの影響が出やすい[41]。マスク開口幅が大きい場合の対策として，2回に分けて狭い幅で端部をエッチングしてから，中央部を除去することなどが行われる。

Deep RIE でエッチングした孔の底に $SiO_2$ のような絶縁物が現れると，絶縁物表面が帯電してイオン流が曲げられる。このため図2.35(a)のように底の側面がエッチングされるノッチングが生じる[42]。図28(b)に示すパルスプラズマ源と低周波基板バイアスを用いる方法によって，これを改善することができる[43]。プラズマ源には 13.56 MHz の高周波を用いることが多いが，これに数十 $\mu$s ごとにオンオフするパルスプラズマ源を使用すると，オンの時には電子と正イオンに分離して電子は電界で加速されるが，オフになると動きの遅くなった電子は原子や分子と結合して負イオンができる。基板に低周波バイアスを印加すると基板が負電圧の周期には正イオンが照射されるが，正電圧の周期には負のイオンが照射される。このため帯電を防ぐことができノッチングが解消される。

Si だけでなく他の材料の Deep RIE も研究されている。水晶や石英のような $SiO_2$ では Si に比べてエッチング速度が遅く，毎分 $0.5\mu$m 程度である。$SF_6$ をエッチングガスとして用い，基板にかけるセルフバイアス電圧を大きくしてエ

ッチングするが，マスクとの選択性はよくないため，マスクにはレジストを鋳型にして形成した厚い Ni 膜などを用いる．水晶や石英の場合は $SiO_2$ だけなので反応生成物は $SiF_4$ として蒸発し，垂直にエッチングできる．これに対し，パイレックスガラスの場合には Al や Na などを含んでおり，それらと $F^+$ イオンとの反応生成物は蒸気圧が低いため側壁に堆積する．このためマスク開口幅が広いと堆積物が多く側壁が斜めになるが，狭い場合は比較的垂直にエッチングすることができる[44]．2.4 で説明するように，パイレックスガラスは Si に陽極接合することができるため，これに Deep RIE で多数の貫通孔を形成できれば，2.7 で説明するウェハレベルパッケージングに用いるガラス貫通配線構造などを作ることができる[45]．

　この他いろいろな材料の Deep RIE が可能である．耐熱性材料である SiC は硬いため機械加工は難しいが，$SF_6$ と $O_2$ をそれぞれ Si と C を除去するために混合して用いることでエッチングできる[46]．また $O_2$ による Deep RIE でポリイミドを高速にエッチングできる[47]．この場合は接着性改善のためにポリイミドに含まれている Si 成分から $SiO_2$ が生じ，これが側壁を O ラジカルから保護し垂直なエッチングが可能になる．

---

コラム 4

## 低温 Deep RIE

　Deep RIE 装置が市販されるようになる 3 年程前の装置を図 2.36(a) に示す[48]．この装置ではマグネトロンプラズマと呼ばれる磁石による高密度プラズマを用い，基板は液体窒素で冷却している．日立製作所の田地らにより，低温にした RIE でマスクに対する選択性の向上やサイドエッチングの減少に関する報告があり[49]，同図はこれを参考にして製作した装置である．$SF_6$ ガスを用い Si を垂直に 1μm/min 程の速度でエッチングすることができた．図 2.36(b) はそれで Si ウェハを貫通エッチングし，製作した Si 振動ジャイロである．

　このエッチング機構はフランスの Alcatel 社のグループによって明ら

第 2 章 ◆ MEMS の製作

(a) 低温 Deep RIE 装置

(b) Si 振動ジャイロの加工例

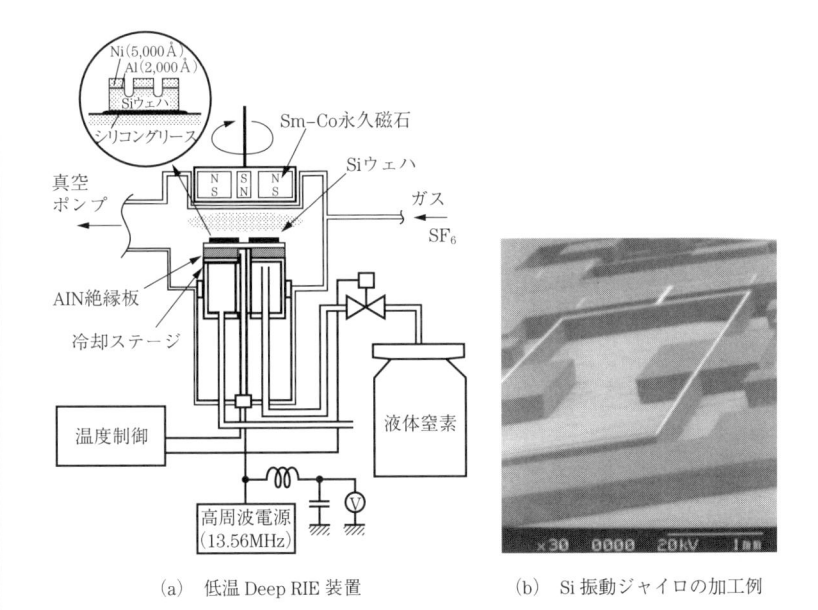

図 2.36　低温 Deep RIE 装置とそれを用いて製作した Si 振動ジャイロの写真

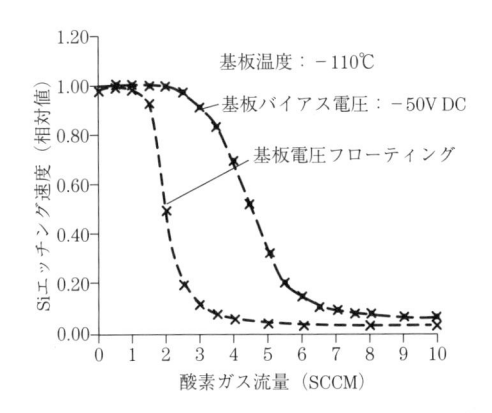

図 2.37　酸素に依存した堆積物によるエッチング速度の低下

かにされた。**図 2.37** のグラフは，$SF_6$ ガスに添加した酸素ガスの流量に対するエッチング速度の関係である[50]。酸素ガスが多くなるとエッチング速度が低下している。それは SiF 系の反応生成物と酸素が結合して堆積物を形成しているためである。図 2.30 で説明したように F ラジカ

ルは Si を等方性エッチングする。堆積物で側壁は保護されるが，底はイオン照射によって除去されて垂直にエッチングされる。石英の窓がエッチングされて酸素が生じるため，同社では窓のない装置を用いてこの実験を行っている。堆積が多すぎるとエッチング速度が低下するため，酸素濃度を最適化してエッチングする。

参 考 文 献

1) P. Walker & W. H. Tarn : Handbook of Metal Etchants, CRC Press (1991)
2) K. R. Williams & R. S. Muller : J. of Microelectromechanical Systems, **5**, 256 (1996)
3) K. R. Williams, K. Gupta & M. Wasilik : J. of Microelectromechanical Systems, **12**, 761 (2003)
4) B. Schwartz & H. Robbins : J. of the Electrochem. Soc., **123**, 1903 (1976)
5) K. Sato, Y. Kawamura, S. Tanaka, K. Uchida & H. Kohida : Sensors and Actuators A, **21-23**, 948 (1990)
6) H. Seidel & L. Csepregi : Sensors and Actuators, **4**, 455 (1983)
7) O. Tabata, R. Asahi & S. Sugiyama : Tech. Digest of the 9th Sensor Symposium, p. 15 (1990)
8) X.-P. Wu, Q.-H. Wu & W. H. Ko : Sensors and Actuators, **9**, 333 (1986)
9) M. Mehregany & S. D. Senturia : Sensors and Actuators, **13**, 375 (1988)
10) 田中浩，井上和之：表面技術，**51**, 780 (2000)
11) 小藪国夫，渡辺純二：昭和46年精密工学会秋季大会講演論文集，p. 573 (1988)
12) K. Ohwada, Y. Negoro, Y. Konaka & T. Oguchi : Proc. of MEMS '95, p. 100 (1995)
13) C. Strandman, L. Rosengren & Y. Backlund : Proc. of MEMS '95, p. 244 (1995)
14) Y. Tarui, Y. Komiya & Y. Harada : J. of the Electrochem. Soc., **118**, 118 (1971)
15) 植田敏嗣，幸坂扶佐夫，飯野俊雄，山﨑人輔：計測自動制御学会論文集，**23**, 1233 (1987)
16) S. D. Collins : J. of the Electrochem. Soc., **144**, 2242 (1997)
17) 浅野雅文，住友康祐，松岡久志，大橋泰三：半導体・集積回路シンポジウム論文集（第一集），p. 723 (1978)
18) M. J. Theunissen, J. A. Appels & W. H. C. G. Verkuylen : J. of the Electrochem. Soc., **117**, 959 (1970)
19) M. Esashi, H. Komatsu, T. Matsuo, M. Takahashi, T. Takishima, K. Imabayashi & H. Ozawa : IEEE Trans. on Electron Devices, **ED-29**, 57 (1982)
20) H. Seidel : Tech. Digest Solid-State Sensor and Actuator Workshop, p. 86 (1990)

21) Y. Linden, L. Tenerz, J. Tiren & B. Hok : Sensors and Actuators, **16**, 67（1989）
22) P. J. French, M. Nagano & M. Esashi : Sensors and Actuators A, **56**, 279（1996）
23) S. S. Wang, V. M. McNeil & M. A. Schmidt : Digest of Technical Papers Transducers '91, p. 819（1991）
24) B. Hok, C. Ovren & E. Gustafsson : Sensors and Actuators, **4**, 341（1983）
25) K. Ikeda, H. Kuwayama, T. Kobayashi, T. Watanabe, T. Nishikawa & T. Yoshida : Tech. Digest of the 7th Sensor Symposium, p. 55（1988）
26) V. Lehmann & H. Foll : J. of the Electrochem. Soc., **137**, 653（1990）
27) Y. Tao & M. Esashi : J. of Micromech. Microeng., **15**, 764（2005）
28) S. Armbruster, F. Schafer, G. lammel, H. Artmann, C. Schelling, H. Benzel, S. Finkbeiner, F. Larmer, P. Ruther & O. Paul : Digests of Technical Papers, Transducers '03, p. 246（1987）
29) Y. Nemirovsky, I. A. Blech & J. Yahalom : J. of the Electrochem. Soc., **125**, 1977（1978）
30) 濱口恒夫，遠藤伸裕：応用物理，**56**, 1480（1987）
31) K. Shimaoka, J. Sakata & Y. Mitsushima : Proc. of the 19th Sensor Symposium, p. 309（2002）
32) H. F. Winters & J. W. Cobun : Appl. Phys. Lett., **34**, 70（1972）
33) R. Toda, K. Minami & M. Esashi : Sensors and Actuators A, **66**, 268（1998）
34) P. B. Chu, J. T. Chen, R. Yeh, G. Lin, J. C. P. Huang, B. A. Warneke & K. S. J. Pister : Tech. Digest of Transducers '97, p. 665（1997）
35) J. H. Lee, et al. : Sensors & Actuators A, **64**, 27（1998）
36) M. Offenberg, F. Larmer, B. Elsner, H. Munzel & W. Riethmuller : Digests of Technical Papers, Transducers '95, p. 589（1995）
37) J. P. Stadler : Semicon Europe 2001（2001）
38) A. M. Hynes, H. Ashraf, J. K. Bhardwaj, J. Hopkins, I. Johnston & J. N. Shepherd : Sensors and Actuators A, **74**, 13（1999）
39) F. Laermer & A. Urban : Digests of Technical Papers, Transducers '05, p. 1118（2005）
40) M.–C. M. Lee, J. Yao & M. C. Wu : Technical Digests of MEMS '05, p. 596（2005）
41) T. Ikedera & R. Maeda : Microsystem Technology, **12**, 98（2005）
42) A. A. Ayon, R. Braff, C. C. Lin, H. H. Sawin & M. A. Schmidt : J. of the Electrochem. Soc., **146**, 339（1999）
43) 寒川誠二：電気学会誌，**117**, 98（1997）
44) X. Li, T. Abe & M. Esashi : Sensors and Actuators A, **87**, 139（2001）
45) X. Li, T. Abe, Y. Liu & M. Esashi : Proc. of MEMS '2001, p. 98（2001）
46) S. Tanaka, K. Rajana, T. Abe & M. Esashi : J. Vac. Sci. Technol. **B 19**, 2173（2001）
47) K. Murakami, K. Minami & M. Esash : Micro System Technologies, **1**, 137（1995）

48) M. Takinami, K. Minami & M. Esashi : Technical Digest of the 11th Sensor Symposium, p. 15 (1992)
40) K. Tsujimoto, S. Tachi, S. Arai, H. Kawakami & S. Okudaira : Proc. 9th Symp. Dry Process, p. 42 (1988)
50) J. W. Bartha, J. Greschner, M. Puech & P. Maquin : Microelectronic Eng., **27**, 453 (1995)

## 2.3 堆積と応力制御

エッチングで除去するのとは反対に材料を堆積して必要な層を形成する加工法を取り上げる。これは気相堆積法と液相堆積法に分けられる。この場合に下地との間で応力による変形などが生じることがあり，特に厚い膜を形成することの多いマイクロマシーニングではこれが問題になるので，応力の制御についても議論する。

### 2.3.1 気相堆積

気相堆積法は，蒸着やスパッタリングなどの物理的気相堆積法 PVD（Physical Vapor Deposition）と化学的気相堆積法 CVD（Chemical Vapor Deposition）に分けられる。

PVD には蒸着法やスパッタ法がある。**図 2.38**(a)の蒸着は，高真空中で材料を加熱して蒸発させるもので，金属膜などの堆積に用いられる。加熱に電子ビームを使用することで高融点材料を蒸発させることもできる。

(a) 蒸着　　　(b) スパッタリング

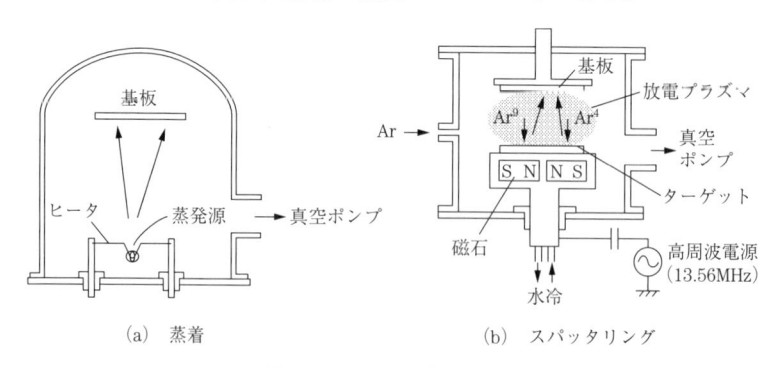

図 2.38　物理的堆積法（PVD）

これに対してスパッタリングは図2.38(b)に示すように，Arガスなどの低真空中において電極間で放電プラズマを発生し，ターゲットと呼ばれる陰極上の材料をイオン衝撃ではじき飛ばして，対向する基板表面にターゲット材料の膜を堆積するものである。図2.18(d)で説明したイオンエッチングを堆積に利用する方法とも言える。基板表面にはさまざまな方向から分子が到達するため，蒸着の場合よりも段差の部分が良く覆われる。また金属の他，化合物や合金のような多成分の材料，絶縁物などいろいろな材料を堆積するのに適している。圧電性のAlN膜をスパッタ法によって堆積する場合では，配向性の優れた膜を堆積することがMEMS共振子の製作などに重要な技術となっている[1)2)]。

　蒸着法では，高真空中で蒸発した原子が他の分子と衝突せずに基板に到達する。この特徴を生かしたパターン形成法を**図2.39**に示す。(a)はリフトオフと呼ばれる方法で，基板表面にレジストでパターンを形成しておき，これに垂直方向から金属などを蒸着し，後でレジストを除去することによって，レジスト上に堆積した金属膜をレジストと一緒に取り除く方法である。レジストの段差部分で金属膜がつながらないようにして，リフトオフしやすくするために，レジストの端部を逆テーパに作る場合などもあり，このためのイメージリバーサルレジストを表2.1で紹介した。(b)はパターンの形に貫通した孔の開いた金属やSiなどの板（ステンシルマスクと呼ばれる）を基板に位置合わせして重

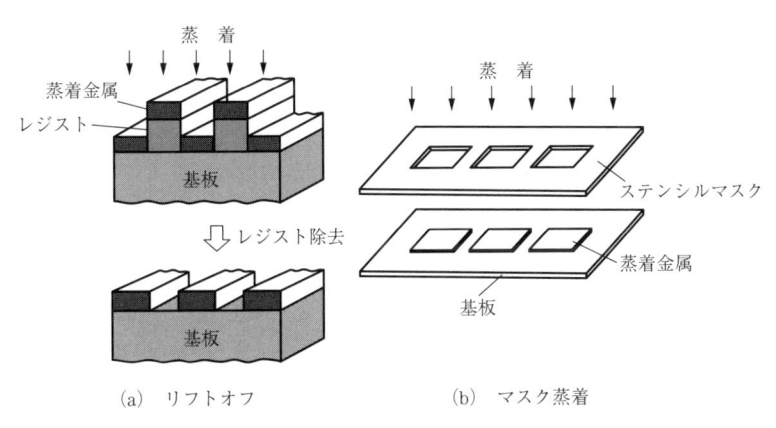

図2.39　リフトオフとマスク蒸着

表 2.2 各種メタライゼーション

| 金　属 | 特　　徴 |
|---|---|
| Al | 400℃で陽極接合も可，ヒロックを生じ狭ギャップ構造には不適 |
| Pt/Ti | 陽極接合の温度に耐えるが，HF で Ti がエッチングされ易い |
| Pt/Cr | 陽極接合の温度に耐え，HF に浸す工程があるときに使用できる |
| Au/Cr | Au と Cr が反応し耐熱性が低い |
| Au/Cu/Cu-Cr/Cr | はんだ付け用 |

ね，その孔を通して蒸着するマスク蒸着法である。エッチングによる孔やある程度の凹凸などが基板上にあっても，必要な端子部分などにだけ金属を付けることができるが，ステンシルマスクの制約からドーナツ状のパターンなどには適用できない。(a)(b)ともに，堆積した材料をエッチングする必要はないので，図 2.28 で説明した局所電池による異常エッチングを生じ易い多層金属のように，エッチングし難い材料の場合などに適している。**表 2.2** にはメタライゼーションに用いられる金属の組み合わせを示すが，$SiO_2$ 上に形成するにはそれと付着するように Cr や Ti などの酸化しやすい金属を下地に，また表面は酸化を防ぐために Au などにした多層膜が用いられる。耐熱性が要求される場合には，反応しにくい Pt と Ti の組み合わせが適している[3]。またバンプ構造などで，はんだ付けをする目的には Au/Cu/Cu-Cr/Cr が用いられる[4]。

CVD は**図 2.40**(a)のように，気相で供給されるガスを基板上で反応あるいは分解させて，その生成物を基板上に堆積する技術である。原料ガスには水素化物の他，ハロゲン化物，有機金属化合物などが用いられる。高温で熱的なエネルギーで反応させる熱 CVD 装置のうち，堆積膜厚の均一性の良い減圧 CVD（LPCVD（Low Pressure CVD））と呼ばれる装置を(b)に示す。(c)は高周波放電によるプラズマでガス分子を励起させることによって，比較的低温でも質の良い膜を形成できるプラズマ CVD 装置である。

堆積する材料として，poly–Si（ポリシリコン，多結晶シリコン）のような半導体，$Si_3N_4$（窒化シリコン），$SiO_2$（酸化シリコン），PSG（リンシリケートガラス）のような絶縁体，W（タングステン）のような金属などがマイクロマシーニングでは用いられる。

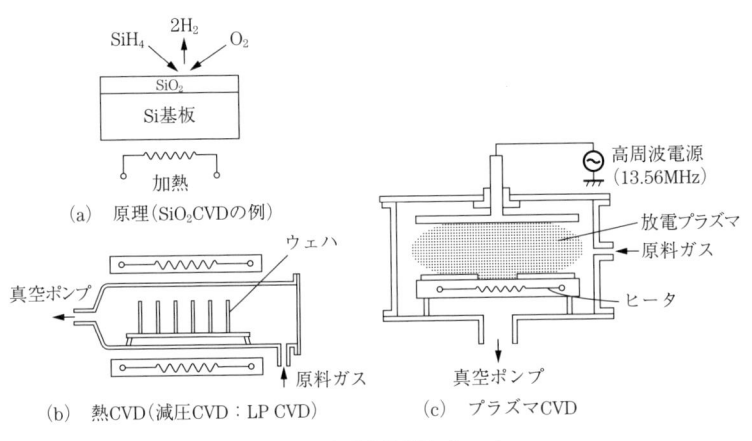

図 2.40　化学的堆積法（CVD）

　poly-Si は，2.5 で説明する表面マイクロマシーニングで構造層によく用いられる。これは次のような $SiH_4$（シラン）ガスの熱分解で 700℃ 程の温度で堆積される。

$$SiH_4 \rightarrow Si + 2H_2 \tag{12}$$

　低温で堆積すると結晶粒が小さな poly-Si や a-Si（アモルファスシリコン）の膜となる。堆積中や堆積後の熱処理によって結晶粒は大きくなり，内部応力も変化する。堆積した膜には熱応力や内部応力などの問題があり，構造体を作る時にはその制御が重要であるが，これについては改めて図 2.47 やコラム 8 で言及する。

　$Si_3N_4$ は $SiH_4$ と $NH_3$ を反応させて堆積する。また $SiO_2$ は $SiH_4$ に $O_2$ や $NO_2$ あるいは $CO_2$ などを反応させて堆積することができる。

　CVD では以下の例のように多様な形で材料を堆積することができる。集積回路の高性能化により，端子からの高速信号を相互接続する技術が重要になり，特に裏面に貫通する配線が要求されている。**図 2.41** はこの目的で Si 基板に貫通配線を形成したもので，その製作工程と工程途中の写真を示している[5]。外部に電界を漏らさず高速通信ができるように，ペア信号線をシールド付で製作した。Si 基板を Deep　RIE で途中までエッチングして形成した 2 つの Si の島に，Cu を CVD して表面を被覆しペア線やシールドとする。Cu の原料として

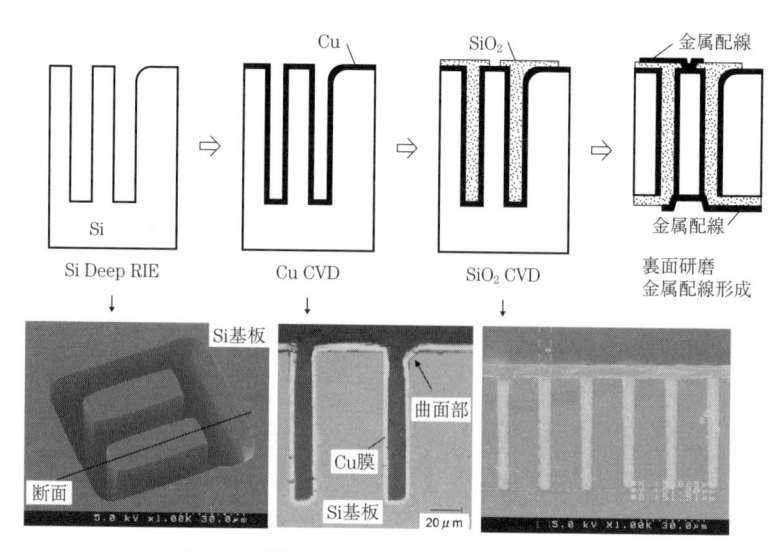

図 2.41 被覆性の良い Cu CVD と，空洞のない SiO₂ CVD を用いて製作した Si 貫通配線

は 1,1,1,5,5,5,5-hexafluoroacetylacetonate Copper(I) viniltrimethylsilane という化合物を用い，160〜220℃ の基板温度で熱分解し Cu を堆積しているが，この CVD による Cu 膜は，図中の断面写真に見られるように表面被覆性が良い[6]。その後 TEOS (Tetraethyl orthosilicate $Si(OC_2H_5)_4$) とオゾンを用いたプラズマ CVD によって，孔を $SiO_2$ で埋める[7]。この方法は反応の中間生成物が孔に流れ込む性質があるため液相 CVD と呼ばれ，底から埋まり図のように内部に空洞ができない。その後 Si 基板の裏面を研磨することで裏側に金属を露出させ，表裏の金属配線を形成している。

材料を選択的に堆積させることもでき，たとえば $WF_6$ を原料に用いると W を Si や金属の上にだけ成長できる。この選択 CVD の W によって鋳型を埋め，その W を構造体に使用することなども行われている[8]。**図 2.42** の例は，電界放射電子源の目的で Si の突端に選択的に CNT（カーボンナノチューブ）を堆積したものである[9]。加熱した W 表面で原料の $C_2H_2$（アセチレン）ガスを分解する(a)のようなホットフィラメント CVD 装置を用いている。Si 基板に負電圧を印加することで正イオンの炭素が，電界の集中する Si 突端に選択的に堆

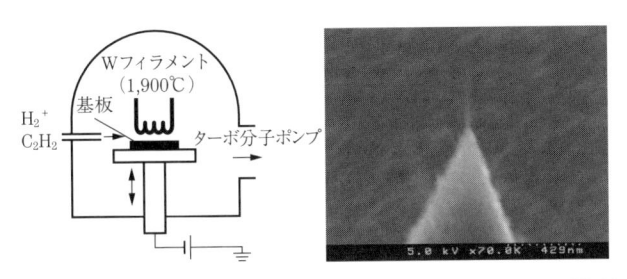

図 2.42　カーボンナノチューブ（CNT）のホットフィラメント CVD 装置と，CNT の Si 突端への選択形成

積し，(b)のようにカーボンナノチューブとなる。

　この他，高分子膜を気相堆積することもできる。パリレンの膜を減圧下で堆積することができるが，これでは原料のポリパラキシリレンを熱分解して重合させるもので，膜は室温で形成できる。この膜を窒素中で加熱し炭化して用いることなども行われている[10]。

### 2.3.2　液相堆積

　電解液中でのウェットプロセスであるめっきには，電解めっきと無電解めっきがある。それぞれ電解液中のイオンを電流，あるいは触媒で還元することで，ある場所にだけ選択的に金属などを形成することができる。図 2.43 のようにレジストを鋳型にして電解めっきして構造体を形成する方法は，電鋳やフォトエレクトロプレーティングと呼ばれる。高アスペクト比の構造体を製作するには，図 2.1 で説明した SU-8 と呼ばれるエポキシ系のフォトレジストを使用できるが，さらに大きなアスペクト比にするには放射光の X 線を用いた露光が行われる。自己支持薄膜に金属を付けたマスクを通して，X 線を厚いレジストに照射するが，X 線は波長が短く回折しにくいため垂直方向に露光され，アスペクト比は 100 以上にもできる[11]。レジストにはポジレジストに当たる PMMA（ポリメチルメタクリレート）やネガレジストに当たる SU-8 などを使用する。SU-8 は PMMA よりも 100 倍ほど高感度なため，露光時間を短縮することができる[12]。この X 線露光に金属の電解めっきやポリマーによる型成型などを組み合わせて複製を作る方法は，LIGA プロセスと呼ばれる[11]。

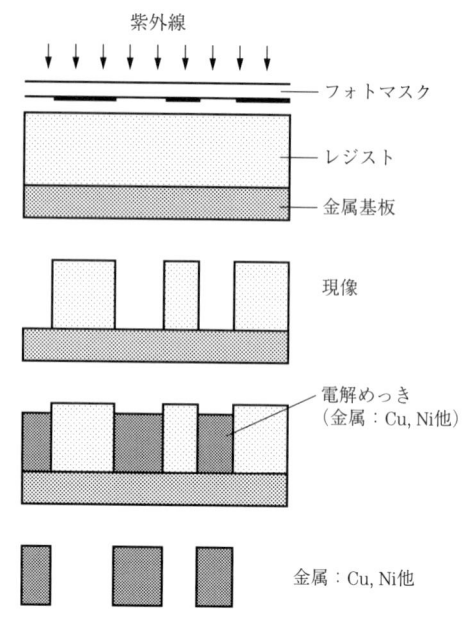

図2.43　フォトエレクトロプレーティング（電鋳）

　高密度のガラス貫通配線における電解めっきの例を紹介する[13]。**図2.44**はガラスにフェムト秒レーザを照射して開けた貫通穴に，スルーホールめっきする場合である。なお真空中でフェムト秒レーザをガラスに照射すると，1秒程で厚さ1mmのガラス板に50μm径の貫通穴を形成できる。この例では，ガラス表面に金属膜を付けておくことで，穴がめっきした金属で埋まったことを電気インピーダンスの変化として検出できるようにしてある。めっきされた金属の高さは必ずしも均一ではないため，逆方向にパルス電流を流すことによって，多くめっきされた部分の金属を一部溶解させる操作を行い，再びめっきする工程を繰り返すパルスめっきを用いている[14]。これによって，すべてのスルーホールがめっきした金属でちょうど埋まるようにすることができる。はみ出してめっきされた部分を研磨しなくてよいため，その前にガラス表面に必要な構造などを作っておくことができる。
　液体から膜を形成するには，めっき以外に絶縁膜などを形成するも方法もあ

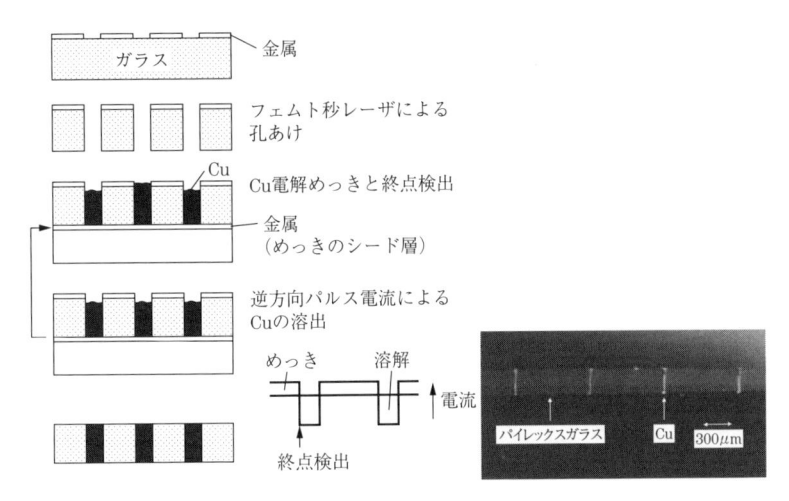

図 2.44 めっき終点検出とパルスめっきによる貫通孔めっき

る。チップの電気配線を横に取り出す構造で，段差の凹凸を埋め空気が漏れないようにして蓋をする場合などに，SOG（スピンオンガラス）を塗布することで行うことができる[15]。SOG は Si のアルコキシド化合物を加水分解して熱処理することで $SiO_2$ に変えるもので，このような方法はゾルゲル法と呼ばれる。PZT（チタン酸ジルコン酸鉛）などの圧電薄膜を形成する場合などにも，ゾルゲル法は使用される。

### 2.3.3 応力制御

堆積した膜の内部応力によって変形や割れなどが生じる。また基板に対する付着力が小さく，引っ張り応力が大きい膜は，剥離しやすい。膜の応力には，基板材料と膜材料の熱膨張の差に起因する熱応力と，膜の形成過程などに関係する内部応力の 2 つがある[16]。スパッタ法ではスパッタ雰囲気の圧力で膜応力を調節することができる。圧力が低い場合は，付着粒子の衝突エネルギーによるピニング効果で圧縮応力となり，また圧力が高い場合にはスパッタ時に膜中に入り込んだ Ar 原子が出ることで引っ張り応力を生じる。なお Ar よりも原子サイズが大きな Xe ガスなどをスパッタ雰囲気に用いると，ガスが膜中に入り込みにくいので，この応力を小さくできる。この他，めっき膜の場合には膜

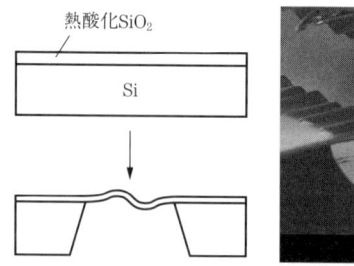

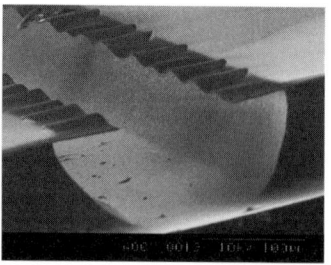

図 2.45　熱酸化膜の圧縮応力が開放されることによる変形

中に取り込まれた水素が出るために引っ張り応力を生じる傾向にある[17]。

　図 2.45 には熱応力による変形の例を示してある。熱酸化による $SiO_2$ 膜の場合には大きな圧縮応力を生じ、基板の Si をエッチングして図のように自己支持構造を作ると、圧縮応力が開放されて伸び、座屈してしわになる。これは Si 基板の熱膨張係数（3 ppm/℃）と $SiO_2$ 膜の熱膨張係数（0.3 ppm/℃）の違いにより、高温で酸化した後冷却した時に $SiO_2$ 膜が収縮させられるためである。熱酸化による $SiO_2$ 膜を挟んで接合した、$Si$–$SiO_2$–$Si$ 構造による SOI ウェハなどの場合にも、基板の Si をエッチングした場合にこのような座屈によるしわが生じるが、$SiO_2$ 膜を除去して Si 層だけにすると平らになる。

　単結晶 Si 基板に高濃度で不純物を添加した層においては、Si と不純物の原子半径の違いによる応力が生じる。B（ボロン）は Si に比べて原子半径が 70% ほどであるため、$1 cm^3$ 中（$5×10^{22}$ Si 原子）に $10^{20}$ 個程以上の濃度になると、引っ張り応力に耐えきれず結晶に転移が生じる[18]。Ge は Si よりも原子半径が大きいため、高濃度 B 層に Ge を導入すると応力が補償されて転移が生じなくなる[19]。

　Si 基板上に内部応力の少ない膜を形成することもできる。高温 CVD による $SiO_xN_y$（シリコンオキシナイトライド）では、ある O/N 比で応力を零にすることができる[20]。$Si_3N_4$ では大きな引っ張り応力を生じ、いっぽう高温 CVD による $SiO_2$ の応力は圧縮応力を持ち、それらが打ち消しあうためである。なお厚い $Si_3N_4$ 膜を Si 上に堆積すると、引っ張り応力のため Si 表面に転移を生じるので、Si と $Si_3N_4$ の間には応力を吸収する $SiO_2$ 層を用いるのが普通である。

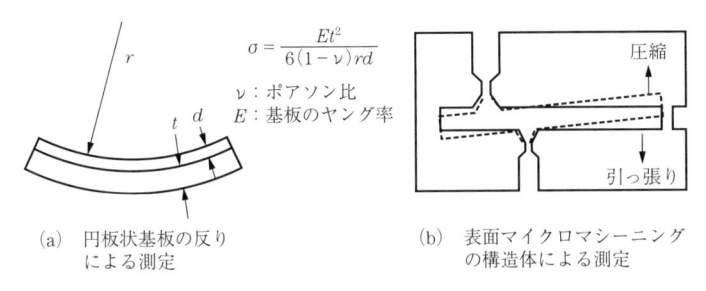

$$\sigma = \frac{Et^2}{6(1-\nu)rd}$$

$\nu$：ポアソン比
$E$：基板のヤング率

(a) 円板状基板の反りによる測定

(b) 表面マイクロマシーニングの構造体による測定

図 2.46　応力の測定

このほか TEOS を原料として低温でプラズマ CVD した $SiO_2$ 膜の場合には，膜中に含まれる未分解の分子が放出され引っ張り応力を生じることが多いが，基板に高周波電圧を印加してイオン衝撃で分解を促進させることで応力を調節することができる．堆積膜の応力は，**図 2.46**(a)のように基板の反りで測定することができる．また 2.5 で述べる表面マイクロマシーニングで下の犠牲層をエッチングして，堆積膜を自己支持構造にする場合には，(b)のような形状にすることで応力を知ることができる[21]．

poly–Si などの多結晶材料を CVD で堆積すると，厚み方向に応力が不均一になる．これは堆積中の熱処理によって，はじめに堆積した下の部分で結晶粒の成長などが起こるためである．このため**図 2.47**(a)に示すように，その下の犠牲層をエッチングで除去するとバイメタルのような原理で反ってしまう[22]．(b)のように熱処理（1,100℃，3 時間）して厚み方向の応力を均一にしてから犠牲層をエッチングすることで，反らないようにする．この方法は，2.6 の図 2.74 で述べる，回路を集積化した加速度センサなどの製作に用いられているが，この熱処理のため，微細なトランジスタを用いたチップの上に作ることが難しくなる．なお poly–Si の堆積方法を工夫して応力を少なくし，厚い堆積膜を使う epi–poly–Si（エピタキシャルポリシリコン）と呼ばれる技術については，コラム 8 で説明する．図 2.47(c)の poly–SiGe を堆積する場合は，その上に反りを打ち消すための応力制御層を堆積することで，犠牲層エッチング後に平らになるようにする[23]．**図 2.48** に示すように Si と Ge の割合によって応力を調節でき，Ge を多くしていくと圧縮応力（負応力）から引っ張り応力

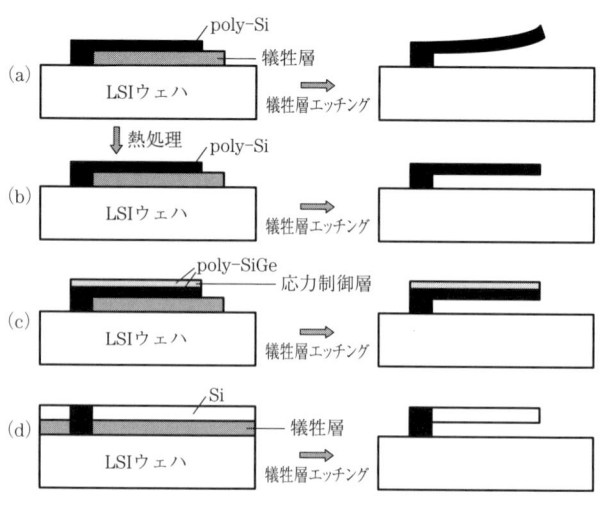

図 2.47 表面マイクロマシーニングにおける反り対策

(正応力)に変わる。poly-SiGe は 400℃ 程度の比較的低い温度で堆積することができ，このように高温で熱処理しなくても応用制御ができる。このため，ばねとして機械的特性に優れた SiGe の MEMS を，微細なトランジスタを用いたチップの上に作ることが行われており，この例を 2.6 の図 2.75 に示す。図 2.47(d)は SOI（Silicon On Insulator）ウェハを用いる場合で，これでは単結晶 Si を構造体に用いるので反りは生じない[24]。これについては，2.5 の図 2.68 や 2.6 の図 2.76 でその例を示す。

　形状を工夫することによって応力の影響を避けることもできる。**図 2.49**(a)の例は錘をばねで支えた加速度センサであるが，ばねが周辺から卍型に配置されているため，ばねに応力があって延びたり縮んだりしても錘が回転するだけで，ばねには張力がかからず加速度センサの特性は変化しない。(b)は一点支持によって応力の影響を避けるようにした熱型赤外線センサである[25]。赤外線を吸収して $p^{++}$ の Si 薄膜を用いた両持ち梁構造が熱膨張し，共振周波数が変化するのを検出する。このほか，4.3 で説明する図 4.43 の気体用熱型質量流量センサで，自己支持型のマイクロヒータが気体の流れで冷却されるのを検知するような場合も，熱応力を開放する構造を用いている。

第 2 章 ◆ MEMS の製作

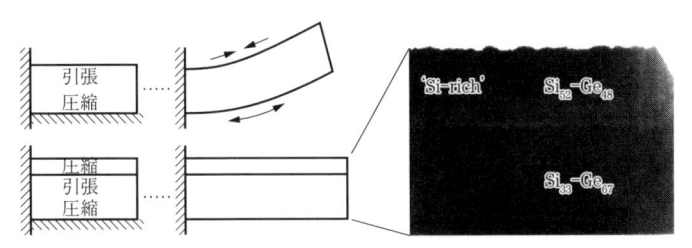

(a) poly-SiGe堆積膜の厚さ方向の応力分布による反り，および応力制御層の堆積による反り対策

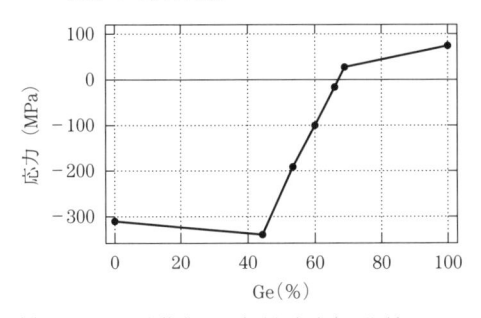

(b) poly-SiGe堆積膜のGe成分比と応力の関係

図 2.48　poly–SiGe を用いた表面マイクロマシーニングでの反り対策

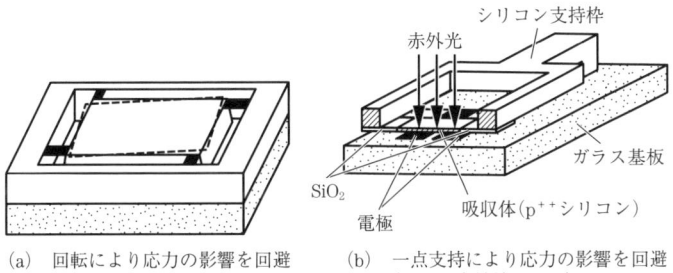

(a) 回転により応力の影響を回避
　　（加速度センサ）

(b) 一点支持により応力の影響を回避
　　（振動型赤外線センサ）

図 2.49　構造の工夫による応力影響の回避

## コラム 5

## 改質加工(サーモマイグレーション, 温度勾配帯溶融法)

　Si 基板に不純物を添加して拡散層を形成する例として，サーモマイグレーションや温度勾配帯溶融法と呼ばれる方法を図 2.50 に示す[26]。Si 基板を貫通する pn 接合を形成し，端子を裏面から取り出すような目的に使用できる。Al を n 型 Si 上に蒸着しておき，基板を 1,000℃ 程の温度にして，上面よりも下面のほうが高温になるように，基板の厚さ方向に 50℃/cm 程の温度勾配を与える。Al は溶融して Si 内を裏面に向かって進み，その後には Al を含む $p^{++}Si$ が結晶成長する。この $p^{++}Si$ 以外を，図 2.24(c)に示した不純物濃度依存性エッチングで選択的に除去することによって，$p^{++}Si$ の針を 2 次元に配列した構造なども作られている[27]。

　改質加工としてはこの他，$SiO_2$ 表面をシラン処理して疎水性にすることにより，2.5 で述べるように貼り付きを防止したり，逆にポリマー表面をプラズマ処理して親水性にし，濡れ性を良くして接着性を向上させたりする表面改質も行われる。

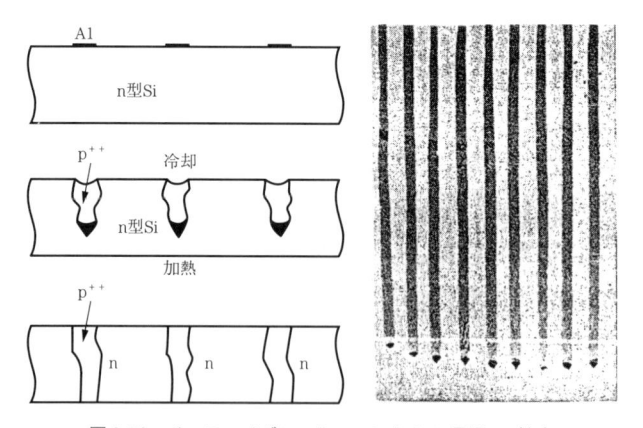

図 2.50　サーモマイグレーションによる Si 貫通 pn 接合

## 参 考 文 献

1) R. Ruby, P. Bradley, Y. Oshmyansky & A. Chien : 2001 IEEE Ultrasonic Symposium, p. 813（2001）
2) M. Hara, J. Kuypers, T.Abe & M. Esashi : Sensors & Actuators A, **117**, 211（2005）
3) M. P. Lepselter : Bell System Technical Journal, **2**, 233（1966）
4) P. A. Totta & R. P. Sopher : IBM J. Res. Develop., **13**, 226（1969）
5) 住川雅人，江刺正喜：第19回エレクトロニクス実装学会学術講演大会，p. 117（2005）
6) 関口敦，小出知昭，張敏姐，国信隆史，砂山英樹，小林明子，鈴木薫，肖石琴，岡田修：電子通信情報学会技報，SDM-2000-193，p. 43（2000）
7) C. Chang, T. Abe & M. Esashi : Microsystem Technologies, **10**, 97（2004）
8) L. Y. Chen, ZL. Zang, J. J. Yao, D. C. Thomas & N. C. McDonald : Proc. of MEMS '89, p. 82（1989）
9) T. Ono, H. Miyashita & M. Esashi : Nanotechnology, **13**, 62（2002）
10) M. Ligers & Y. C. Tai : Tech. Digests MEMS 2006, p. 106（2006）
11) W. Ehrfeld, M. Begemann, U. Berg, A. Lohf, F. Michel & M. Nienhaus : Microsystem Technologies, **7**, 145（2001）
12) E. W. Becker, W. Ehrfeld, P. Hagmann, A. Maner & D. Munchmeyer : Microelectronic Engineering, **4**, 35（1986）
13) T. Abe, X. Li & M. Esashi : Sensors and Actuators A, **108**, 234（2003）
14) T. R. Ansony : J. Appl. Phy., **52**, 5340（1981）
15) M. Esashi, N. Ura & Y. Matsumoto : Proc. of IEEE MEMS '92, p. 43（1992）
16) 馬来国弼：応用物理，**57**，1856（1988）
17) 津留豊：表面技術，**51**，360（2000）
18) C. Cabuz, K. Fukatsu, T. Kurabayashi, K. Minami & M. Esashi : IEEE Journal of Microelectromechanical Systems, **4**, 109（1995）
19) H. J. Herzog, L. Csepregi & H. Seidel : J. of the Electrochem. Soc., **131**, 2969（1998）
20) Y. Matsumoto & M. Esashi : Sensors and Actuators A, **39**, 209（1993）
21) L. B. Wilner : IEEE Solid-State Sensor and Actuator Workshop, p. 76（1992）
22) R. T. Howe & R. S. Muller : J. of the Electrochem. Soc., **130**, 1420（1983）
23) A. Mehta, et al. : Digest of Technical Papers Transducers '05, p. 1236（2005）
24) T. Bakke : 2005 SUSS MicroTec Seminar in Japan（2005）
25) C. Cabuz, S. Shoji, K. Fukatsu, E. Cabuz, K.Minami & M. Esashi : Sensors and Actuators A, **43**, 92（1994）
26) H. E. Cline & T. R. Anthony : J. Applied Physics, **47**, 2332（1976）
27) R. A. Normann, P. K. Campbell & K. E. Jone : Tech. Digests of IEEE MEMS '91, p. 247（1991）

## 2.4 接合

エッチングなどで加工したウェハ同士を界面で接合することにより，立体的な構造だけでなくパッケージングして封止された構造などを作ることができる。陽極接合，直接接合，その他金属同士の接合など各種の接合方法について説明する。

### 2.4.1 陽極接合

最も良く用いられる接合法は図 2.51 に示す，陽極接合やアノーディックボンディングと呼ばれる方法である。これは(a)のようにガラスと Si などの平滑面同士を重ね，400℃ 程でガラス側に数百 V の負電圧を印加し，界面の静電引

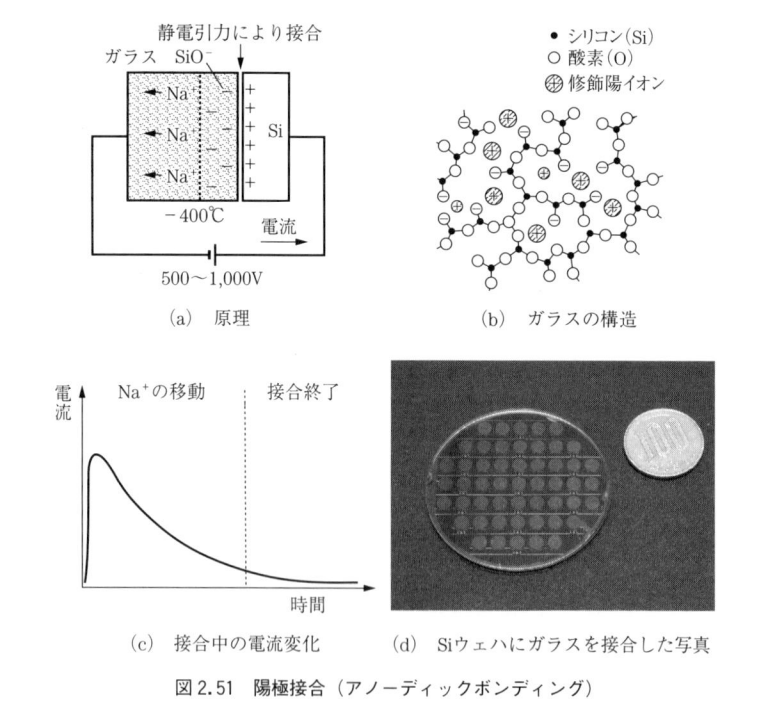

(a) 原理

(b) ガラスの構造

(c) 接合中の電流変化

(d) Si ウェハにガラスを接合した写真

図 2.51　陽極接合（アノーディックボンディング）

力で接合する方法である[1]。(b)のようにガラスには，$Na^+$などの正の可動アルカリイオンとガラス構造に固定された負の$Si$–$O^-$イオンがあり，印加した負電圧によってガラス中のアルカリイオンが移動し，Siとの界面にはSi–$O^-$イオンによる厚さ1$\mu$m程の空間電荷層が形成される[2]。このガラス側の固定負イオンによる空間電荷層とSi側の正電荷との間で静電引力が働き，界面で共有結合が生じて接合に至る。このため(c)のようにアルカリイオンが移動する変位電流が流れ，(d)の写真のように接合される。

Siと陽極接合するガラスには，Siと熱膨張が近いパイレックスガラス（コーニング社）やテンパックスガラス（ショット社）が用いられる。図2.52(a)にはSiとパイレックスガラスの熱膨張を示している。熱膨張が違うと接合後に歪が生じるが，接合温度を最適化して熱膨張を合わせ歪みを減らすこともできる[2]。Siとの熱膨張を良く合わせたガラスもあり，このガラスを用いると室温でも熱膨張差が小さいために，温度ドリフトなどを生じにくい[3]。図2.52(a)に示すように熱膨張がパイレックスガラスに近い金属（コバール10）もあり，これらは陽極接合が可能である。金属は機械加工でネジを切ったり，配管を溶接したりできるので，外部との接続などがやり易い。(b)は金属（コバール10）-ガラス-Si-ガラスを陽極接合で組み立てて製作した耐熱性の空気圧バルブである[4]。陽極接合にはガラスが不可欠であるが，Si以外でも，たとえばGaAsは熱膨張がそれに近いガラス（コーニング0211）に接合することが可能である[5]。

パッケージングには陽極接合で封止した内部から電気配線を取り出す方法が

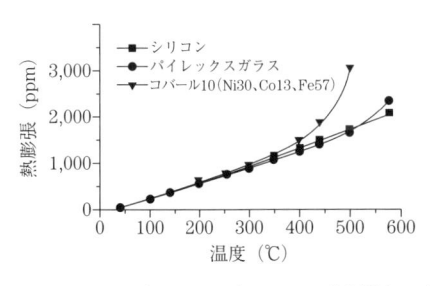

図2.52 Si，ガラス，コバール10の熱膨張と，金属（コバール10）-ガラス-Si-ガラスの陽極接合による耐熱空気圧バルブ

重要であるが，これについては2.7で述べる。陽極接合では静電引力が働くため，Si表面にそってガラスが少し変形して接合される。ガラス側に近接したSi構造体が動けるようになっていると，静電引力でガラスに接合してしまう恐れがある。このようなことを避けて接合したくない部分を接合しないようにするには，その部分のガラス側に金属を付けておき，これをSiと電気的に接触するような構造にして静電引力が働かないようにする[6]。必要なら接合の後にガラスを通してYAGレーザを照射することにより，この電気的な接続部を切断することもできる。

　パイレックスガラス薄膜を介してSi基板同士を陽極接合する方法もあるが，ガラス膜の絶縁破壊を生じ易いため，電圧は数十V以内に抑えて接合せざるを得ない[7]。これとは逆にガラス基板にSiスパッタ膜を付けて，別のガラス基板に陽極接合することができる[8]。

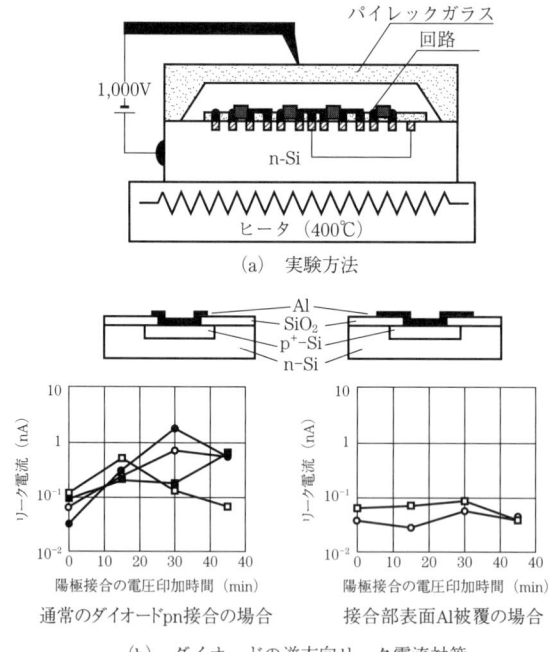

(a) 実験方法

(b) ダイオードの逆方向リーク電流対策

図2.53　CMOS集積回路を内部に持つ構造の陽極接合

内部に CMOS 集積回路を含む場合に，そのトランジスタなどを破壊せずに接合封止するため，図 2.53 のような実験を行った[9]。高温高電界下であるが MOS トランジスタ部はゲートで電気的にシールドされているため影響を受けない。(b)のように pn 接合部の表面を金属でシールドしたりする工夫で，内部の回路が影響を受けずに陽極接合することができる。2.6 で紹介する図 2.72 の集積化容量型圧力センサなどが，このような研究を基にして実現されている。

## 2.4.2 直接接合とプラズマ支援接合

直接接合は Fusion bonding と呼ばれることもあるが，研磨した Si 基板やその上に $SiO_2$ 膜を形成したものを重ねて熱処理することによって分子間力で貼り合わせるもので，Si の間に $SiO_2$ 膜を挟んだ SOI（Silicon on Insulator）基板を作る場合などにも用いられている[10)11]。高温での直接接合の原理を図 2.54 に示すが，表面が親水性の状態で重ねると Si–OH による OH 基（水酸基）同士が水素結合する。同様に表面の OH 基同士が水素結合によって貼り付きを生じてしまう問題について 2.5.2 で議論するが，ここではそれを積極的に利用している。大気中で仮接合を行い数百℃にすると OH 基から $H_2O$ 分子がとれて酸素で結合し，さらに 1,000℃ 以上では酸素が Si ウェハ中に拡散して Si 原子間で結合が生じる。この直接接合で大きな接合強度を得るには 1,000℃ 以上にする必要があり，このため熱膨張の異なる材料の接合はできず，同じ材料の接合に限られる。また未処理のウェハまたはエッチングや熱酸化したウェハのような場合以外，すなわち成膜して加工したウェハのように凹凸があるウェハな

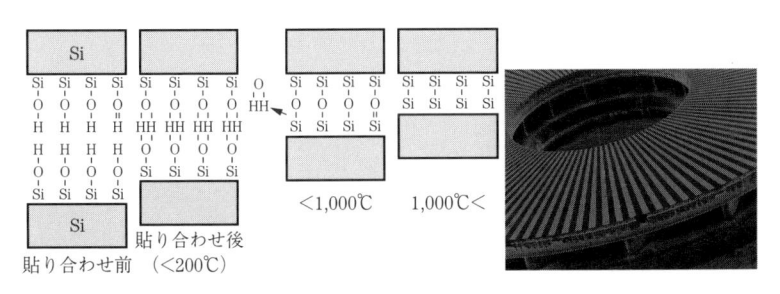

図 2.54　直接接合（Fusion bonding）の原理とその例（MEMS マイクロタービン）

| 洗浄工程 | 粒子 | 金属 | 有機物 | 自然酸化膜 |
|---|---|---|---|---|
| ●硫酸＋過酸化水素 |  | ○ | ○ |  |
| ●アンモニア+過酸化水素+水<br>（基板表面のSIO$^-$と粒子表面の<br>SIO$^-$の静電反発で再付着防止） | ○ | ○ |  |  |
| ●塩酸＋過酸化水素＋水 |  | ○ |  |  |
| ●フッ酸＋水 |  |  |  | ○ |

図2.55　RCA洗浄（アンモニア系の洗浄による再付着防止機構）

どの接合は難しい。図2.54には，エッチングした複数枚のSiウェハを直接接合して製作した，MEMSマイクロタービンの写真を示してある[12]。

表面に粒子（パーティクル）があると直接接合ができない。**図2.55**は半導体製造工程で一般に用いられるRCA洗浄と呼ばれる方法である[13]。アルカリ性の洗浄液であるアンモニアに過酸化水素と水を混合したものは，Siや$SiO_2$などの基板表面あるいは粒子の表面の水酸基（SiOH）を解離させてSiO$^-$にする。このため基板表面と粒子表面が電気的に反発し合い，機械的に除去された粒子の再付着を防ぐことができる。

次にプラズマ支援低温接合について説明する。表面をプラズマで処理した後大気中に取り出して重ね，それを200℃ほどに加熱して接合するもので，大きな接合強度が得られている[14]。比較的低温で接合できるので，回路などを形成した後にそれを壊さずに接合できるだけでなく，熱膨張の異なる材料同士でも接合可能である。また大気中で精密に位置合わせをして接合することができる。**図2.56**に示すように，プラズマ処理によって表面にOH基が高密度で作られ，

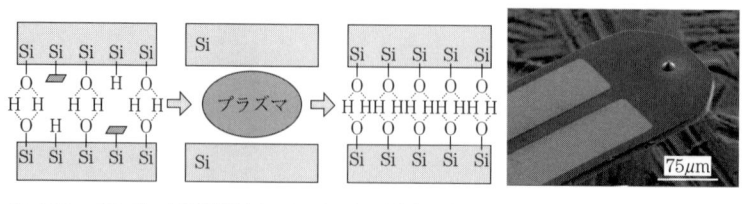

図2.56　プラズマ支援低温接合の原理と応用例（Si-水晶-Si接合によるAFMプローブ）

(1) SOI基板をエッチングして導波路を形成

(2) AlGaInAs量子井戸構造付きInP基板のプラズマ活性化接合
(酸素プラズマ照射後，300℃ 1MPa)

(3) InP基板の一部を選択エッチング

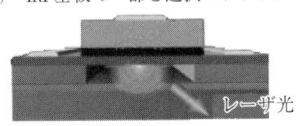

(a) 製作工程　　　　　　　(b) 動作例

図2.57　プラズマ活性化接合によるSi基板上半導体レーザの製作工程とチップからのレーザ光の写真

その水素結合によって接合する。この場合にOH基から発生する$H_2O$分子により界面でバブルが発生するが，$SiO_2$を付けておくと，それに$H_2O$分子が吸収されてバブルの発生を防ぐことができる[15]。図2.56の写真は，水晶の片持ち梁振動子であるが，これはSi基板に水晶とさらに別のSi基板をプラズマ支援低温接合することによって製作されている[16]。

図2.57の例は，AlGaInAsの量子井戸構造による半導体レーザを形成したInP基板を，導波路などを形成したSi基板にプラズマ支援低温接合したものである[17]。このようにして電子回路とレーザを同一チップ上に集積化することもできる。

高真空中で高速原子線などを照射して表面を活性化し，表面原子の結合が切れた状態で，高真空中で面同士を接触させて接合する常温界面活性化接合法もある[18]。

### 2.4.3 その他の接合

陽極接合や直接接合以外の接合法について説明する．これには低融点ガラスを用いる方法，ポリマーのフィルムや接着剤を用いる方法，およびはんだや共晶接合などの金属同士の接合を用いる方法などがあり，その具体例はパッケージングに関する2.7で紹介する．界面で液体状になる場合には高精度な接合はできないが，ある程度凹凸があっても接合することができる．金属同士の接合では電気的な接続も可能である．

低融点ガラスを用いる方法については，2.7の図2.87でAnalog Devices社の加速度センサの例を紹介する．

フィルム状のポリマーを介した接合の場合に，両側に電圧をかけて静電引力を印加しながら行うこともできる[19]．位置を合わせて重ねた基板の孔に接着剤を入れる方法で精度良く接着することができる[20]．ポリマー用いた場合は気体が透過するので気密封止はできない．

金属同士の接合には，大きく以下の3種類の方法がある．第1は熱圧着によるAu–Au, Cu–Cu, Ti–Tiなどの拡散接合と呼ばれている方法で，2.7の図2.86でAvago社によるFBARのパッケージングの例を紹介する[21]．第2ははんだ付けや共晶接合のように，温度を上げて界面で溶融する方法である．はんだ付けでは表面の酸化膜を除去するために，基板を加熱して蟻酸ガスで酸化物を還元する処理なども用いられる[22]．基板の接合部分にヒータを形成しておいて，これに通電して加熱することで局所的に接合する方法もある[23]．Au–Si, An–Sn, Au–Ge, Al–Geなどの組み合わせで熱的に溶融させる共晶接合があり，2.6の図2.78では米国のInvensense社の振動ジャイロでAl–Geの共晶接合の例を紹介する[24]．**図2.58**はAu–Siを用いた共晶接合の方法と，接合断面の写真である[25]．Si表面にAuを付けて重ね温度を上げて接合する．Si表面に自然酸化膜があると共晶ができないため，真空中でイオン照射によりSi基板表面の自然酸化膜を除去し，そのまま連続的にAuをスパッタしている．高温でも働くインコネル製のばねで押しながら，400℃ほどの温度で接合する．

金属同士の接合界面で片側の低融点金属が一時的に溶融し，反対側の金属と

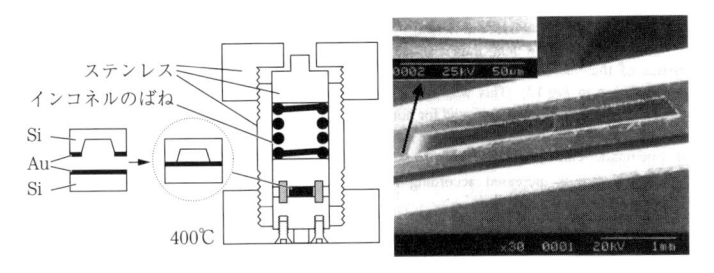

図 2.58 Au–Si の共晶接合

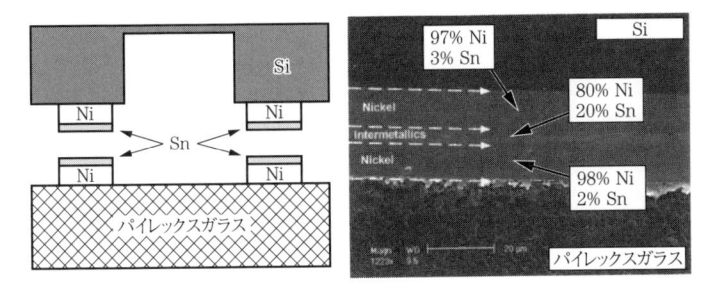

図 2.59 金属間化合物の形成による TLP (Transient Liquid Phase) 接合

金属間化合物を形成する，TLP (Transient Liquid Phase) 接合という方法がある[26]。**図 2.59** には Ni–Sn の場合の接合方法と接合後の断面写真を示すが，接合後さらに高い温度にしないと再溶融しない。TLP には，このほかに Cu–Sn, Cu–In, Ag–Sn, Ag–In, Au–In などの組み合わせも知られている。

## コラム 6

### 陽極接合による真空封止

陽極接合で封止した内部を真空にできると，共振子でダンピングを防ぐことが要求される振動ジャイロや，気体による熱伝導を避ける必要がある熱型赤外線センサ，あるいは電子源などを入れたデバイスなどに役立つ。図 2.51(c) に示した陽極接合時の電流の経時変化で，$Na^+$ イオンが電界によって移動する変位電流が時間とともに減少していくが，最後

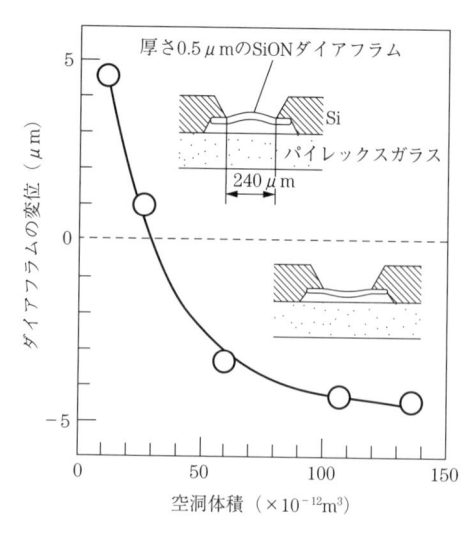

図2.60 ダイアフラム付き Si 基板を真空中でガラスに陽極接合したものの、大気中におけるダイアフラムの変位と空洞体積の関係

にわずかな電流が観測される。これはガラスと Si の界面で空間電荷層中の $SiO^-$ イオンが移動し電気化学反応により電流が流れているもので，この反応によってガラスから酸素ガスが発生する。図 2.60 は陽極接合時におけるこの酸素ガス発生の確認を行った実験である[27]。薄いダイアフラムを形成した Si ウェハを真空中でガラスに陽極接合した後，大気中に取りしてダイアフラムのたわみを測定して，これを空洞体積に対してプロットしてある。空洞体積が大きい時には内部が真空のために，大気圧によってダイアフラムは凹んでいるが，空洞体積が小さい時には接合時に発生した酸素ガスのためにダイアフラムは膨らんだ。この酸素ガスを吸着するため，非蒸発型ゲッタ（NEG：Non Evaporable Getter）を内部に入れて真空中で陽極接合した[28]。このようにして作られた空洞の真空度を，薄いダイアフラムの変形を用いて測定した結果を図 2.61 に示してある。外側の真空度を変えてダイアフラムのたわみを調べていくと，0.01 Pa でもダイアフラムが内側にたわんでいることから，内部は 0.01 Pa よりも高真空であることが分かる。この真空空洞を基準圧室

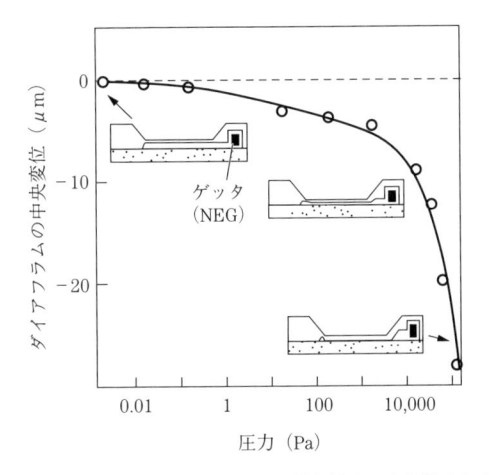

図 2.61　非蒸発型ゲッタ（NEG）を入れて陽極接合で真空封止したときの、外部圧力とダイアフラムの変位の関係

に用いた，Si ダイアフラム型真空センサは市販されている[29]。3.1 の図 3.8 に真空センサの例を示す。

　なお加速度センサの場合には，ばねで支えられた重りが共振せずにできるだけ速く応答するように，内部を臨界制動の圧力にする必要がある。この目的で空洞内にゲッタを入れ，不活性なアルゴンガスの雰囲気で陽極接合した[30]。接合時に発生した酸素ガスはゲッタによって除去されるが，不活性ガスはゲッタが吸着しないため残る。空洞の圧力は接合時のアルゴンガス圧力の約半分になるが，これはボイル・シャルルの法則（$pV = nRT$：$V$ は体積，$n$ はモル数，$R$ はガス定数）で圧力 $p$ は絶対温度 $T$ に比例することから説明できる。すなわち接合時の絶対温度は室温の約 2 倍であるため，接合後室温にすると圧力は約半分になる。

参 考 文 献

1) G. Wallis & D. I. Pomerantz : J. of Applied Physics, **49**, 3946（1969）
2) 庄司康則，南和幸，江刺正喜：電気学会論文誌, **115-A**, 1208（1995）

3) 高木悟：マテリアルインテグレーション，**22**, 8（2009）
4) D. Y. Sim, T. Kurabayashi & M. Esashi : J. of Micromech, and Microeng, **6**, 266（1996）
5) B. Hök, C. Dubon & C. Ovren : Appl. Phys. Lett., **43**, 267（1983）
6) S. Ko, D. Sim & M. Esashi：電気学会論文誌，**119-E**, 368（1999）
7) A. Hanneborg, M. Nese & P. Ohlckers : J. of Micromech. and Microeng. **1**, 139（1991）
8) M. Esashi, N. Ura & Y. Matsumoto : Proc. of IEEE MEMS '92, p. 43（1992）
9) 白井稔人，江刺正喜：電気学会センサ技術研究会，ST-92-7, p. 9（1992）
10) 中村哲朗：特許広報　昭39-17869（1964）
11) S. Shoji, T. Nisase, M. Esashi & T. Matsuo : Digest of Technical Papers Transducers '87, p. 305（1987）
12) P. Kang, S. Tanaka & M. Esashi : J. of Micromech. Microeng., **15**, 1076（2005）
13) W. Kern & D. A. Puotinen : RCA Review, **31**, 187（1970）
14) S. N. Farrens, J. R. Dekker, J. K. Smith & B. E. Roberds : J. Electrochem. Soc., **142**, 3949（1995）
15) P. Kang, S. Tanaka & M. Esashi : Proc. of the 23 th Sensor Symposium, p. 517（2006）
16) A. Takahashi, T. Ono, Y.-C. Lin & M. Esashi : Proc. of the IEEE Sensors 2006, p. 1305（2006）
17) M. Paniccina, R. Jones & J. Bowers：日経エレクトロニクス，**938**, 3（2006）
18) H. Okada, T. Itoh, J. Fromel, T. Gessner & T. Suga : Digest of Technical papers Transducers '05, p. 932（2005）
19) Y. Watanabe, T. Mineta, S. Kobayashi & K. Shibata：電気学会論文誌，**119-E**，236（1999）
20) B. Bustgens, W. Bacher, W. Menz & W. K. Schomburg : Proc. of MEMS '94, p. 18（1994）
21) R. C. Ruby : Proc. 2002 IEEE Internl. Solid State Circuit Conf., p. 184（2002）
22) 立石秀樹：エバラ時報，**218**, 40（2008-1）
23) Y. T. Cheng, L. Lin & K. Najafi : Proc. of MEMS '2000, p. 757（2000）
24) S. S. Nasiri, & A. F. Flannery Jr : Internl. patent WO 2006/101769（2005）
25) D. Y. Sim, T. Kurabayashi & M. Esashi：電気学会論文誌，**115-E**, 56（1996）
26) W. Welch, K. Najafi, et al. : Tech. Digests of Transducers '95, p. 1950（1995）
27) 裏則岳，中市克己，南和幸，江刺正喜：第11回センサの基礎と応用シンポジウム講演概要集，p. 63（1992）
28) H. Henmi, S. Shoji, Y. Shoji, K. Yoshimi & M. Esashi : Sensors and Actuators A, **43**, 243（1994）
29) 宮下治三，北村恭志：アネルバ技法，**11**, 37（2005）
30) 南和幸，森内昭視，江刺正喜：電気学会論文誌，**117-E**, 109（1997）

# 2.5 複合プロセス

パターニングやエッチング，および堆積や接合の技術を組み合わせて，チップ上にある程度立体的な構造を形成する方法について説明する。これにはSiウェハ自体をエッチングなどで加工するバルクマイクロマシーニングと，ウェハ上に犠牲層と構造体層を堆積し，犠牲層をエッチングで除去する表面マイクロマシーニングがある。一般に，Siウェハを大きくエッチングするバルクマイクロマシーニングによる加速度センサなどの場合には，製作工程中に破壊しやすい。一方，表面マイクロマシーニングの場合には，犠牲層エッチングの後に構造体が下地に貼り付きやすい。

## 2.5.1 バルクマイクロマシーニング

バルクマイクロマシーニングの例として，**図 2.62** に米国の Cornel 大学で開発された SCREAM（Single Crystal Reactive Etch and Metal）と呼ばれるプロセスを示す。これでは RIE（反応性イオンエッチング）による垂直の異方性エッチングと，プラズマエッチングによる等方性エッチングを組み合わせて，Si

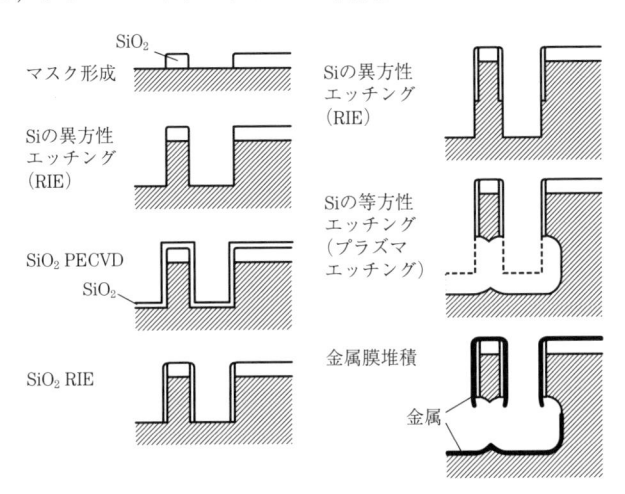

図 2.62 SCREAM プロセス

ウェハ自体を加工し，機械的に動く構造体などを単結晶 Si で作ることができる[1]。

図 2.24(c)に示した，ボロンを高濃度に拡散した p$^{++}$層が結晶異方性エッチングの液ではエッチングされない性質を利用し，ガラスに陽極接合した p$^{++}$層だけを残して基板をエッチングしてしまう方法がある。これは米国の Michigan 大学で開発され，ディゾルブドウェハプロセスと呼ばれる[2]。**図 2.63** にはその例として，ガラスの孔を p$^{++}$Si で塞いで配線取り出し構造を製作したものを示す[3]。

### 2.5.2 表面マイクロマシーニング

表面マイクロマシーニングは，**図 2.64** の上に示すように基板に犠牲層と構造層を形成しておき，等方性エッチングによって犠牲層を除去し，機械的に動く構造体などを製作する方法である[4]。この方法は比較的平面的なプロセスで

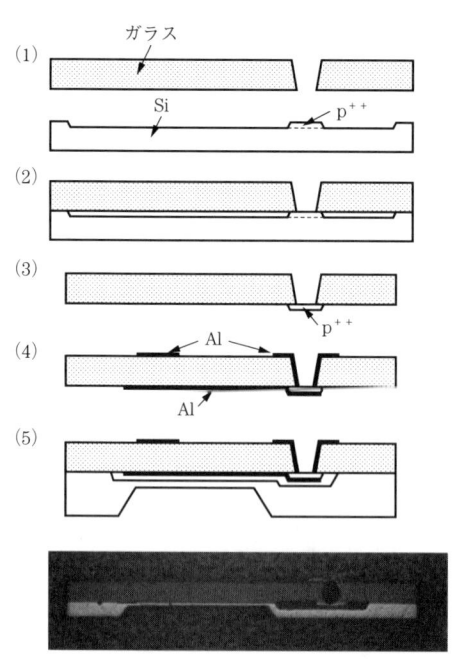

図 2.63 ディゾルブドウェハプロセスによる容量型圧力センサの製作工程

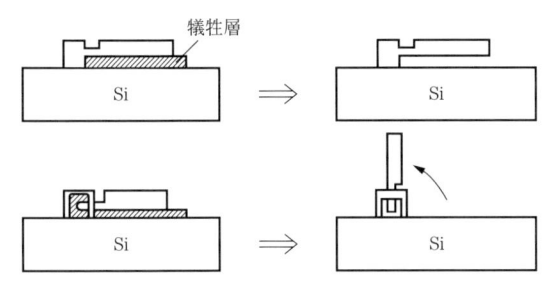

図2.64　表面マイクロマシーニング

あるため既存の半導体製造プロセスが適用し易く，また CMOS 集積回路などを作成した Si 基板上に作るのにも適している。この集積回路上の表面マイクロマシーニング技術により，図1.4 で紹介したビデオプロジェクタに用いる DMD などが作られており，その製作工程は図2.67 で説明する。図2.64 の下に示すように蝶番構造を形成しておき，犠牲層を除去した後に構造層を持ち上げて立てるようなこともできる[5]。この場合に，立てたものを支える構造を作ることも行われる。鏡や回折格子あるいは外付け部品の取り付け用ガイドなどを，この技術で基板に立てて形成したものは自由空間型の光集積化デバイスとして，通信ネットワークのため光スイッチなどの目的で研究されている。この場合に電気的に持ち上げるためのマイクロアクチュエータを集積化しておくことも行われる[6]。

　**図2.65** には表面マイクロマシーニングの例として，マイクロポンプのための一方向弁の作り方を示す[7]。Si 基板上に犠牲層となる $SiO_2$ と PSG（リンシリケートガラス）を堆積してパターニングした後，構造層として poly-Si（多結晶 Si）を堆積してパターニングする。poly-Si は厚い部分と変形する薄い部分があるので，この工程が2回必要である。その後裏面から Si 基板をエッチングし，最後に犠牲層をエッチングして除去すると，流体が下から流れる時だけ poly-Si のバルブが開く一方向弁ができる。

　表面マイクロマシーニングに用いられる犠牲層エッチングでは，犠牲層だけを選択的に除去できる必要があり，**表2.3** のような組み合わせで，いろいろな材料で構造体を作ることが行われる。

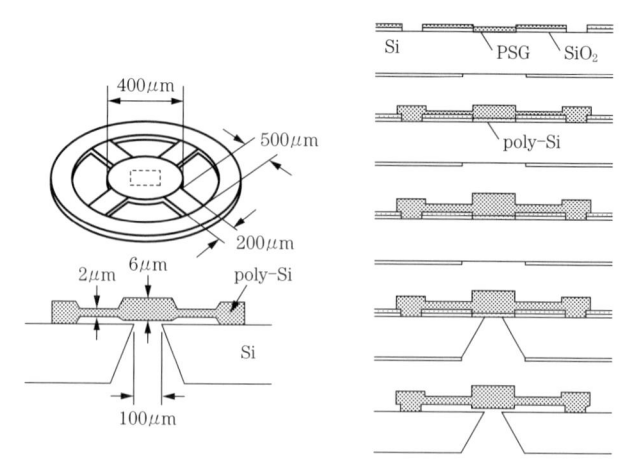

図 2.65　表面マイクロマシーニングによる poly–Si 一方向弁の製作工程

表 2.3　表面マイクロマシーニングにおける構造層，犠牲層，エッチング方法

| 構造層 | 犠牲層 | エッチング方法 |
|---|---|---|
| poly–Si | PSG（リンガラス），$SiO_2$ | HF 液 |
| poly–Si | $SiO_2$ | HF ガス |
| $Si_3N_4$ | poly–Si | TMAH 他 |
| $SiO_2$ | poly–Si | $XeF_2$ ガス |
| poly–Si 他 | Ge | $H_2O_2$ 液 |
| $SiO_2$ 他 | Al | $HCl + H_2O_2 + H_2O$ 液 |
| $SiO_2$, Al 他 | レジスト | $O_2$ プラズマ |

　poly–Si を構造体に用いた表面マイクロマシーニング技術は，2.6 の図 2.74 で紹介する集積化容量型加速度センサなどに用いられている[8]。図 2.47(b) で述べたように，厚さ方向の応力分布のために反ることを防ぐ必要があり，犠牲層エッチングの前に熱処理している。表 2.3 に示すように，犠牲層エッチングには液を用いたウェット，およびガスやプラズマを用いたドライの等方性エッチングが用いられる。ウェットエッチングの場合は洗浄後の乾燥時に，**図 2.66**(a) のように液体の表面張力（メニスカス力）によって構造層が基板表面

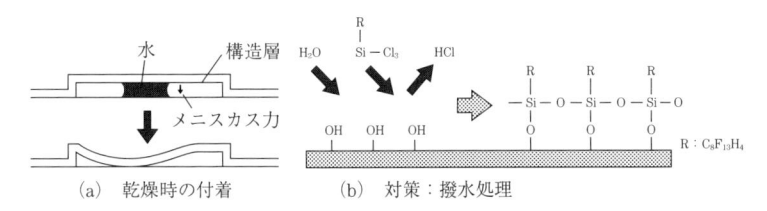

図 2.66 貼り付き（Sticking）とその対策

に引き寄せられて付着し，貼り付き（スティッキング）を生じてしまう問題がある。これを避けるためには，等方性ドライエッチングによる犠牲層エッチングが有効である。すなわち犠牲層を除去するのに，レジストなどの有機高分子材料を $O_2$ プラズマでエッチングする方法，poly–Si を $XeF_2$ ガスでエッチングする方法，$SiO_2$ を HF とメタノールを混合したガスでエッチングする方法などが用いられる。液体で犠牲層エッチングした後に乾燥するには，液体 $CO_2$ 中で温度と圧力を上げて乾燥させる超臨界状態乾燥が有効である[9]。この他表面張力の小さな液体で乾燥させる方法，あるいはナフタレンのような昇華性材料で固体化して昇華させる方法もあるが，前者では完全には付着を避けられず，後者はごみが残留する問題がある。

このドライエッチングを行っても，構造層が基板に接触した時にスティッキングを生じる恐れがある。これは図 2.54 の直接接合や図 2.56 のプラズマ支援接合でも説明したように，表面水酸基（OH 基）同士の水素結合によるものである。この貼り付きを防止するため，図 2.66(b)のように表面を撥水性にする処理が行われる。OTS（オクタデシルトリクロロシラン，$C_{18}H_{37}SiCl_3$）などの分子を吸着させた SAM（セルフアセンブルドモノレーヤ）などが撥水性処理に用いられる[10]。なお付着防止には上のような方法の他，接触面に微細な突起を形成して接触面積を減らす方法もあるが，表面マイクロマシーニングの場合にはこれは適用しにくい[11]。

**図 2.67** には撥水性処理を適用した表面マイクロマシーニング工程の例として，図 1.4 で説明したビデオプロジェクタに用いられる DMD の製作工程を示す[12]。犠牲層エッチングの前に裏面より途中までダイシングして，後で割れる状態にしておく（図中　ウェハパーシャルソー）。フォトレジストが犠牲層に

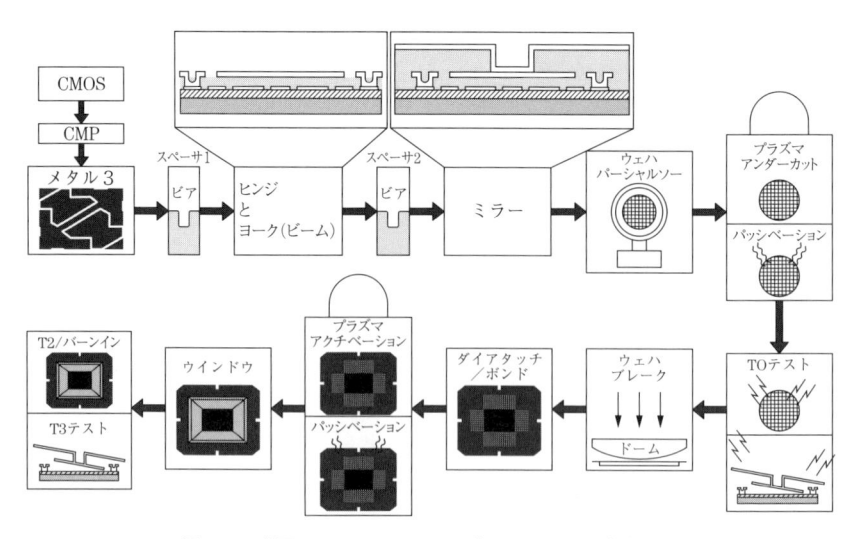

図 2.67　表面マイクロマシーニングによる DMD の製作工程

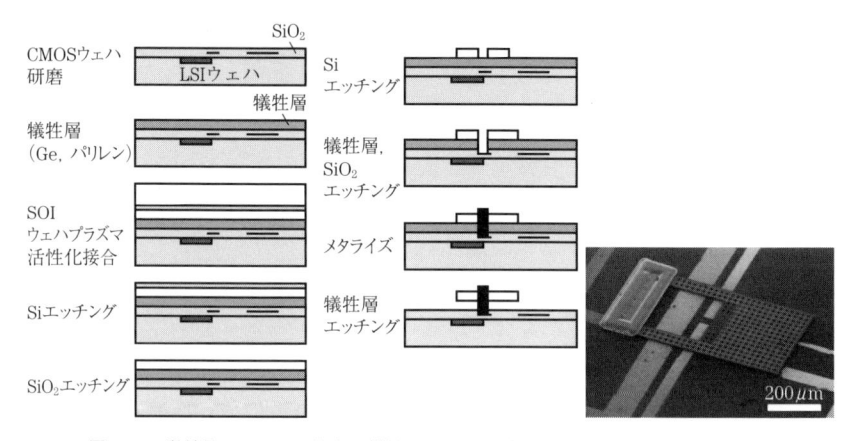

図 2.68　単結晶シリコンの接合と犠牲層エッチングによるカンチレバーの製作工程

用いられており，これを酸素プラズマで除去（プラズマアンダーカット）するが，その直後に SAM による撥水性処理（パッシベーション）で貼り付きを防ぐようにする。パッケージングに入れる前にも再びこの撥水性処理を行っている。

　堆積した多結晶材料などを MEMS 構造体に用いるのではなく，図 2.47(d) に示したように単結晶材料を，犠牲層に低温で接合することによって，LSI 上

にMEMSを形成することができる．図2.68はその工程と，それで製作した単結晶Siカンチレバーの写真である．堆積したGeにプラズマ支援低温接合したり，またはポリマー（パリレン）を用いて接合したりして，LSIウェハ上にSOI（Silicon On Insulator）ウェハを貼り合わせる．接合したSOIウェハの表面の単結晶Si層だけ残して，それにMEMS構造を作った後，金属をめっきして固定し，Geあるいはポリマーをエッチングで除去することによって製作している．同様の工程で製作した例を2.6の図2.76でも紹介するが，この他SOIウェハの単結晶SiによるMEMS構造も用いられ，これについては2.6の図2.78や4.1の図4.10で振動ジャイロの例を紹介する．

## コラム 7

### 共振ゲートトランジスタ

1967年に米国のWestinghouse社で，図2.69に示す共振ゲートトランジスタが作られた．これは表面マイクロマシーニング技術で作られたもので，レジストを犠牲層として用いてAlによる片持梁が形成されている[13]．静電引力で梁を共振させ，それをオープンゲートのMOSトランジスタで検出するもので，発振器やメカニカルフィルタの目的で，チップ上に共振子を形成する試みであったが，Al材料の繰り返し疲労で

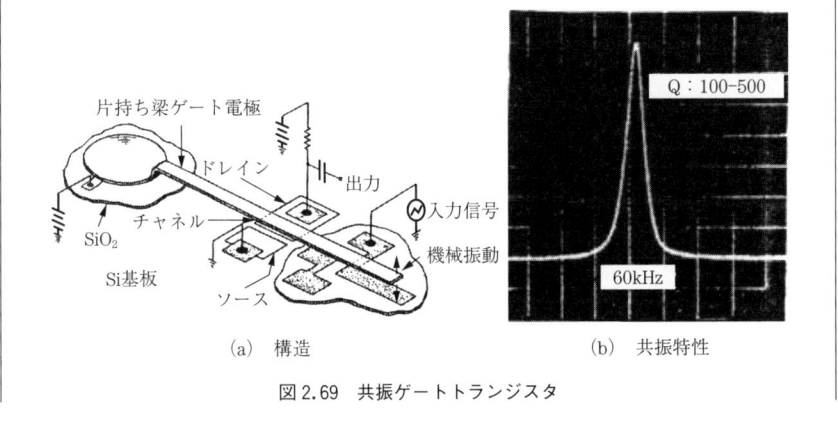

(a) 構造　　　　　　　　(b) 共振特性

図2.69　共振ゲートトランジスタ

壊れたと報告されている。

　図 1.4 に示したビデオプロジェクタ用の DMD の場合には，コラム 10 でも述べるようにアモルファス Al$_3$Ti を用いることによって，この材料の繰り返し疲労の問題を解決している。

### 参 考 文 献

1) Z. L. Zhang & N. C. MacDonald : J. of Micromech. and Microeng., **2**, 31（1992）
2) H.-L. Chau & K. D. Wise : Digest of Technical Papers Transducers '87, p. 344（1987）
3) 江刺正喜，庄子習一，和田敏忠，永田富夫：電子情報通信学会論文誌，**J 73-C-II**, 461（1990）
4) J. M. Bustillo, R. T. Howe & R. S. Muller : Proc. of the IEEE, **86**, 1552（1998）
5) K. S. J. Pister, M. W. Judy, S. R. Burgett & R. S. Fearing : Sensors & Actuators A, **33**, 249（1992）
6) R. S. Muller & K. Y. Lau : Proc. IEEE, **86**, 1705（1998）
7) 庄子習一，江刺正喜：電子情報通信学会論文誌，**J 71-C**, 1705（1988）
8) F. Goodenough : Electronic Design, 45（1991-8）
9) G. T. Mulbern, D. S. Soane & R. T. Howe : Digest of Technical Papers Transducers '93, p. 296（1993）
10) K. Shimaoka, J. Sakata & Y. Mitsushima : Proc. of the 19 th Sensor Symposium, p. 309（2002）
11) 土谷茂樹，鈴木清光，嶋田智，三木政之，松本昌大，倉垣智：計測自動制御学会論文集，**30**, 136（1994）
12) 帰山敏之：応用物理，**68**, 285（1999）
13) H. C. Nathanson, W. E. Newell, R. T. Wickstrom & J. R. Davis Jr. : IEEE Trans. on Electron Devices, **ED-14**, 117（1967）

## 2.6　集積化

　圧力，加速度，角速度などの容量型センサでは，容量検出回路を集積化することにより寄生容量を減らし，微小容量を検出することができる。また今後は，高周波用の IC チップ上にスイッチやフィルタなどの MEMS 部品が一体化されることで，寄生インダクタンスや寄生容量を減らし，高性能でしかも多数の部

品からなる高機能な無線機器などが期待できる．また一体化で安価になると，4.4 の図 4.63 で述べる使い捨てワイヤレスイムノセンサのような，無線機能付きで使い捨ての診断チップなどが実現できる可能性もある．

多数配列した 1 次元アレイや 2 次元アレイの MEMS が駆動回路を集積化することで実現される．前者の例はインクジェットプリンタのプリントヘッドで，1,000 個ほどのノズルが回路とともに直線状に配列されており，多数のノズルから高速で吐出される細かなインク滴により，高速で高画質の印刷を可能にしている．後者の例は，図 1.4 に示した DMD で，ビデオプロジェクタなどに用いられている．CMOS 集積回路チップ上に 2 次元的に動く鏡が 200 万個ほど集積化されたものが，デジタルシネマに用いられている．また暗視カメラに使用される赤外線イメージャなどは，2 次元的に配列した熱型センサが集積回路上に作られており，MEMS の出現によって 1 桁以上安価になり，広く普及している．

図 2.70 には各種の集積化 MEMS の構成法を分類してある．「SoC（System on Chip）MEMS」すなわちモノリシック集積型と，「SiP（System in Package）MEMS」すなわちハイブリッド組立型に大きく分けられる．前者の SoC MEMS で，同じ Si チップ上に CMOS 回路と MEMS を一体形成するもので，高密度に MEMS を形成する場合に適している．先に MEMS を形成してから回路を作る「Pre CMOS」と，回路を形成してから MEMS を作る「Post CMOS」に分けられる[1]．回路と MEMS の製作プロセスの整合性が重要であり，たとえば回路を形成した Si 基板に後から MEMS プロセスを適用する場合は，回路に影響を与えない温度で MEMS を製作できなければならない．これに対して SiP MEMS の場合は，MEMS と回路は別々のチップ上に作られて電気的接続されるので，プロセス整合性の点では制約が少なくなり，回路は標準的な方法で製作できるため，開発期間やコストの点でも有利になる．

### 2.6.1　SoC MEMS

#### （1）　Pre CMOS

Pre CMOS として基板内に MEMS によるマイクロ機械共振子を形成した例を図 2.71 に示す[2,3]．これは米国の SiTime 社で作られているもので，(a) はそ

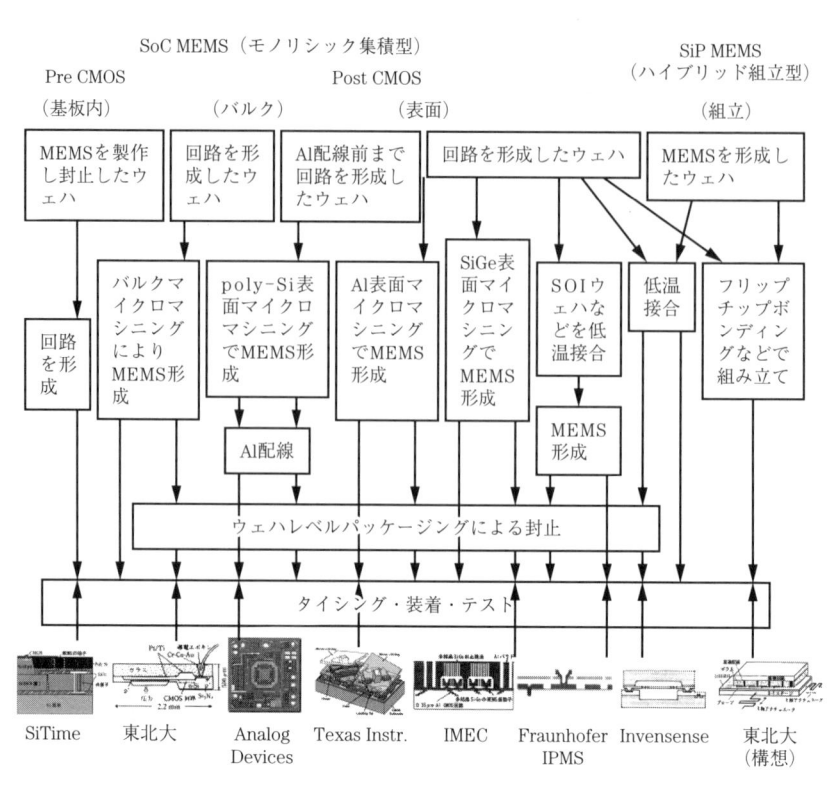

図 2.70　集積化 MEMS の各種実現法

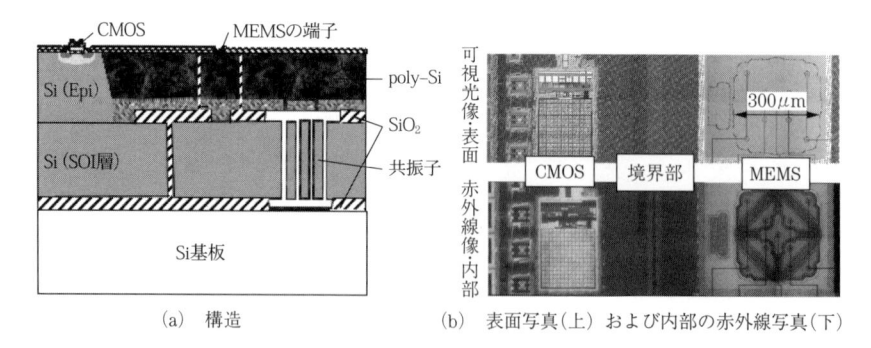

図 2.71　マイクロ機械共振子を Si 基板内の真空空洞に，また回路を表面に形成した時間・周波数源

(a)　構造
(b)　表面写真（上）および内部の赤外線写真（下）

の構造, (b)は表面写真と内部の見える赤外線写真である。このマイクロ機械共振子については4.2.4の図4.26と図4.27で改めて述べるが，共振子のMEMSを製作したSOIウェハにpoly-Siを堆積させて封止する。その際にSi結晶の表面には単結晶Siが成長するため，その部分にCMOS回路を形成することができる。MEMSを始めに製作するため，CMOS回路への温度影響を考える必要がなく，また可動部が覆われているために，そのまま樹脂封止して2mm角ほどに小形化して大量生産することができる。振動子は安定な単結晶Siで作られ，振動の減衰を防ぐため真空空洞に封止されている。このためガスの吸着などで共振周波数が変化するようなこともほとんどなく，水晶振動子に代わる基準時間・周波数源として使用できる。図2.71のように発振回路と一体化することで，寄生容量が小さくなり位相雑音を少なくできるため，時間揺らぎの少ない低ジッタの時間信号を発生できる。しかし回路と一体化するとウェハの一部分にしか回路を作らないことになりコスト高になる。このため市販されているものでは，図4.26のように温度補償やPLLの回路チップと共振子チップを別のウェハで製作し，重ねて樹脂パッケージングを行っている。

### (2) Post CMOS

Post CMOSの例として，バルクマイクロマシニングを用いた集積化容量型圧力センサについて述べる。微小容量を検出する容量型センサでは，配線の寄生容量を減らし雑音を防ぐため，容量検出回路を集積化するのが有効であり，JTEKT㈱ではこれによる微圧用センサを製造している。集積化容量型圧力センサの製作工程を**図2.72**に示す[4]。これでは穴の開いたガラスをCMOSウェハに陽極接合して封止した後，ダイシングしてパッケージングされた状態に作る，2.7で述べるウェハレベルパッケージング技術が用いられている。

表面マイクロマシーニングで製作した容量型加速度センサを**図2.73**に示す[5]。これではpoly-Siで作られた可動錘が上下（面外）方向に動く構造である。poly-Siで作られた上下電極との間の静電容量は大きくすることができるが，錘と下側電極，錘と上側電極のそれぞれの間隔を必ずしも等しくできないため，それらの静電容量を同じにできない欠点がある[6]。

Post CMOSで，表面マイクロマシーニングにより米国のAnalog Device社で

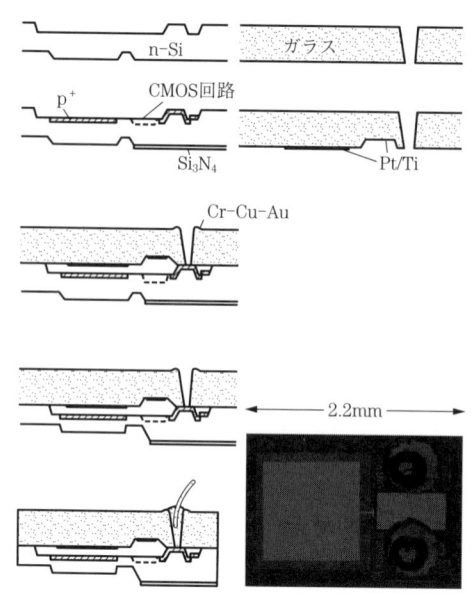

図 2.72 集積化容量型圧力センサの製作工程

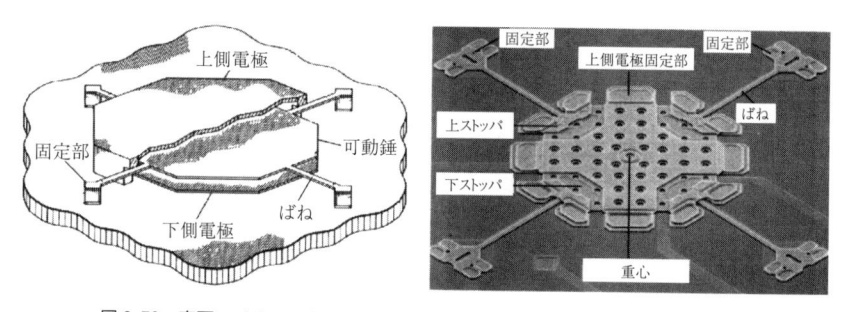

図 2.73 表面マイクロマシーニングによる面外方向に動く容量型加速度センサ

作られている.集積化容量型加速度センサを**図 2.74** に示す[7)8)]。CMOS 回路を製作したウェハ上に MEMS を形成するが,図 2.47(b) で説明したように,poly-Si の内部応力を均一化して犠牲層エッチングの後に反らないようにするするため,1,100℃ で 3 時間の熱処理を必要とする。そのためこの熱処理に耐えられる,チャネル長 3μm の Bi-CMOS 回路が使用されている。図 2.74(a) に断面構造を示すが,厚さ 1.5μm の比較的薄い poly-Si が使われており,また

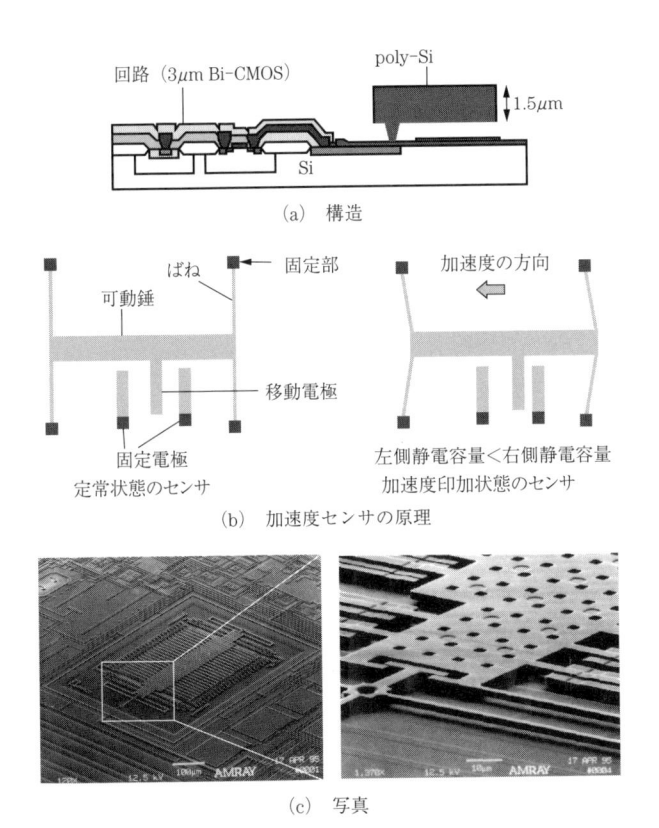

図 2.74 poly-Si の表面マイクロマシーニングによる集積化容量型加速度センサ

CMOS 回路の直接上には MEMS を作れない。(b)(c)のようにばねで支えられた可動錘が横方向（面内方向）に動くと，2つの固定電極との間の容量に差が生じる。対象構造なため，容量は微小であるが加速度がない状態では容量差が零にできる。容量検出回路を集積化することで錘の動きは1Å程でも検出可能である。なお同じような構造で作られた集積化振動ジャイロの場合には，1/60,000 nm の動きを検出できる[9]。

図 1.4 で述べたビデオプロジェクタに用いられている DMD は，駆動回路の上に 100 万個程の可動鏡が形成されている。この可動鏡に用いられるアモルファス $Al_3Ti$ は低温で形成できるため CMOS 回路に影響を与えないが，poly-Si

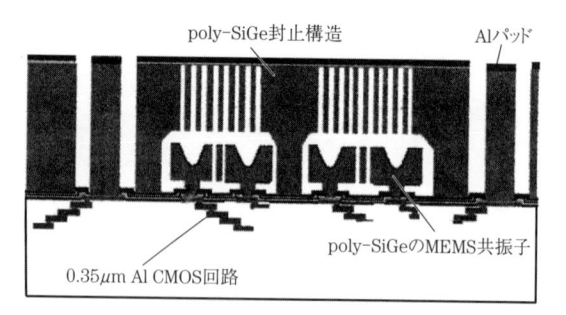

図2.75 poly-SiGeを用いた集積化振動ジャイロ（封止構造は構想）

に比べ弾性材料として性能が悪い[10]。このMEMS材料の機械的特性についてはコラム10で説明するが，ヒンジメモリ効果と呼ばれる材料のクリープの問題があり，アナログ的に諧調を表現するには適していない[11]。このため鏡を高速にオンオフ動作させて，時分割で明るさを表現するDLP（Digital Light Processing）と呼ばれる方式が用いられている[12]。

標準的に使われている短チャネルトランジスタの回路上に優れた弾性材料によるMEMS構造を形成するには，回路にダメージを与えない温度（400℃以下）でプロセスする必要がある。この目的のため図2.48で説明したpoly-SiGe（多結晶シリコンゲルマニウム）を用いる研究が行われており，425℃で形成したpoly-SiGeによる共振子で2万のQ値が得られている[13]。図2.75はベルギーのIMECで開発されている集積化振動ジャイロで，これでは$0.35\mu m$のAl CMOS回路上にpoly-SiGe構造を形成している[14]。共振子部分を厚いpoly-SiGe構造で封止することにより，普通の集積回路に用いられる後工程の技術を適用し，このまま樹脂封止して安価に製作することも検討されている。

携帯電話などの高機能化に伴い，ワイヤレス機器の無線通信モジュールを小形化する研究が行われている。平面的な寸法で共振周波数を変えた複数のフィルタを回路と一体化して，多チャネルの周波数帯に対応できるようにするため，MEMS技術によるマイクロメカニカルフィルタが研究されている[15]。この例を4.2.4の図4.29で紹介する。この機械的共振子を小さく作れば共振周波数は高くなり，1GHz程のものも試作されている。この場合Qを高めるには，優れた弾性材料を共振子に使い，しかも微細な高周波トランジスタの回路にダメー

第 2 章◆MEMS の製作

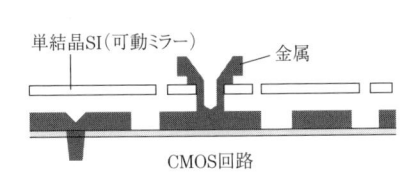

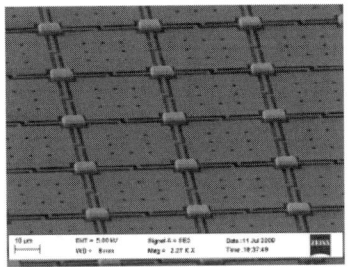

(a) ドイツ Frounhofer IPMS 製の断面　　(b) スウェーデン KTH 製の写真

図 2.76　マスクレス露光装置用可動ミラーアレイ

ジを与えない温度（400℃以下）でこれを形成する必要がある。図 2.75 に示した poly–SiGe による集積化 MEMS はそれに発展する技術として注目される。

CMOS 回路を形成したウェハに SOI ウェハなどを低温で接合し，それを加工した集積化 MEMS が研究されている。図 2.56 で説明したプラズマ支援低温接合などがこれを可能にしている。4.3 の図 4.36 で説明するスウェーデンの Micronic Laser 社のマスクレス露光装置のために，ドイツのフラウンホーファ協会のドレスデンにある IPMS 研究所で開発されている構造を，**図 2.76**(a) に示す[16]。従来は Al によるミラーアレイが用いられているが，コラム 10 で説明するヒンジメモリ効果を避けるため Si を用いたミラーアレイを製作している。この製作工程は図 2.68 の場合と同様に，SOI ウェハを CMOS ウェハに低温で接合した後，基板 Si をエッチングで除去し，残った薄い単結晶 Si をめっきした金属で下地に固定している。図 2.76(b) はスウェーデンの KTH（王立工科大学）で作られた同様なミラーアレイの写真である[17]。

沖ディジタルイメージング社で開発された，LED プリンタヘッドの製作工程を**図 2.77** に示す[18]。GaAs 基板に犠牲層と LED アレイの層をエピタキシャル成長させた後，支持基板に一時的に接合する。犠牲層をエッチングして除去するが，これによって高価な GaAs 基板は再利用できることになる。この後CMOS 回路を形成した Si 基板に低温接合した後，支持基板を脱離する。最後に LED 構造に加工することによって，CMOS 回路チップ上に LED アレイを形成することができる。

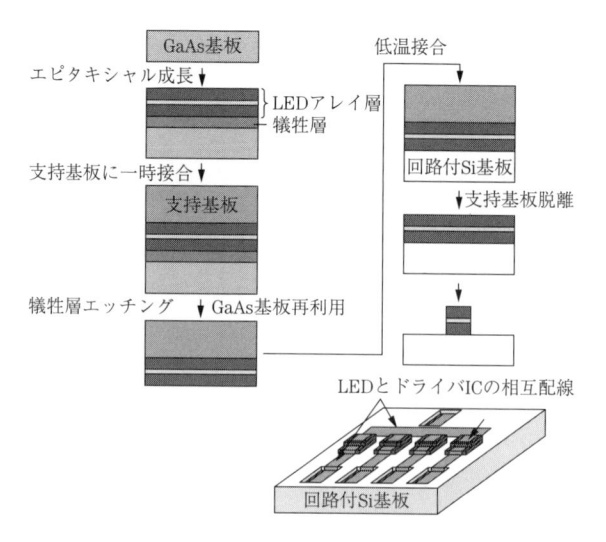

(a) 製作工程

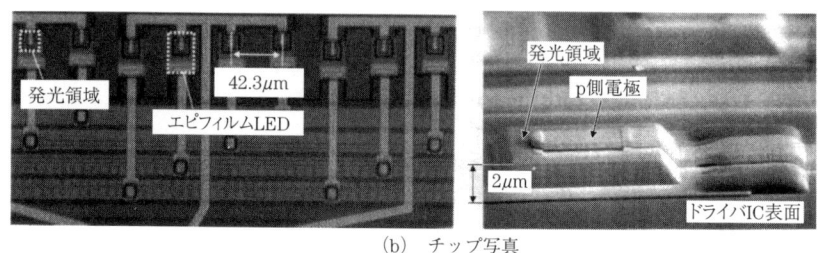

(b) チップ写真

図 2.77 Si 上に GaAs エピタキシャル層を低温接合した LED プリンタヘッド

## 2.6.2 SiP MEMS

2.4.3 で説明したように，金属同士を低温で接合することができる。この金属接合を用い，MEMS を製作したウェハを CMOS ウェハに貼り付けることができる。**図 2.78** はデジタルカメラの手振れ防止などに使われている米国 Invensense 社の振動ジャイロの製作工程である[19]。MEMS ウェハの Ge と，LSI ウェハの Al を共晶接合させることによって，封止と電気的な接続を同時に行うことができる。これでは MEMS に単結晶 Si が使われており，この MEMS

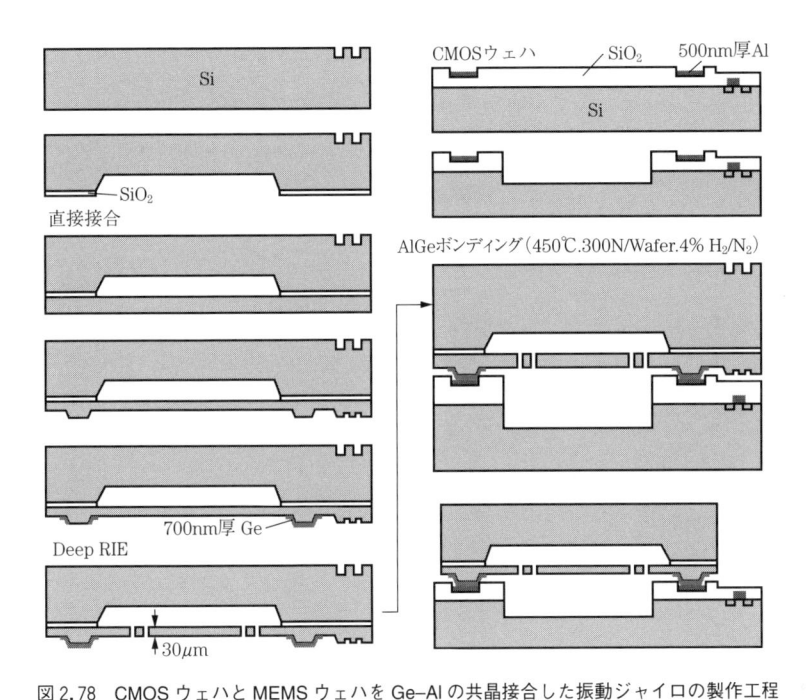

図2.78 CMOSウェハとMEMSウェハをGe-Alの共晶接合した振動ジャイロの製作工程

ウェハを蓋にしてウェハレベルでパッケージングされている。LSIウェハとMEMSを分けて製作し，封止と電気的な接続を同時に可能にしている。

> コラム 8
>
> ## 低応力厚膜の epi-poly-Si
> ## （エピタキシャルポリシリコン）
>
> 欧州のRobert Bosch社やST Microelectronics社では，15μm程の厚さを持つepi-poly-Siを，表面マイクロマシーニングの容量型センサに用いている。通常のpoly-Siは厚さが1.5μm程のものが使われるため，横方向の電極間の静電容量は小さく，これを検出するには図2.75に示したように同じチップ上に容量検出回路が必要になる。これに対してこの厚膜のepi-poly-Siでは，横方向の大きな静電容量を利用できる

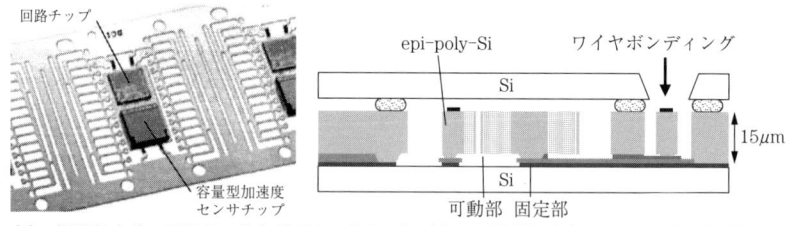

(a) 樹脂封止前の回路チップと加速度センサチップ　(b) 容量型加速度センサチップの断面構造

(c) 振動ジャイロのepi-poly-Si構造

図2.79　厚いpoly-Siを用いた容量型センサ

ので，図2.79(a)のように容量検出回路を別チップにすることが可能である[20]。図2.79(b)には，この厚さ15μmのepi-poly-Siを用いた容量型加速度センサチップの断面構造を示すが，これはゲーム機や携帯情報機器のユーザーインタフェースに用いられている。厚さ15μmのepi-poly-Siを図2.79(c)の写真に示すが，このように厚くするには応力が小さい必要がある。これの成長条件の例を説明する[21]。$SiO_2$上にLPCVD装置を用いて650℃で125nmの厚さにpoly-Siを堆積させて核形成する。つぎにエピタキシャル成長炉に入れて1,000℃でepi-poly-Siを10μmの厚さに成長させると，縦のカラム状にepi-poly-Siが成長する。原料ガスとしてジクロルシラン（$SiH_2Cl_2$）を使用し，縦型の減圧炉（Applied Materials社 AMC 7811）で成長させた時，堆積速度は0.4〜0.7μm/minと大きく低応力（3 MPa）で，表面粗さは270 nm/10μm（約3%）となり，不純物を添加（5% $PH_3$ in $H_2$）したpoly-Siの場合でも同様である。

## 参考文献

1) O. Brand & G. K. Fedder : CMOS-MEMS, Wiley-VCH (2005)
2) 江刺正喜, J. McDonald & A. Partridge : 日経エレクトロニクス, **923**, 125 (2006)
3) B. Kim, R. N. Candler, M. A. Hopcroft, M. Agarwal, W.-T. Park & T. W. Kenny : Sensors and Actuators A, **136**, 125 (2007)
4) 松本佳宜, 江刺正喜 : 電子情報通信学会論文誌, **J 75-C-II**, 451 (1992)
5) F. Shemansky, Lj. Ristic, D. Koury & E. Joseph : Microsystem Technologies, **1**, 121 (1995)
6) C. Acar & A. M. Shkel : J. of Micromech. Microeng., **13**, 634 (2003)
7) F. Goodenough : Electronic Design, 45 (1991-8)
8) M. W. Judy : Tech. Digest Solid-State Sensor, Actuator and Microsystems Workshop, p. 27 (2004)
9) J. A. Green, et al. : IEEE J. of Solid State Circuits, **37**, 1860 (2002)
10) J. Tregilgas : Advanced Materials & Processes, 46 (2005-1)
11) A. B. Sontheimer : 2002 IEEE Internl. Reliabilty Physics Symposium Proceedings, p. 118 (2002)
12) P. F. Van Kessel, L. J. Hornbeck, R. E. Meier & M. R. Douglass : Proc. of the IEEE, **86**, 1687 (1998)
13) S. A. Bhave, B. L. Bircumshaw, W. Z. Low, Y. S. Kim, A. P. Pisano, T. J. King & R. T. Howe : Tech. Digest Solid-State Sensor, Actuator & Microsystems Workshop, p. 34 (2002)
14) M. A. Lagos, A. Arias, J. M. Hinojosa, J. Spengler, C. Leinenbach, T. Fuchs & S. Kronmuller : 2005 Intnl. Solid State Circuits Conf., p. 88 (2005)
15) C. T. C. Nguyen : Digest of Technical Papers, Transducers'05, p. 243 (2005)
16) T. Bakke : 2005 Suss MicroTec Seminar in Japan (2005)
17) M. Lapisa & G. Stemme : Technical Digest MEMS 2009, p. 1007 (2009)
18) 萩原光彦, 藤原博之, 鈴木貴人, 猪狩友希, 森崎誠司, 佐久田昌明 : 電子情報通信学会論文誌 C, **J 91-C**, 586 (1991)
19) S. S. Nasiri & A. F. Flannery Jr : Internl. patent WO 2006/101769 (2005)
20) H. Noguchi : SEMI Technology Symposium 2008, p. 45 (2008)
21) M. Kirsten, B. Wenk, F. Ericson, J. A. Schweitz, W. Riethmuller & P. Lange : Thin Solid Films, **259**, 181 (1995)

## 2.7 パッケージングと組立

　通常の半導体集積回路と異なり，MEMSではウェハ上に多数のチップを一括で製造する前工程だけでなく，組み立ての後工程も多様で共通化し難い。またチップ内に動く構造や壊れ易い構造を持つために，そのままでは樹脂封止ができず，ダイシング工程のときに封止しておかないと隙間にごみが入る。このためウェハ状態で封止するウェハレベルパッケージングが用いられる。これは図2.80のように，MEMSや回路を形成したSiウェハにガラスを陽極接合した後，ダイシングすることでチップサイズの封止された状態に製作するものである[1)2)]。MEMSではウェハ状態でのプローバによる電気的なテストができないで，パッケージングしてからテストしなければならない場合が多い。しかしパ

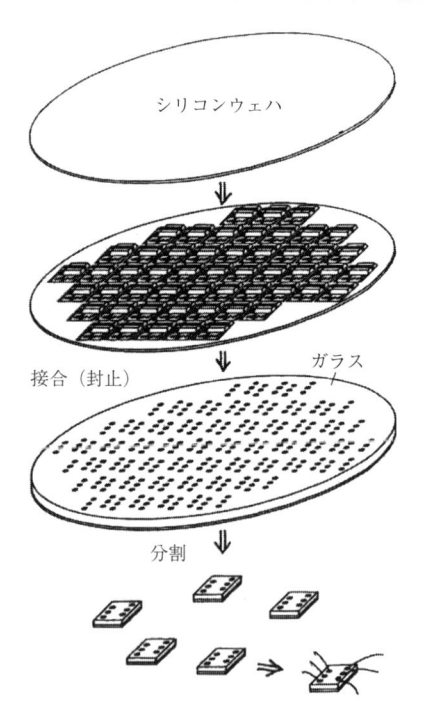

図2.80　MEMSのウェハレベルパッケージング

ッケージに入れてから不良がでるとパッケージごと捨てることになる。MEMSの製造コストの70％はパッケージングとテストにあると言われており，このコストを少なくできる。信頼性や小形化の点でもウェハレベルパッケージングは重要である。2.6ではこのウェハレベルパッケージングの具体例として，集積化容量型圧力センサの製作工程を図2.72に示した[3]。

　接合した内部から配線を取り出すことが要求されるため，**図2.81**のような各種の方法が用いられる。この図で(a)から(e)までは蓋を接合するものである。この接合でよく用いられるのは，図2.51で説明した陽極接合である。(a)(b)のように配線取り出し構造を蓋側に形成する方法だと，基板側にはMEMSだけを形成すればよいので作りやすくなる。なお(a)は蓋をしてから配線を取り出す方法[4]，(b)はあらかじめ配線を形成した蓋を接合するものである。(c)の

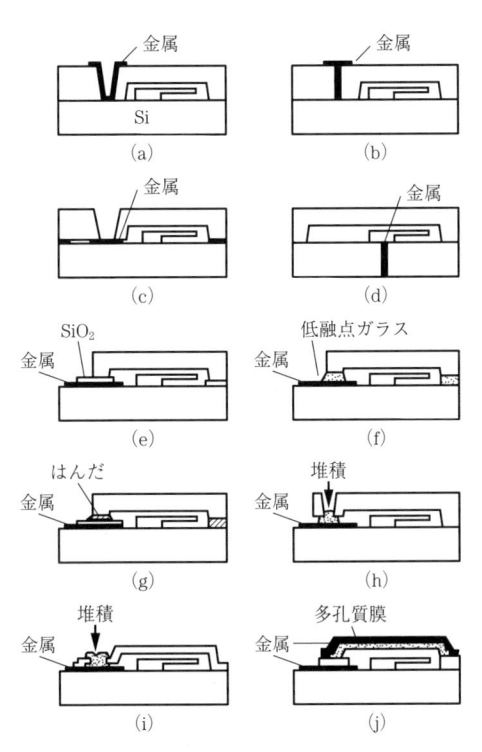

図2.81　MEMSパッケージングの各種形態

場合は金属同士の界面での接合を使って，封止と同時に配線取り出しも可能にしている。(f)と(g)は低融点ガラスによる接合，あるいははんだ接合や共晶接合のように溶融する材料で蓋をするもので，この場合はチップ上に配線の段差などがあっても封止することができる。図2.78に示した，蓋も兼ねたMEMSウェハを，CMOSウェハにAl–Geで共晶接合をした振動ジャイロは，この方法と言える。(h)(i)(j)では材料を堆積させて，隙間を埋めて封止しており，(i)(j)は蓋の下の犠牲層部をエッチングで除去して内部に空洞を作り，エッチングに用いた孔を封止する方法である。図2.75で説明したpoly–SiGeを用いた集積化振動ジャイロでは，この方法で厚いpoly–SiGeで覆ってあるため，そのまま樹脂封止して安価に製作することができる。

図2.82には加速度センサに図2.81(a)の方法を適用した例を示す[5]。SiウェハにSiに下側のガラスを陽極接合した後，RIE（反応性イオンエッチング）でシリコンを切り離し，貫通孔の空いた上側のガラスウェハを陽極接合する。ガラス

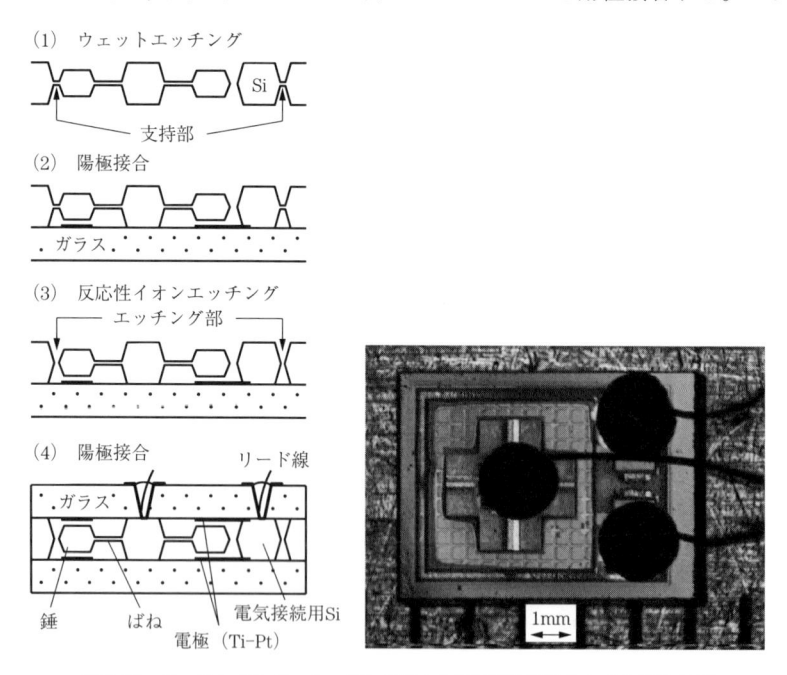

図2.82 ウェハレベルパッケージングによる容量型加速度センサの製作工程

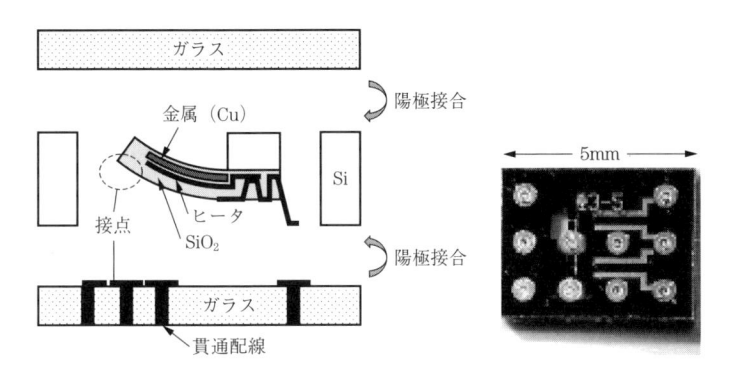

図2.83 貫通配線付ガラスを用いてウェハレベルパッケージングしたMEMSスイッチ

に孔を開けるのにサンドブラストを用い円錐状の孔を開けて，その後ガラスの穴に金属配線を形成している．

　ガラスなどの蓋に貫通配線を形成しておいたものを接合する，図2.81(b)のウェハレベルパッケージングの例として，**図2.83**のMEMSスイッチを紹介する[6]．これは通電加熱で動くバイメタル構造が接点を導通させるもので，20GHzまでの高周波信号を扱うことができ，最新のLSIテスタに用いられている．MEMSスイッチでは接点に加わる力が弱いため，表面に酸化膜などができない金を接点に用いるが，接点表面の汚れなどには敏感である．接合時のガス放出などがなく，気密封止ができるウェハレベルパッケージングで製作すると，接点表面が清浄に保たれ信頼性が高い．なおこのバイメタル構造では2.3.3で述べた応力制御が重要で，この製作には応力制御したプラズマCVDによる$SiO_2$膜を用いている．

　貫通孔を形成した蓋を接合した後に配線を形成する(a)の方法と異なり，この方法では金属などの導電材料で貫通孔を埋めておく必要がある．埋める導電材料とガラスの熱膨張を合わせるか，またはできるだけ小さな貫通孔を形成して，金属とガラスの熱膨張差に起因する応力を少なくする必要がある．2.3の図2.44では，この目的で製作した細い孔の貫通配線付ガラスを紹介した．

　低温焼成セラミックスのLTCC（Low Temperature Co–fired Ceramic）を用いて貫通配線を形成し，ウェハレベルパッケージングに用いる蓋用の基板を作

(a) 製作工程　　　(b) 断面写真

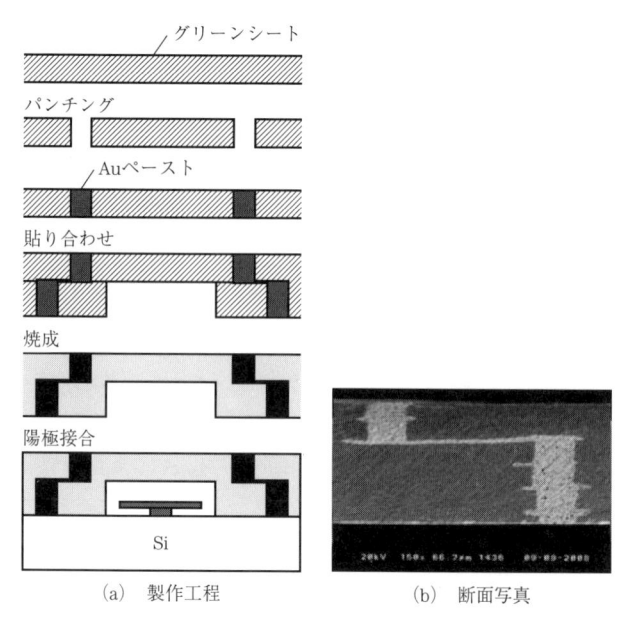

図2.84　LTCC（低温焼成セラミックス）を用いた貫通配線

ることができる。図2.84に製作工程と断面写真を示してある[7]。その製作工程では，(a)のように焼成前の柔らかいグリーンシートの段階で機械的に貫通孔を形成し，これにAuペーストを詰めた後焼成する。配線層を形成して重ねてから焼成することによって断面写真のような多層構造にすることができる。なお焼成時に貼り付けたり圧力を印加したりすることで，焼成時の収縮による横方向の寸法変化を防ぐこともできる。このLTCCはSiと熱膨張が近いため，熱応力なしにSiと陽極接合することができる。

ガラスウェハに多くの貫通孔を形成する場合に，多数の孔を同時に形成することはレーザなどの方法では難しい。ガラスにDeep RIEで貫通配線用の孔を開けると，多数の孔を一括形成できるが，エッチング速度が$0.5\,\mu m/min$と遅いため，厚いガラスに貫通して孔あけすることはできない[8]。このため製作工程中は仮固定しておいて最後に除去する一時的接合（temporary bonding）を陽極接合に耐えるようにする，図2.85のような技術を開発した[9]。具体的に

第 2 章◆MEMS の製作

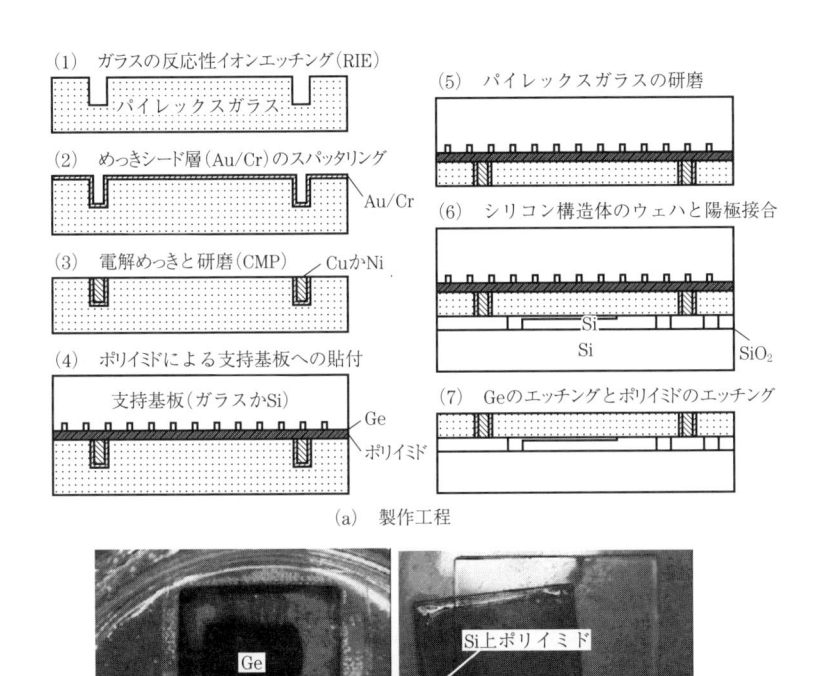

(1) ガラスの反応性イオンエッチング(RIE)
パイレックスガラス

(2) めっきシード層(Au/Cr)のスパッタリング
Au/Cr

(3) 電解めっきと研磨(CMP)　CuかNi

(4) ポリイミドによる支持基板への貼付
支持基板(ガラスかSi)
Ge
ポリイミド

(5) パイレックスガラスの研磨

(6) シリコン構造体のウェハと陽極接合
Si
Si
SiO₂

(7) Geのエッチングとポリイミドのエッチング

(a) 製作工程

(b) $H_2O_2$（過酸化水素）水を用いたGeエッチングによる支持基板の除去（工程6の後）

図 2.85 ガラスの DRIE，およびポリイミドによる耐熱一時接合を用いた
ウェハレベルパッケージング

は図 2.85(a)で，(1) のように Deep RIE でガラスの途中まで開けた孔に，(3) のようにめっきで金属を埋める。(4) のように溝を付けて Ge を堆積した支持基板にポリイミドで接合する。この後 (5) でガラスを研磨して貫通配線を露出させた後，(6) のように陽極接合し，最後に温度を上げた $H_2O_2$ の液中で Ge をエッチングすることにより，(7) のように支持基板から外す。$H_2O_2$ の液は支持基板の溝に入るため，図 2.85(b)(c)のように支持基板を容易に分離することができる。

ウェハレベルパッケージングで，封止された内部から配線を取り出す構造を作る場合に，MEMS を製作した基板の側にその構造を作ることは容易ではな

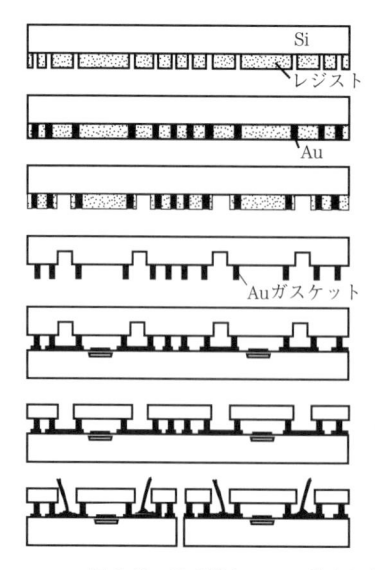

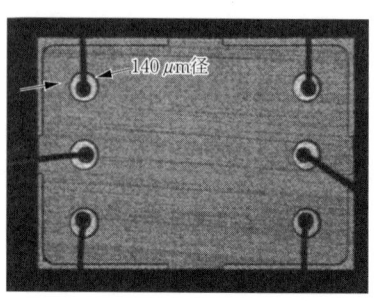

図2.86 Siの蓋をAu–Au接合したウェハレベルパッケージングによる薄膜バルク音響共振子（FBAR）

い。このため，蓋側を加工して配線を取り出す方法が基本になる。**図2.86**はガラスではなくてSiを蓋に用いる例であり，薄膜バルク音響共振子FBAR（Film Bulk Acoustic Resonator）と呼ばれる，圧電薄膜による高周波フィルタのウェハレベルパッケージングに使われている方法である[10]。Siを蓋とする場合はガラスのように陽極接合は使えないが，配線取出用の孔あけはガラスに比べて容易であり，Deep RIEなどの方法が適用できる。図2.86の工程では，パターニングしたレジストを鋳型にして，蓋のSiに金を電解めっきし圧着接合に用いるAuガスケット構造を形成する。次にレジストをマスクにしてDeep RIEでSiをエッチングする。レジストを除去し，MEMS側基板のAu薄膜に，蓋のSiのAuガスケットを圧着する。その後蓋のSiを研磨して配線用の孔を露出させ，ダイシング後に孔にワイヤボンディングしている。なおこれに用いるAu–Auの圧着（拡散接合）については2.4.3で説明した。

図2.81(f)の低融点ガラスを用いるウェハレベルパッケージングの例が，**図2.87**である。低融点ガラスを用いて400℃ほどでウェハを貼り付け，MEMS

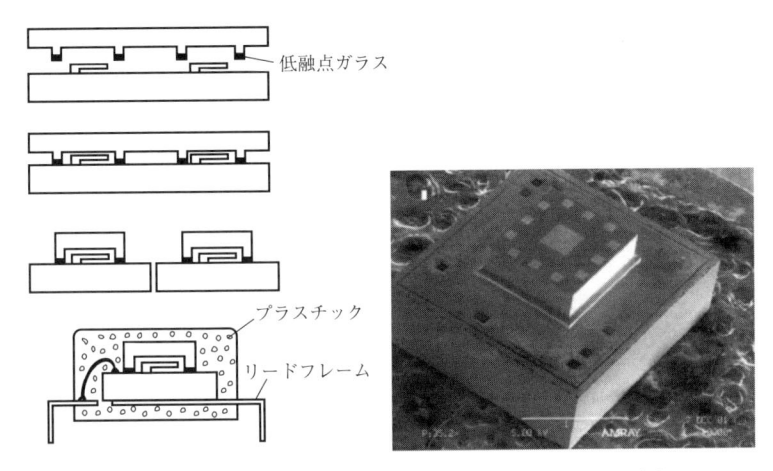

図 2.87 低融点ガラスで接合し，MEMS 部を Si で封止し保護した加速度センサ

部を覆った後，ダイシングして蓋をする方法である[11]。低融点ガラスの場合は配線の段差の部分が覆われるため配線を横に取り出すことができ，このため通常の集積回路と同じように，端子の取り出しや樹脂によるモールディングを適用することができる。図 2.81(j) の例として，**図 2.88** には多孔質の poly-Si を用いてウェハ上の MEMS 部分を封止するウェハレベルパッケージングの例を示してある[12]。犠牲層として PSG（りんシリケートガラス）を MEMS の上に付けた後，多孔質の poly-Si で覆い，その孔を通して犠牲層をエッチングした後に金属などの封止材料を堆積して封止する方法で，この断面の写真も示している。多孔質 poly-Si は，低温でのアモルファス Si と高温での poly-Si の間の温度条件で CVD により形成することができる。

次に組み立てについて，ウェハレベルなどでの一括組立の方法を紹介する。水に濡れる親水性の表面，あるいは水をはじく撥水性の表面で，それぞれの面同士が水あるいは油や空気などを介して付着し，図 2.66 で示した貼り付き（スティッキング）を生じることを利用する。すなわち必要な場所だけ撥水性にしておくことにより，位置決めされた状態（自己整合）で組み立てることができる。**図 2.89** はその応用例で，パッドの表面を撥水性にしておくことにより，水を蒸発させた時にパッドが配線用の孔に自己整合で組み立てられるよう

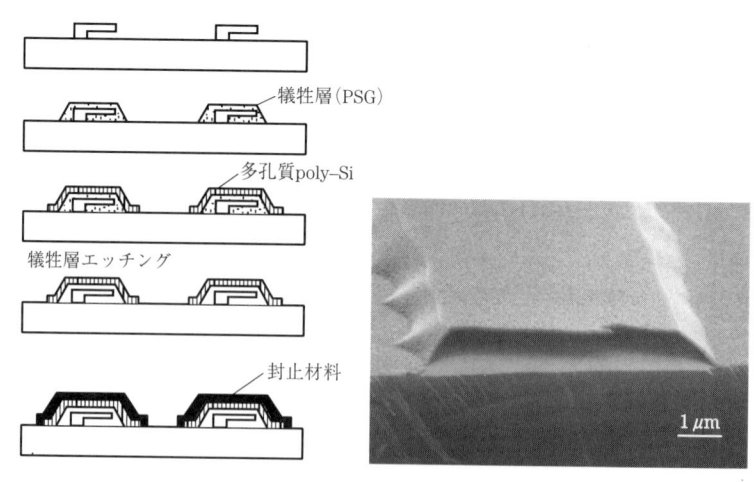

図 2.88 多孔質 poly-Si を通して犠牲層エッチングし,材料を堆積させて封止したウェハレベルパッケージング

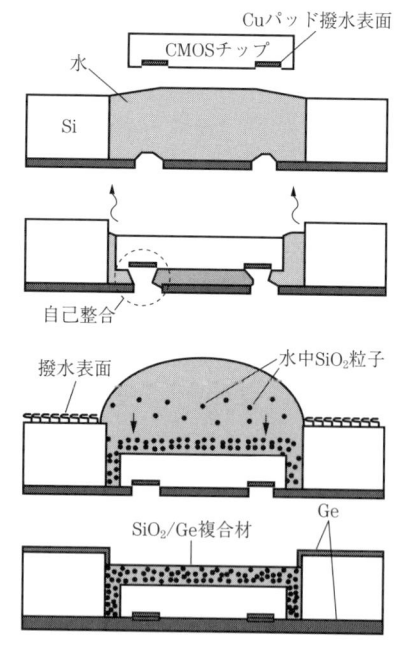

図 2.89 親水面,撥水面どうしの自己整合を用いた組立例

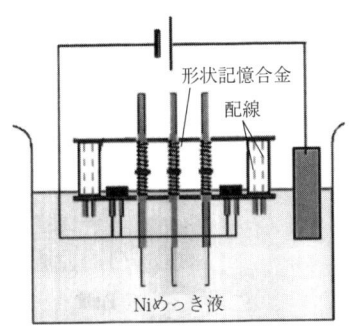

図 2.90　めっきを用いた一括組立例（触覚ディスプレイ）

にしている[13]。

電解めっきを用いると，めっき液に触れている部分だけに金属を堆積させることができる。これを利用すると，図 2.90 のように堆積した金属を用いて一括で組立することができる[14]。図の触覚ディスプレイの例では，アクチュエータに用いる形状記憶合金を端子部に固定し，同時に電気的接続を行っている[15]。

## コラム 9

## レーザで割れ目を入れるダイシング

ウェハを切断してチップに分ける際に，薄い回転砥石（ブレード）によるダイシングを用いると，隙間がある場合，内部に水や汚れが浸入する恐れがある。図 2.91(a)は浜松ホトニクス㈱で開発されたステルスダイシングと呼ばれる方法である[16]。この方法では，基板にある程度吸収される波長のレーザ光を用い，Si ウェハの内部に集光させて，熱的な改質層を形成して割断する方法である。この方法を用いると，MEMSマイクロホンのような封止できない構造の場合でも，内部が汚れずに分割できるだけでなく，ブレードダイシングの場合のように，砥石の幅と加工損傷領域の利用できない部分を少なくできる。焦点の深さを変えて多段に変性層を形成することで，厚いウェハでも分割することができる。図 2.91(b)はパイレックスガラスと Si を陽極接合して作成した MEMS

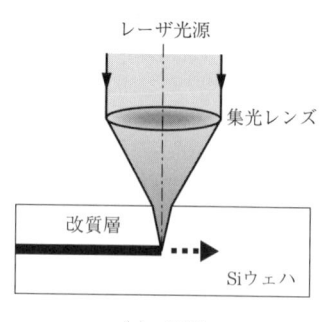

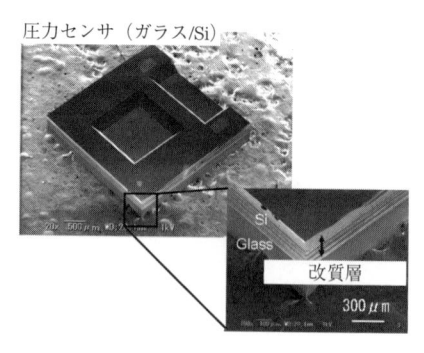

(a) 原理     (b) MEMSチップの分割例

図2.91 レーザで内部に割れ目を入れて分割するステルスダイシング

チップをこの方法で割断したものである[17]。割れ目を入れた後，$CO_2$ レーザを用いて熱歪みで割れを伝播させたりして分割している。

## 参考文献

1) M. Esashi : Microsystem Technologies, **1**, 2（1994）
2) M. Esashi : J. of Micromech. and Microeng., **18**, 073001（2008）
3) 松本佳宣，江刺正喜：電子情報通信学会論文誌，**J 75-C-II**, 451（1992）
4) J. M. Schmitt, F. G. Mihm & J. D. Meindl : Sixth Annual Conf. Frontiers of Engineering and Computing in Health Care, p. 703（1984）
5) M. Esashi : Digest of Technical Papers Transducers '93, p. 260（1993）
6) 中村陽登，高柳史一，茂呂義明，三瓶広和，小野澤正貴，江刺正喜： Advantest Technical Report, **22**, 9（2004）
7) 毛利護，岡田厚志，福士秀幸，田中秀治，江刺正喜：第23回エレクトロニクス実装学会講演大会, p. 51（2009）
8) X. Li, T. Abe & M. Esashi : Sensors and Actuators A, **87**, 139（2001）
9) X. Li, T. Abe & M. Esashi : ICEE 2004/APCOT MNT 2004, Sapporo, p. 634（2004）
10) R. C. Ruby, A. Barfknecht, C. Han, Y. Desai, F. Geefay, G. Gan, M. Gat & T. Verhoeven : Proc. 2002 IEEE Internl. Solid State Circuit Conf., p. 184（2002）
11) M. W. July : Tech. Digest solid-State Sensor, Actuator and Microsystems Workshop, p. 27（2004）

12) S. A. Bhave, B. L. Bircumshaw, W. Z. Low, Y.-S. Kim, A. P. Pisano, T.-J. King & R. T. Howe：Solid State Sensor, Actuator and Microsystems Workshop, p. 34（2002）
13) B. Bustgens, W. Bacher, W. Menz & W. K. Schomburg：Proc. of MEMS '94, p. 18（1994）
14) Y. Haga, W. Makishi, K. Iwami, K. Totsu, K. Nakamura & M. Esashi：Sensors & Actuators A, **119**, 316（2005）
15) 芳賀洋一，江刺正喜：電気学会論文誌 E, **120-E**, 515（2000）
16) 内山直己：ステルスダイシング，（in「MEMS マテリアルの最新技術」（江刺正喜　編））シーエムシー出版，p. 164（2007）
17) M. Fujita, Y. Izawa, Y. Tsurumi, S.Tanaka, H. Fukushi, K. Sueda, Y. Nakata, N. Miyanaga & M. Esashi：27th Internl. Congress on Applications of Lasers and Electro-Optics（ICALEO）, p. 430（2008）

## 2.8　設計・評価

　MEMS では構造が製作工程と密接に関係するため，分業が難しく広い知識と経験が必要になる。設計にはデバイスのシミュレーションに，機械，熱，流体，光，電磁界，回路などの既存のシミュレータが利用できる。ここでは MEMS に特徴的な結晶異方性エッチングシミュレーションを紹介する。また各種の MEMS に特有な検査や測定の技術や，信頼性について議論する。

　Si の結晶異方性エッチングに関するシミュレーションの例を紹介する。図 **2.92** はこのシミュレーションでエッチング形状を予測するアルゴリズムの基になる，Jaccodine のグラフ法と呼ばれるものである[1]。マスク端部からそれぞれの結晶方向に，結晶面がエッチングされる速度に対応した長さの極座標プロットをしておき，最も短い長さの所で接線を引いたものがエッチングでできる形状となる。(b)は結晶異方性エッチングシミュレーションの例であり，Si 加速度センサで重りを支えている梁の形状をシミュレーションしてある[2]。エッチングマスクとして段差のついた $SiO_2$ 膜を用い，Si を少しエッチングした後，$SiO_2$ 膜の薄い部分を除去してもう一度 Si をエッチングしている。エッチングで凸になった角の部分が後退していき，凹んだ角の部分と重なる時にエッチングを止めると，凹んだ角が丸まるために，応力集中を防ぎ破損されなくすることができる。バルクマイクロマシニングでは，製作途中に液から取り出す

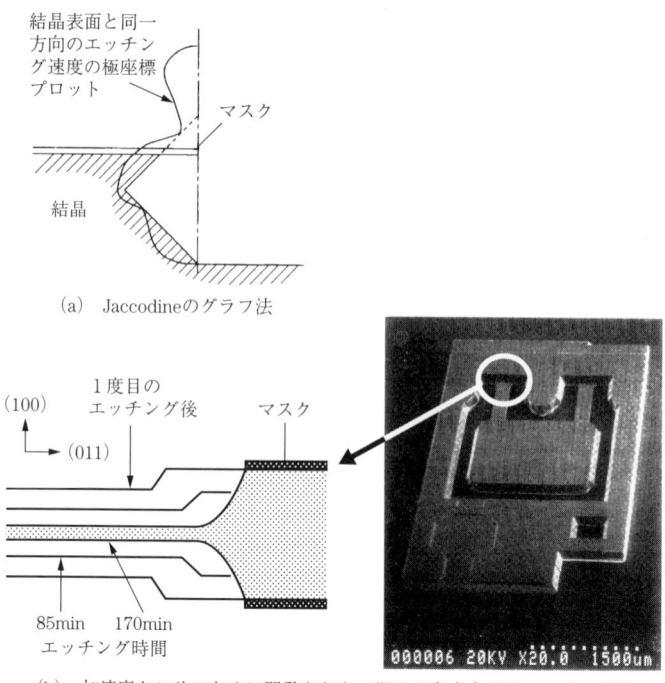

(a) Jaccodineのグラフ法

(b) 加速度センサのために開発された，凹みの角を丸めるエッチング法

図2.92　結晶異方性エッチングシミュレーションとその応用

ときに，液の表面張力で壊れたりし易いので，このような加工が有効である。

シミュレーションには材料データが不可欠である。日立の佐藤一雄（現在名古屋大学）らにより，球状の単結晶 Si をエッチングして形状を測定することによって，図2.92(a)のJaccodineのグラフ法を適用できるエッチング速度の結晶方向依存性のデータが調べられている[2]。同様な方法でLiNbO$_3$（ニオブ酸リチウム）単結晶について，エッチング速度の結晶方向依存性が調べられ，シミュレーションに使われている[3]。

エッチングした深さなどを測定するには，顕微鏡の焦点位置を用いる光学的な方法，あるいは触針による方法などが用いられる。透明で屈折率差が少ない場合には光学的な方法は適用しにくい，また機械的に変形する構造には触針法は適していない。

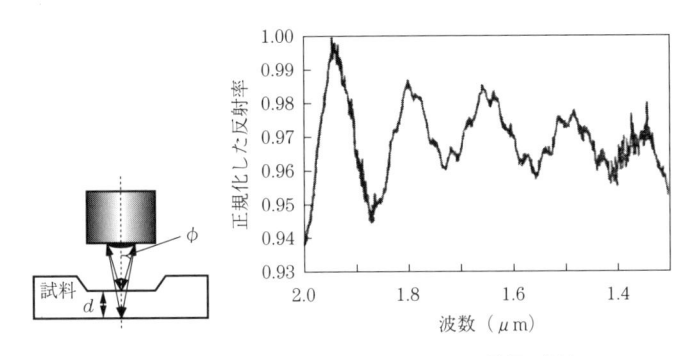

図2.93 赤外線干渉スペクトルを用いたSi膜厚の測定

光の干渉を用いてSiの厚さを測定する方法を図2.93示す[4]。これは4.2の図4.16で述べる容量型MEMSマイクロホンにおける，振動膜の厚さ測定に用いられている。Siを透過する赤外線によるダイアフラム内での干渉スペクトルを，顕微FTIR（フーリエ変換型赤外分光光度計）で測定する。この波長でのSiの屈折率を用いると厚さを求めることができる。なおエッチングしながら液中で厚さを測定することもできるが，この場合はSiと水溶液を透過する近赤外線を用いて干渉スペクトルを求める[5]。

2.4.1で述べた陽極接合時の歪み（変形）を光学的に測定する方法を紹介する。図2.94のように水銀灯の波長546 nmの光を用い，ガラスとSiの間隔の変化を干渉縞によって観察するものである。容量型加速度センサの場合に図

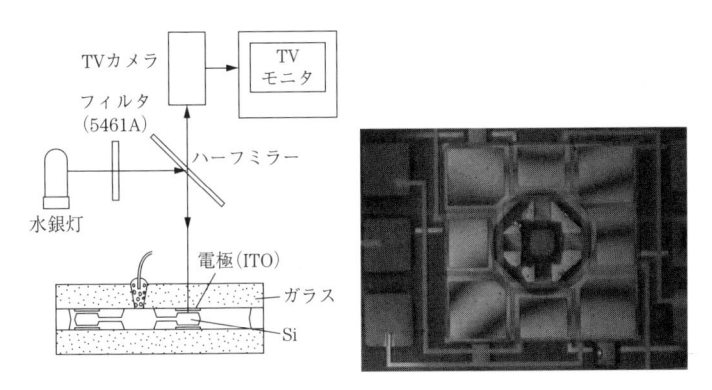

図2.94 干渉法による陽極接合時の歪の測定

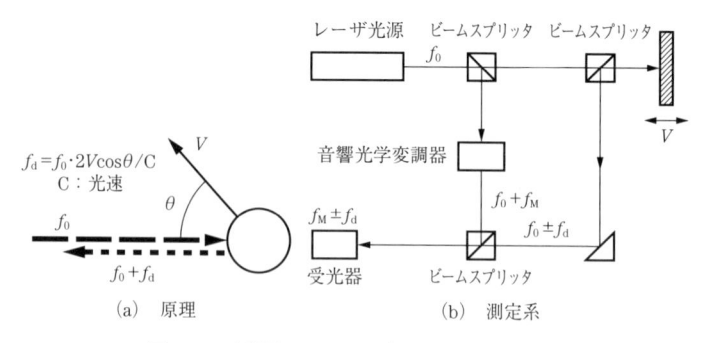

**図 2.95 光学的レーザドップラ速度（振動）計測**

(a) 原理
$f_d = f_0 \cdot 2V\cos\theta / C$
C：光速

(b) 測定系

2.94 の右のようになり，ここで1つの縞は273 nm の間隔の変化に対応する。なおこれはガラスと Si の熱膨張の差に起因するもので，接合温度などを最適化することで歪みを小さくすることができる[6]。

次に動的な測定に関して述べる。**図 2.95** は光学的なレーザドップラ法によって速度や振動を計測する原理である。周波数 $f_0$ のレーザ光を照射したときに，動いている MEMS 構造からその速度 $V$ に対応して，図 2.95(a) のような関係で $f_d$ だけ周波数変化した光が反射してくる。反射光の周波数は，近づく時に $f_0+f_d$，遠のいている時に $f_0-f_d$ となる。その波長を求めるために，入射レーザ光の周波数（$f_0$）を $f_M$ ずらした周波数（$f_0+f_M$）からの周波数差を求めると，近づく時には $f_M+f_d$，遠のいている時には $f_M-f_d$ となり，これから方向も含めた速度 $V$ が求まる。

レーザドップラ法では面外方向（光の入射方向）の動きを観測するのに対し，面内方向の動きは画像で計測できる。その場合に周期的な速い動きはストロボ法で観察する。ストロボ法の原理を**図 2.96**(a) に示す。周期的な駆動信号と同じ周期でフラッシュ光により照明し，位相をずらしながら撮影する。ストロボ法で撮影した例として，静電式インクジェットプリンタからインクが吐出される様子を図 2.96(b) に示す。

2.7 でウェハレベルパッケージングに使うガラス貫通配線について述べた。これを通しての気体リークなどを測定する方法を**図 2.97** に示す[7]。薄いダイアフラムを形成した Si を，貫通配線付ガラスに真空中で陽極接合すると，こ

第 2 章◆MEMS の製作

駆動信号(パルスの場合)

駆動信号(正弦波の場合)

フラッシュ点灯
(LED．レーザ他)　　異なる位相の時

カメラ露光

時間

(a) 原理

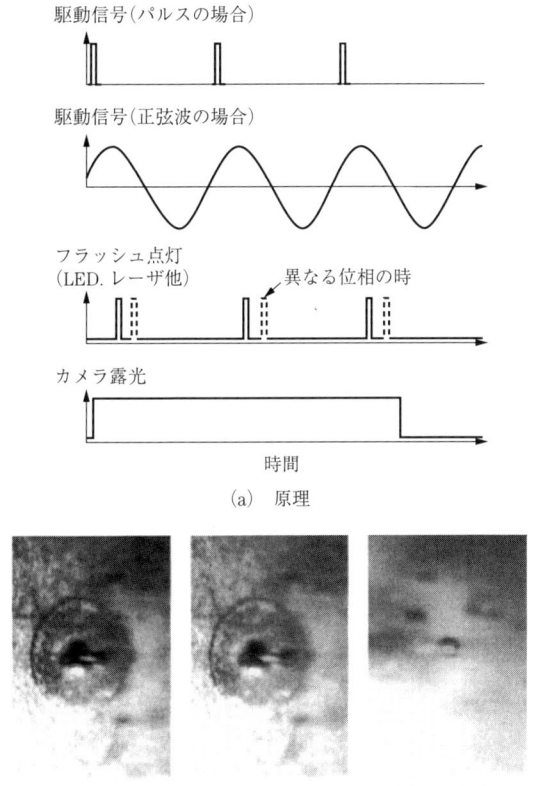

(b) インクジェットプリンタにおける液滴吐出の観察

図 2.96　ストロボ法

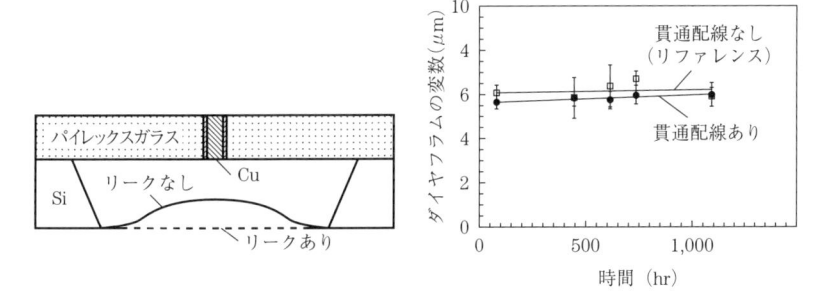

図 2.97　封止構造における気体リークの測定

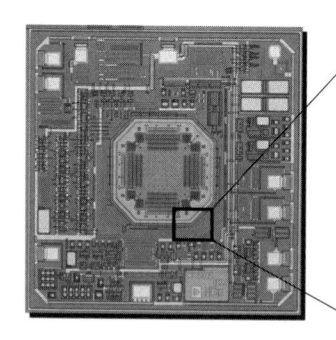

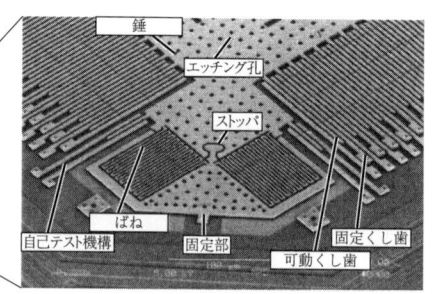

図 2.98　2 軸集積化容量型加速度センサの自己テスト機構

れを大気中に取り出したとき，内部が真空になっているためダイアフラムは内側にたわむ。しかし貫通配線を通して気体の漏れがあると，ダイアフラムは平らになってしまうため，気体の漏れを積分して高感度に検知することができる。このようなモニタ構造を実際のデバイスに一緒に形成しておいて，気体の漏れを知ることができる。

　MEMS の信頼性を確保するため，動作時に診断する自己テスト機能を MEMS チップに一緒に作ることができる。これはまたウェハ上で試験するような目的でも使用することができる。**図 2.98** は米国の Analog device 社で，自動車におけるエアバックの衝突検出用に作られている 2 軸加速度センサである[8]。図 2.74 で説明したように，poly–Si による表面マイクロマシニングで作られた MEMS 構造と，微小な静電容量の変化を検出する回路が集積化されている。図の右の拡大図で自己テスト機能となっている部分は，静電アクチュエータであり，これに電圧を印加して錘を動かして容量変化を検出することによって，加速度が加わった状態を模擬した自己テストが可能である。

　機械的に動く MEMS の構造体に使われる単結晶 Si 材料の，破壊強度について述べる。鏡が弱いねじればねで支えられた光スキャナなどでは，大振幅での共振時や落下した衝撃時などにこの破壊強度が問題になる。通常の Si ウェハは内部に欠陥が無い単結晶であり，またエッチングで加工すると表面に加工損傷が入らない。このため図 2.92(b) で紹介した凹の角を丸めるエッチング法などで応力集中が少ない構造にすれば強度は大きくなる。室温での弾性的な変形

量は 10% に達し，スチールの破壊強度（0.8 GPa）よりも大きな破壊強度（13 GPa）を持つことが報告されているが，この破壊強度は Si 原子間の理論強度（30 GPa）の半分程にも達する[9]。しかし一方，繰り返し疲労試験で応力腐食割れの実験結果も報告されている。集束イオンビームで切り欠きを作って振動させたとき，湿度が大きいと共振周波数が低下して最後には折れた[10]。これは割れ目の内部が水分のために酸化され，応力が加わって割れ目が進行した，応力腐食割れとして知られる現象と考えられる。

　加速度センサのようなパッケージングできるデバイスは信頼性を確保し易いが，自動車用エアフローセンサのように露出して使われるデバイスでは汚れなどに対するロバスト性の確保が優先される。また液が出るインクジェットプリンタヘッドなどに比べ，液を取り込む分析チップなどでは，ごみが入って詰まることが問題になる。この他，MEMS スイッチのように接触部のある構造も，貼り付きや磨耗などで信頼性を確保し難い。

---

コラム 10

## MEMS 材料の機械的特性

　可動ミラーを静電引力で動かした時，駆動電圧に対するミラーの動きを測定した例が図 2.99 である[11]。動きは材料に依存し，Si の場合には追随性は良いが，Al の場合には材料のクリープでゆっくり変化している。Si は室温では塑性変形せずクリープなどの問題もなく，弾性変形しか生じないため，圧力センサなどに使用した時に特性が変化しない。これに対して Al はクリープの問題があり，このため図 1.4 のビデオプロジェクタに用いる DMD の場合には，鏡をオンオフ動作させてこの問題を回避している。

　金属ではクリープの問題があるため，変形する部分には金属がないことが望ましい。図 2.100 のような錘がばねで支えられた加速度センサで，ばねとしての Si 梁にピエゾ抵抗素子のため拡散層が作られている場合を考える。図の (a) では Si 梁上に配線用の金属があるが，この場合は金

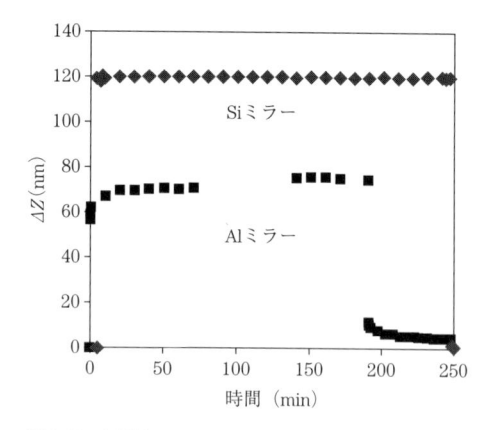

図2.99 可動ミラーにおけるAlとSiのクリープ特性

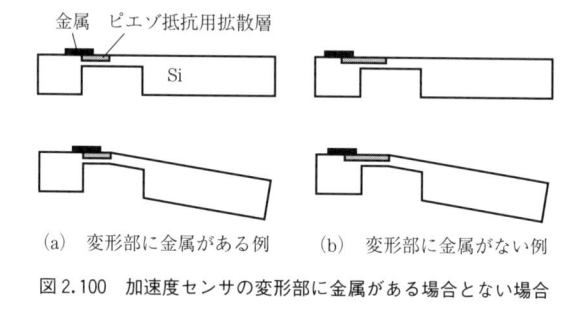

(a) 変形部に金属がある例　　(b) 変形部に金属がない例

図2.100 加速度センサの変形部に金属がある場合とない場合

属のクリープがヒステリシスの原因になる。一方，(b)のように拡散層を長くして梁の上には金属配線がないようにすれば，ヒステリシスは生じない。同様にダイアフラム型のピエゾ抵抗式圧力センサでは可動ダイアフラム上には金属配線を形成しないようにする。

　金属では，2.5のコラム7で紹介した共振ゲートトランジスタで述べたように繰り返し疲労による破壊などを生じ易い[12]。このためビデオプロジェクタ用のDMDでは，ミラー可動部にアモルファス金属であるAl$_3$Tiを用いて疲労破壊の問題は解決している[13]。また光スキャナの梁のように大きな応力が印加された配線に電流を流す場合には，ストレスエンハンストマイグレーションと呼ばれる現象で金属配線の断線の原因

にもなる。このような問題を解決し，動く部分に金属配線を形成するための研究も行われている[14]。

## 参 考 文 献

1) D. W. Shaw : J. of Crystal Growth, **47**, 509（1979）
2) A. Koide, K. Sato & S. Tanaka : Proc. of MEMS '91, p. 216（1991）
3) A. B. Randles, S. Tanaka & M. Esashi : 2007 IEEE International Ultrasonic Symposium and Short Courses, p. 474（2007）
4) 西口敏行，田島利文，近藤悟，千葉晋一，盛田章，安藤文彦，斎藤信雄，江刺正喜：第18回「センサ・マイクロマシンと応用システム」シンポジウム 講演概要集（和文速報），p. 60（2001）
5) K. Minami, H. Tosaka & M. Esashi : J. of Micromech. and Microeng., **5**, 41（1995）
6) Y. Shoji, M. Yoshida, K. Minami & M. Esashi : Digest of Technical Papers Transducers '95, p. 581（1995）
7) X. Li, T. Abe & M. Esashi : ICEE 2004/APCOT MNT 2004, p. 634（2004）
8) M. W. Judy : Tech. Digest Solid-State Sensor, Actuator and Microsystems Workshop, p. 27（2004）
9) S. Johansson & J.-A. Schweitz : J. Appl. Phys., **63**, 4799（1988）
10) J. A. Connally & S. B. Brown : Science, **256**, 1537（1992）
11) T. Bakke : Wafer bonding for optical MEMS, 2005 Suss MicroTec Seminar in Japan（2005）
12) H.-J. Lee, G. Cornella & J. C. Bravman : Applied Physics Letters, **76**, 3415（2000）
13) J. Tregilgas : Advanced Materials & Processes, 46（2005-1）
14) 西田宏：Material Stage, **8**, 15（2008-9）

# 第3章
## MEMSの要素

この章では，MEMS技術の適用により，高機能化を実現したデバイスに用いられる要素についてまとめた。ピエゾ抵抗型や容量型のセンサや，静電，圧電，電磁，熱型などの各種アクチュエータを紹介した。最後に，電磁式振動発電機，小形燃料電池，ワイヤレスセンサなど小形エネルギー源について述べた。

# 3.1 センサ

センサは，物理的な情報や化学的な情報を電気信号に変換して取り込む，システムの入力部に用いられ，生物で言えば感覚器官にあたる。MEMS 技術で小形化することによって，高感度で高速応答し，高い空間分解能が得られる。また配列したセンサアレイによって，イメージャなどのように多数同時検出も可能になる。電気信号に変換するには，抵抗変化，（静電）容量変化などを利用する。熱電対で温度を測る場合のように電圧が発生するものもある。また周波数やデジタル情報にして伝送する場合や，光の情報に変換してから検出する場合もある。以下では圧力センサを例にして，ピエゾ抵抗型センサや静電容量型センサ，および共振周波数の変化を生じる共振型センサについて説明する。

## 3.1.1 ピエゾ抵抗型センサ

力を加えたときに抵抗値が変化する素子はストレーンゲージと呼ばれる。これに用いられるピエゾ抵抗効果について図 3.1 で説明する。歪み（長さの変化）$\varepsilon$ に対する抵抗変化の割合（$\Delta R/R$）の係数がゲージ率 $K$ である。また応力に対しては，図のように縦方向応力 $\sigma_l$ と横方向応力 $\sigma_t$ に対する抵抗変化の割合が，それぞれ縦方向ピエゾ抵抗係数 $\pi_l$ および横方向ピエゾ抵抗係数 $\pi_t$

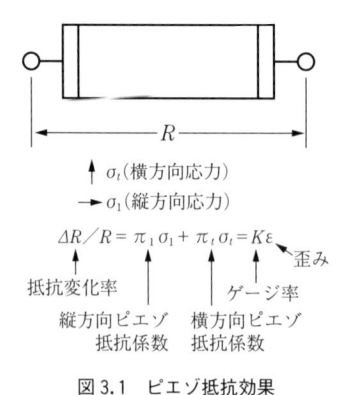

$$\Delta R/R = \pi_l \sigma_l + \pi_t \sigma_t = K\varepsilon$$

図 3.1　ピエゾ抵抗効果

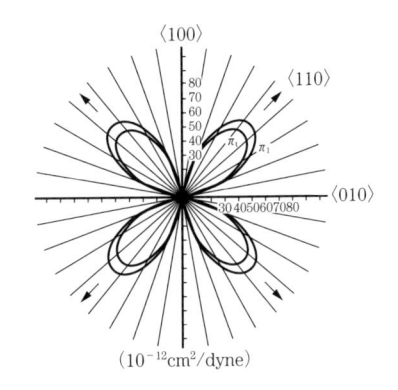

図 3.2　(100) 面 Si のピエゾ抵抗係数

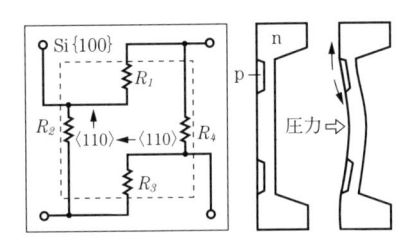

図 3.3　ピエゾ抵抗型 Si 圧力センサ

と呼ばれる。半導体の場合には大きなピエゾ抵抗係数を示すため，これを用いて圧力センサなど各種の機械量センサを実現することができる[1]。**図 3.2** は (100) 面 Si のピエゾ抵抗係数であるが，⟨110⟩ 方向で大きなピエゾ抵抗係数を持つことが分かる[2]。

このピエゾ抵抗効果を利用した Si ダイアフラム圧力センサについて説明する。**図 3.3** のように単結晶 Si 基板をエッチングして，薄い感圧ダイアフラムを製作する。(100) 面の Si ダイアフラム上で応力を生じる周囲の部分に，⟨110⟩ 方向で 4 個の拡散抵抗を配置してある。この Si ダイアフラム上の拡散抵抗におけるピエゾ抵抗効果を利用し，ダイアフラム両側の圧力差でダイアフラムに応力を生じさせ，抵抗変化を電気信号として取り出す。4 個の拡散抵抗をブリッジ状に接続して定電流 $I_0$ で駆動する測定回路を**図 3.4** に示す。拡散抵抗付きのダイアフラムが基板に一体形成されており，優れた弾性材料である Si を用いているため，高性能な圧力センサを再現性よく実現することができる[3]。なお，この圧力センサチップ自体は安定でも，それを容器に取り付ける際の応力などが問題になり，この装着については 4.1.1 の図 4.1 で説明する。

この回路で，出力電圧 $V_{out}$ は以下のように表され，圧力がなくてすべての抵抗値が等しく $R$ のとき，$V_{out}$ は零で温度で各抵抗値が同じように変化をしても変わらない。これに圧力が加わると，図 3.3 のように $R_1$ と $R_3$ は大きくなり，逆に $R_2$ と $R_4$ は小さくなるため，出力電圧 $V_{out}$ が現れる。

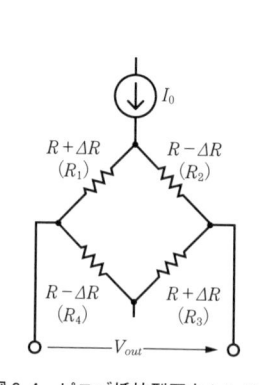

図 3.4 ピエゾ抵抗型圧力センサの
定電流駆動ブリッジ回路

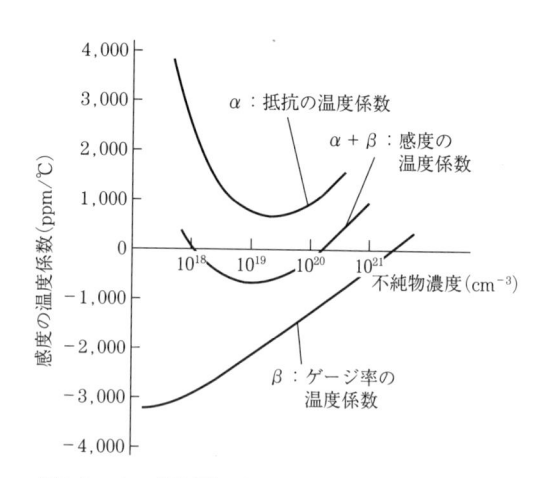

図 3.5 ピエゾ抵抗型圧力センサでの定電流駆動における
感度の温度特性

　この場合に抵抗とゲージ率の温度係数である $\alpha$ と $\beta$ を用いると，$V_{out}$ は絶対温度 $T$ に対して $\alpha+\beta$ の温度係数を持つ。拡散抵抗の不純物濃度に対する，$\alpha$ や $\beta$ の温度係数は**図 3.5**のような関係になり，$\alpha+\beta$ は不純物濃度が約 $10^{18}$ cm$^{-3}$ と $2\times10^{20}$ cm$^{-3}$ の時に零になる。すなわち，この濃度にすると感度が温度の影響を受けない[4]。

$$V_{\text{out}} = RI_0 \left( \frac{R+\Delta R}{R-\Delta R + R+\Delta R} - \frac{R-\Delta R}{R-\Delta R + R+\Delta R} \right)$$

$$= R(\Delta R/R)I_0 = 2RK_\varepsilon I_0$$

$$= R_0(1+\alpha T)K_0(1+\beta T)\varepsilon I_0$$

$$\fallingdotseq R_0 K_0 \{1+(\alpha+\beta)T\}\varepsilon I_0$$

$R_0$：基準温度でのセンサ抵抗値　　$\alpha$：抵抗の温度係数
$K_0$：基準温度でのゲージ率　　　　$\beta$：ゲージ率の温度係数
　　　　　　　　　　　　　　　　　$T$：絶対温度

　ホール素子のように拡散抵抗の電流方向と直角の方向で電圧を測る，せん断型ピエゾ抵抗素子の原理を**図 3.6** の(a)に示す。これでは1つの拡散抵抗で(b)のような圧力センサを実現できる[5][6]。これは(a)の図中に示すように4個の抵

(a) 原理　　　　　(b) Si 圧力センサ

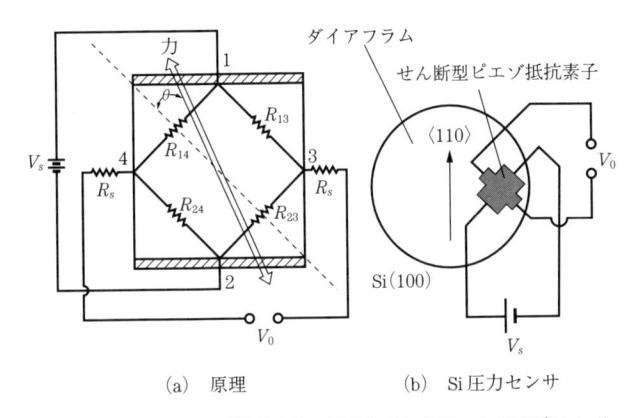

図 3.6　せん断型ピエゾ抵抗素子の原理とそれを用いた Si 圧力センサ

抗が図 3.3 と同じブリッジ状に接続された状態と等価であり，図 3.6(a) 中の方向 $\theta$ に依存した感度を持ち，$\theta$ が零の方向のせん断力に対して最大で，それに直角の方向では逆極性の最大となる。

## 3.1.2　静電容量型センサ

ダイアフラムが圧力差で変位するのを静電容量の変化として検出する，静電容量型センサ（容量型センサとも呼ぶ）について述べる。これは**図 3.7** に示すように，ダイアフラムに対向した電極を持つ。電極間隔を狭くすると大きな容量変化が得られる。容量検出回路を集積化した集積化容量型圧力センサにすることで，寄生容量の影響を受けないため高感度に容量変化を検出することができる[7]。図 3.7(b) にはこの容量検出回路を示すが，これは容量を定電流で充電したり放電したりして発振するもので，容量が大きくなるほど充電に時間がかかるため周波数が低くなる。周波数は電源電流の変化として検出できるため，電源と接地の 2 線で使用可能である。圧力に比例してダイアフラムが変位するが，変位で変わる間隔に反比例して容量が変化し，容量に反比例して発振周波数が変わるため，発振周波数は圧力に比例して変化することになる。図 2.72 にこれの製作工程を示したが，Si チップがパッケージとしても使われる，2.7 で述べたウェハレベルパッケージング技術が用いられている。

(a) 構造

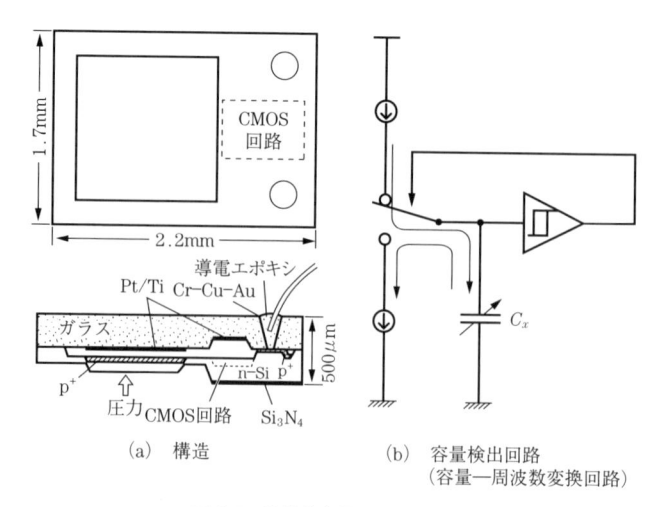

(b) 容量検出回路
(容量—周波数変換回路)

図 3.7 集積化容量型圧力センサ

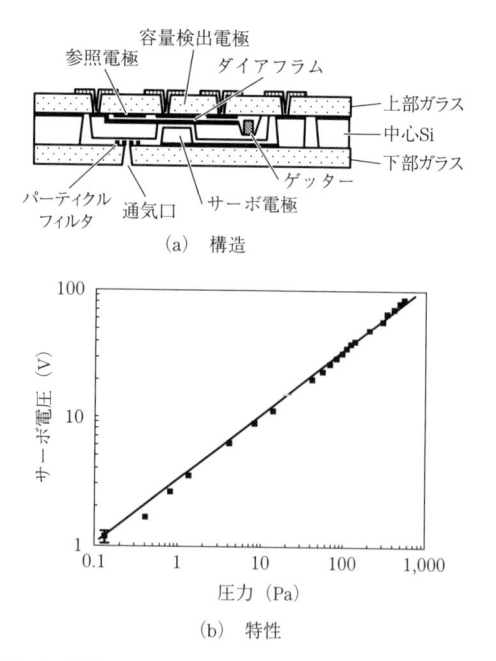

(a) 構造

(b) 特性

図 3.8 静電サーボによる容量型圧力センサ（真空センサ）

容量型センサのダイアフラムは，ピエゾ抵抗素子を作る必要がないため薄くできる。このため高感度なセンサにすることができ，百万分の1気圧程の圧力差を検出することも容易にできる。このためコラム6で述べたように，非蒸発型ゲッタを入れた真空の基準圧室を作ると真空センサとなる。対向電極の構造は電圧をかけると静電アクチュエータになるため，圧力差でダイアフラムに加わる力を，静電引力による逆の力で打ち消して，ダイアフラムが同じ位置になるようにして使うことができる。このフィードバックを用いた方式は静電サーボ型やフォースバランス型と呼ばれ，**図 3.8** にはこの方式による容量型圧力センサ（真空センサ）の構造と特性を示す[8]。3.2で述べるように静電引力は電圧の2乗に比例するため，2桁の電圧変化が4桁の圧力変化に対応する。なおフィードバックをパルス数で与えると，圧力に比例したパルス数として出力が得られることになり，これは Electromechanical Delta–Sigma 変調と呼ばれる。なお静電サーボによる加速度センサについては4.1.2で説明する。

### 3.1.3　共振型センサ

　圧力などの物理量を電気信号に変換するにはこの他，応力で生じる振動子の共振周波数変化を利用する共振型もある。**図 3.9** は共振型の Si ダイアフラム圧力センサである[9]。単結晶 Si の薄いダイアフラムの中に作られた空洞内に，振動子が形成されており，圧力でダイアフラムに生じる応力が振動子の共振周波数を変化させる。電磁的に振動子の駆動や検出を行い，正帰還で共振状態に保っており，振動の減衰を避けるため空洞内部は真空にしている。共振の周波数が出力となるため，伝送途中での雑音の影響を受けにくく，カウンタで検出することにより容易にデジタル信号に変換できる。なおこの製作工程は図2.25で説明した。

(a) 構造

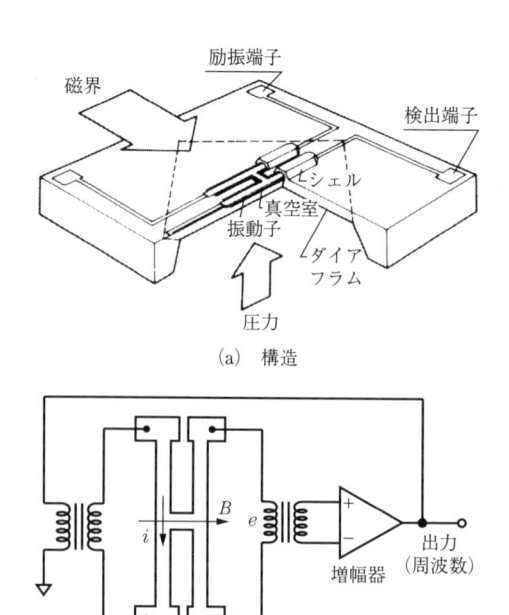

(b) 回路

図 3.9 共振型圧力センサ

---

### コラム 11

## 触覚イメージャ

　ピエゾ抵抗素子で接触したときの力を検出することもできる。図 3.10 は力センサを平面的に配列した触覚イメージャで，ロボットの指先などで力の分布を知るために開発されている[10]。柔らかいポリイミドフィルムに Si ウェハを貼り付けてから分割してあるため，曲面に取り付けることができ，割れにくい。それぞれの力センサにはスイッチングのためのダイオードを内蔵しており，1つのセンサを選択することができる。

第3章◆MEMSの要素

(a) 全体
(b) 回路
(c) センサチップ（断面構造とSi面の写真）

図3.10 触覚イメージャ

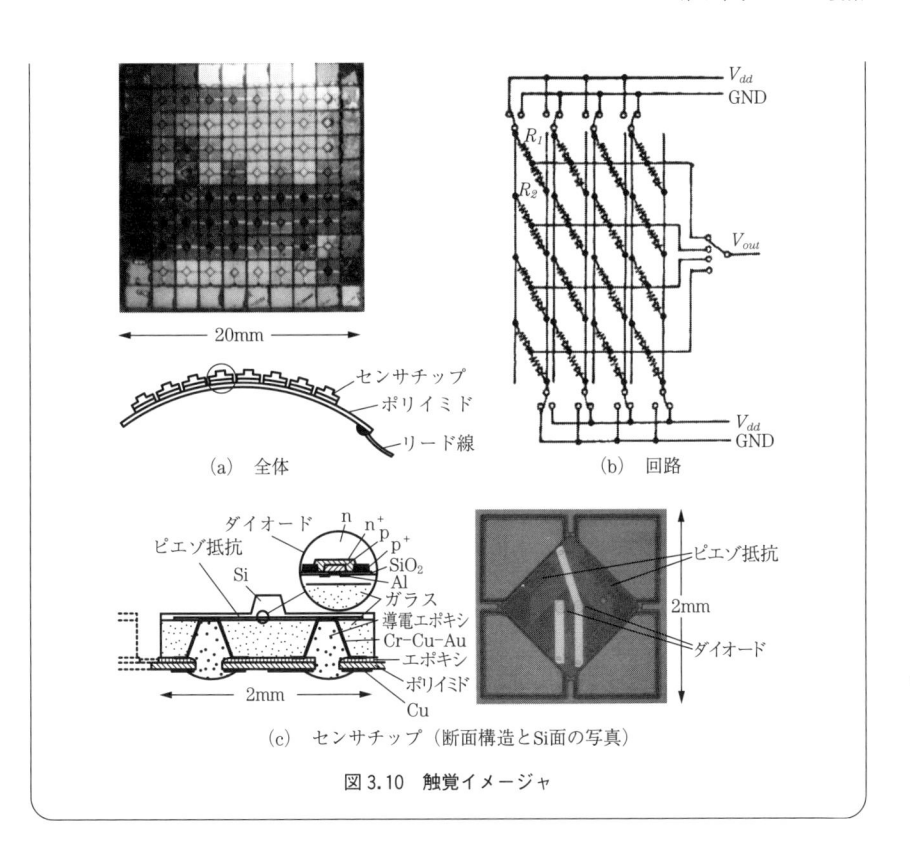

## 参考文献

1) C. S. Smith : Physical Review, **94**, 42 (1954)
2) Y. Kanda : IEEE Trans. on Electron Devices, **ED-29**, 64 (1982)
3) O. N. Tufte, P. W. Phapman & D. Long : J. of Applied Physics, **33**, 3322 (1962)
4) 白水俊次：応用物理, **45**, 1159 (1976)
5) Y. Kanda : Sensors and Actuators, **2**, 283 (1982)
6) 三枝徳治, 阿賀敏夫, 尾土平澈, 宮地宣夫：横河技報, **32**, 135 (1988)
7) 松本佳宣, 江刺正喜：電子情報通信学会論文誌, **J 75-C-II**, 451 (1992)
8) H. Miyashita & M. Esashi : J. Vac. Sci. Technology, **B 18**, 2692 (2000)
9) K. Ikeda, H. Kuwayama, T. Kobayashi, T. Watanabe, T. Nishikawa & T. Yoshida : Tech. Digests of the 7th Sensor Symposium, p. 55 (1988)
10) 江刺正喜, 庄子習一, 山本晃, 中村克俊：電子情報通信学会論文誌, **J 73-C-II**, 31 (1990)

## 3.2 アクチュエータ

運動機構を小形化したマイクロアクチュエータの高性能化が期待されている。大きな世界で使われている電磁アクチュエータは小形化に必ずしも適していないため，これに代わり静電アクチュエータなどが用いられる。以下では，静電アクチュエータ，圧電アクチュエータ，電磁アクチュエータ，熱型アクチュエータを具体例で紹介する。アクチュエータにはこの他，空気圧や燃焼圧などによって機械的な動きを発生させることもあり，図4.17(b)で紹介する熱式インクジェットプリンタなどに用いられている水蒸気の発泡による駆動はその例である。この他，界面現象などを利用するポンプについて述べる。

### 3.2.1 静電アクチュエータ

**図3.11**は静電アクチュエータの原理であり，(a)は電圧を印加した時に電極間隔が小さくなる可変間隔型，また(b)は電極が重なり合う方向に動く可変重なり型の静電アクチュエータである。静電引力はともに電圧に対して2乗で大きくなる。大きな静電引力を発生するには，電極間隔が小さい必要があるが，静電引力は，(a)の可変間隔型の場合は電極面積に比例し電極間隔の2乗に反比例し，一方(b)の可変重なり型の場合は電極の幅に比例し電極間隔に反比例する。(b)の可変重なり変化型では大きく変位させることができるが，電極間

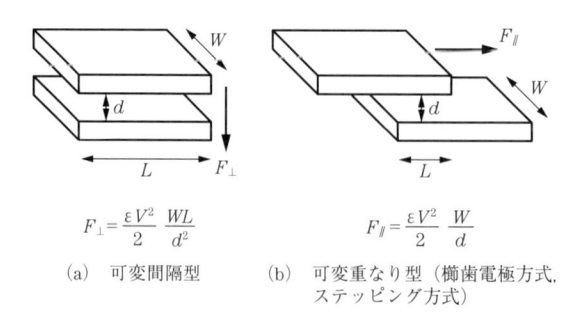

$$F_\perp = \frac{\varepsilon V^2}{2}\frac{WL}{d^2}$$

(a) 可変間隔型

$$F_\parallel = \frac{\varepsilon V^2}{2}\frac{W}{d}$$

(b) 可変重なり型（櫛歯電極方式，ステッピング方式）

図3.11 静電アクチュエータ

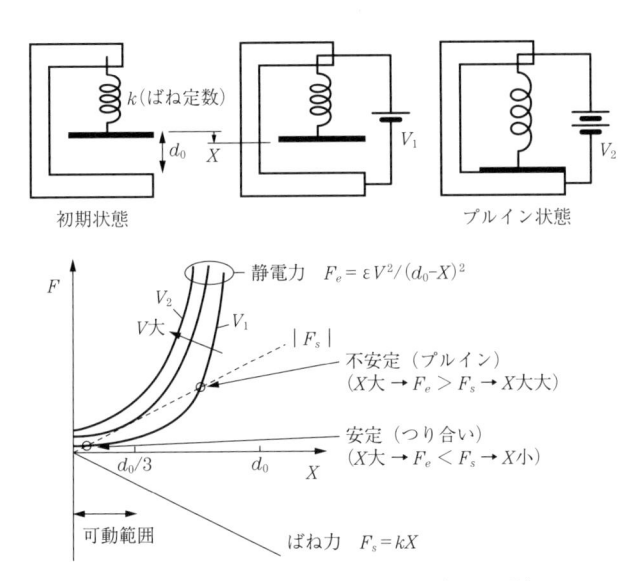

図 3.12 静電アクチュエータにおけるプルイン現象

隔が変化する方向には動かないように支える必要がある。

可変間隔型で電極をばねで支えて動かした場合，電圧を上げて電極間隔が狭まるほど静電引力が大きくなる。このため図 3.12 に示すように電極間隔が初期状態の 2/3 になると，ばねの力を越え間隔が 0 になるまで引き寄せられ，これはプルインと呼ばれる[1]。

図 3.13(a)のような静電アクチュエータで電極間に絶縁物があり，対向した電極に電圧を印加して電極が接触するまで動いた場合を考える。対向電極が絶縁物に接触した接触状態が続くと，絶縁物表面が帯電し，図の右のように対向電極との間の静電力が弱まる。これを解決するには，(b)のようにストッパを付けて接触を防ぐことが有効である。静電アクチュエータでなくて，容量型センサの場合でも電極表面に絶縁物があると，その表面が帯電して静電引力を発生してしまい，測定値の誤差の原因となる。なおこの帯電はエレクトレットとして，マイクロホンあるいは発電などに積極的に利用することができる。

図 3.14 はストッパの例であるが，この場合は可動電極が対向電極にそって変形するため，電圧をかけると近いところから電極に沿って引き寄せられ低電

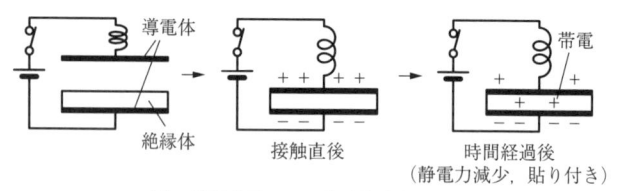

(a) 接触帯電による静電力減少

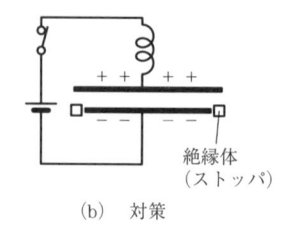

(b) 対策

図 3.13 静電アクチュエータの接触帯電による静電力減少とその対策

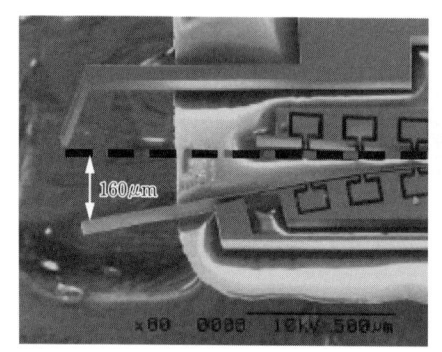

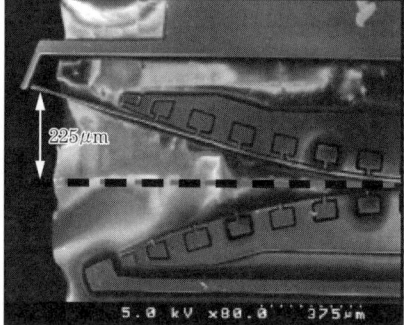

図 3.14 ストッパを用いた Zipping 静電アクチュエータ

圧で動作する。これは Zipping actuator とか Curved actuator などと呼ばれる。図の例は原子間力顕微鏡（AFM）として用いながら，必要な原子や分子をつまみ上げ，電界イオン化して質量分析するために用いる目的で開発されたプローブである[2]）。

図 3.11(b) の可変重なり型には，**図 3.15** の櫛歯電極方式（コムドライブ）と**図 3.16** のステッピング方式の 2 種類がある。

図 3.15 は高密度波長多重（DWDM）光通信に用いる光減衰器である。この

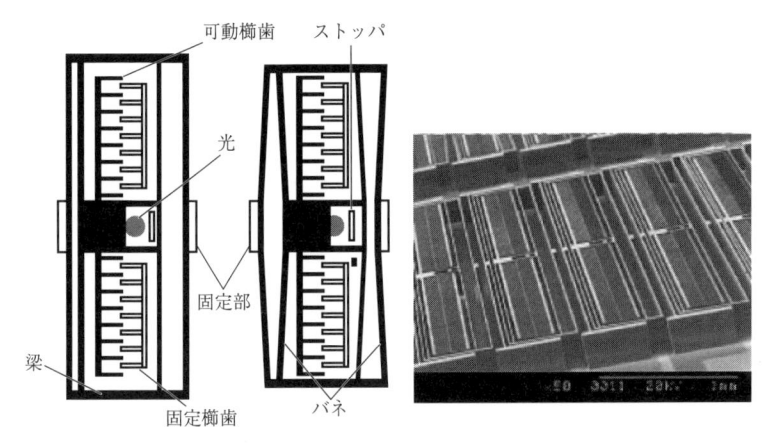

図3.15 櫛歯電極方式（コムドライブ）静電アクチュエータの例（光減衰器）

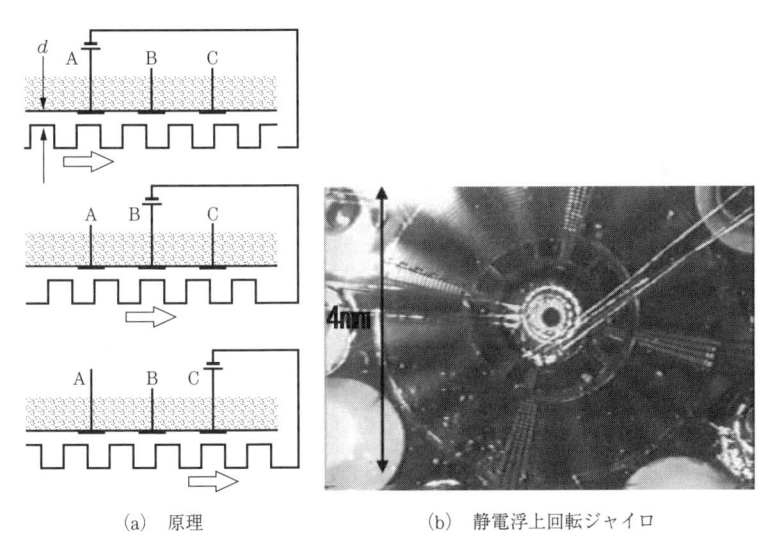

図3.16 ステッピング方式静電アクチュエータの原理とその例（静電浮上回転ジャイロ）

櫛歯電極方式では，櫛の歯が入り込む方向に動いて大きな変位が得られる。電極間隔が変わる方向には動かないようにするため，折り返した平行板ばねで可動櫛歯を支えている。電極本数を増やし間隔を狭くするほど大きな静電引力を発生でき，また櫛歯が長いほど大きな変位が得られるが，そのような場合でも

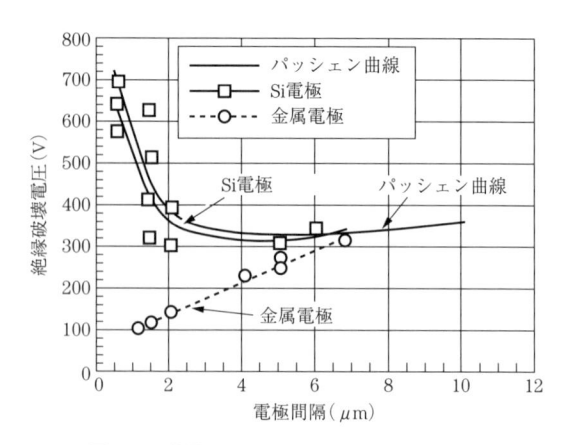

図3.17 静電アクチュエータにおける絶縁破壊

櫛歯状の電極が曲がらないようにするため，固定櫛歯と可動櫛歯をそれぞれ上下の板で支える構造などが工夫されている[3]。

　図3.16(a)はステッピング方式の原理であるが，凹凸構造にピッチの異なる電極が対向して配置してあり，ある電極に電圧を印加すると凸部が電極に重なるように引き込まれて動く。どの電極に電圧を印加するかは静電容量などで凸部の位置を検出して制御する[4]。図3.16(b)はこの方式で動かす静電浮上回転ジャイロである[5]。

　狭い間隔で電極を配置して大きな電圧を印加すると，大きな静電力が得られるが，放電（絶縁破壊）が生じる恐れがある。**図3.17**は静電アクチュエータにおけるギャップと絶縁破壊電圧の関係を実験した結果である[6]。電極にSiを用いた場合には電極間隔を狭くすると絶縁破壊電圧が大きくなり放電しにくくなるが，これはパッシェン曲線に対応しており，電極間の空間で電荷衝突が少なくなるためである。しかし電極に金属を使用した場合には，間隔が狭いほど絶縁破壊電圧が小さく放電し易くなることが分かる。これは電極に衝突した電子やイオンが2次電子や2次イオンを生じるためである。

### 3.2.2　圧電アクチュエータ

　圧電材料に電圧を印加して変形させる，圧電（ピエゾ）アクチュエータにつ

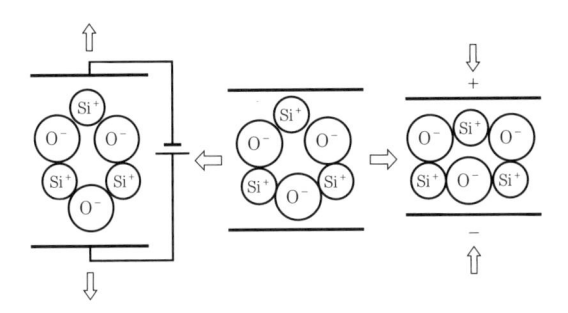

図 3.18 圧電効果（左）と逆圧電効果（右）の原理

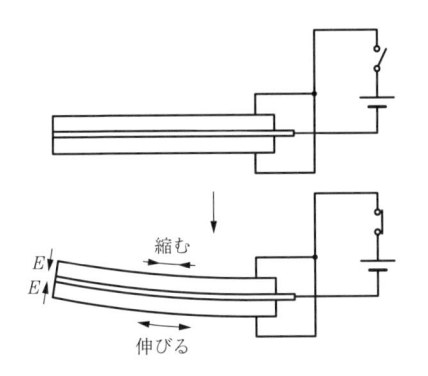

図 3.19 バイモルフ圧電（ピエゾ）アクチュエータ

いて説明する。材料としては水晶や PZT（チタン酸ジルコン酸鉛）などが用いられ，**図 3.18** には水晶をモデルにした原理を示してある。材料の分子が電荷の偏りによる分極を持つため，電圧を印加すると図の左側のように変位を生じる圧電効果や，逆に外部からの力で変形させると図の右側のように電圧を生じる逆圧電効果を示す。圧電効果を利用したアクチュエータでは，変形量は最大 0.1% 程度と小さいが大きな力を発生できる。金属板と圧電材料板を重ねたユニモルフ構造，あるいは**図 3.19** のような圧電材料板どうしを重ねたバイモルフ構造は電圧を印加すると大きく反り，変位を拡大することができる。その変位は厚さの 2 乗に反比例し，長さの 2 乗に比例する。

　薄い圧電材料に電極をつけたものを重ね，多層構造にして低い電圧で駆動できるようにした，積層圧電アクチュエータも用いられている。**図 3.20** には積

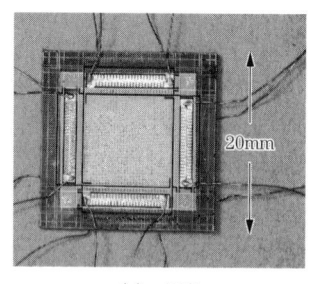

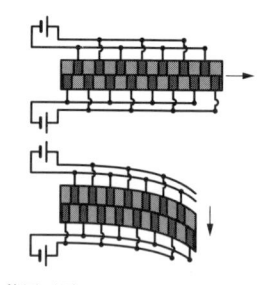

図3.20 (a) 写真　(b) 積層圧電アクチュエータの動作　(c) X軸駆動の例　(d) 容量型変位センサを用いたフィードバック制御

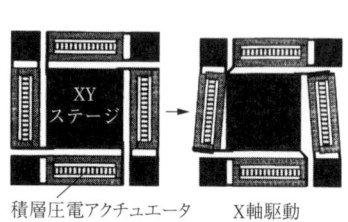

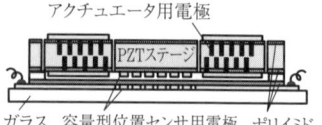

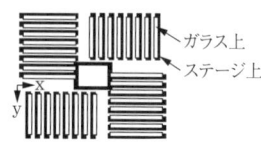

図3.20　積層圧電アクチュエータによる一体型可動ステージ

層圧電アクチュエータの例として一体型可動ステージを示す[7]。(a)の写真はPZT（チタン酸ジルコン酸鉛）の圧電セラミック基板に形成したもので，積層圧電アクチュエータだけでなく，基板をフェムト秒レーザで加工することによって，ステージと変位拡大機能を持つ運動機構を形成してある。(b)のように，基板の両面に溝を形成してめっきで金属電極を埋め込み，電極を一つおきに接続することによって，基板両面に積層圧電アクチュエータ構造を形成してあり，伸ばすだけでなく曲げることもできる。これによってすべての方向に動く6軸ステージとなるが，(c)にはX方向の動きを示す。(d)のように容量型変位センサを用い，フィードバック制御することによって高精度の3軸ステージも作られている[8]。

　PZTによる圧電薄膜はスパッタリングやMOCVD（Metal Organic CVD），ゾル・ゲル法などで形成することができる。図3.21の例はPZT薄膜をスパッタ

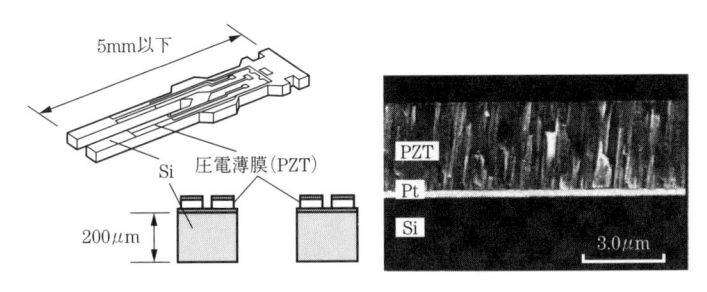

図 3.21　圧電薄膜を用いた振動ジャイロ

リング法によって Si 基板上に形成した，パナソニックエレクトロニックデバイス㈱の振動ジャイロである[9]。図中の断面写真のように，PZT による圧電薄膜は配向性の良い膜として，しかも正しい組成で形成されている。電圧を印加して圧電効果で共振するように駆動し，回転で生じるコリオリ力を逆圧電効果で検出しており，このジャイロはカーナビゲーションに用いられている。

### 3.2.3　電磁アクチュエータ

電磁アクチュエータの特徴を具体例で説明する。**図 3.22**(a)(b)は電磁駆動による 2 軸光スキャナで，外部に永久磁石を置いてジンバル構造のコイルに通電し，鏡を 2 方向に動かす光スキャナである[10]。これを応用して，(c)(d)のように 3 次元のイメージングを行う距離画像計測システムを実現することができる[11]。これは光が 1 ns で約 30 cm 進むことから，レーザ光が対象物で反射して戻るまでの時間を測ることによって，対象物までの距離を知るものである。4.2.2 の図 4.22 で説明するように，この光スキャナをレーザと組み合わせ，小形のビデオプロジェクタなどへ応用する研究も行われている。

電磁アクチュエータは通電するため小形化した場合，発熱による温度上昇や消費電力などが問題になることもある。しかし双安定の保持（ラッチ）機構を用いることにより，短時間だけ通電して状態間で変位させることも可能である。**図 3.23** は，そのような保持機構付きの電磁アクチュエータを用いたスイッチである[12]。(a)のように永久磁石と電磁石からなり，吸引方向に電磁石の電流を流して永久磁石が電磁石の鉄心に接触すると，電流を切ってもその状態のま

(a) ２軸電磁式光スキャナ

(b) 光スキャナの写真

(c) 距離画像計測システム

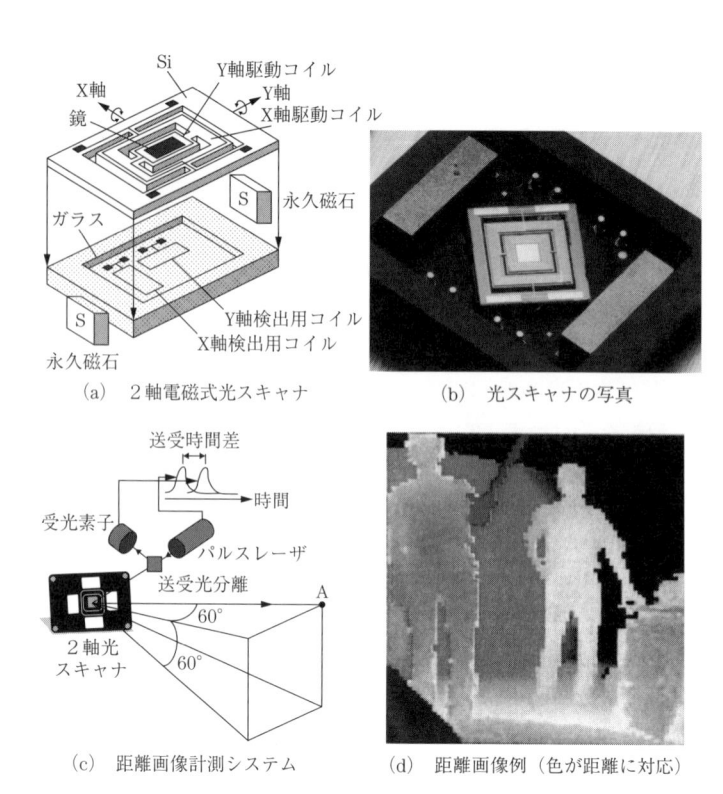

(d) 距離画像例（色が距離に対応）

図 3.22　２軸電磁式光スキャナと距離画像計測システムへの応用

(a) 電磁アクチュエータ

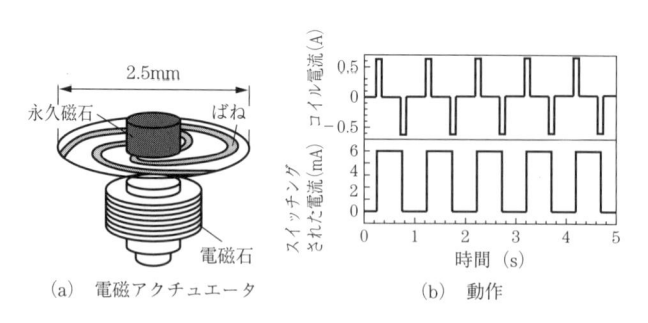

(b) 動作

図 3.23　保持機構付き電磁アクチュエータを用いたスイッチ

まになる。逆の向きに電磁石の電流を流すと，永久磁石との間で反発力が働いて離れる。このため(b)のようにコイルに一瞬だけ電流を流すだけで，スイッチの導通状態と非導通状態を切り替えることができる。

### 3.2.4 熱型アクチュエータ

小形化すると昇温や冷却が速いため，熱膨張による熱型アクチュエータを利用することができる。通電加熱が用いられ，消費電力を減らすには上の電磁アクチュエータの例で述べた保持機構が有効である。**図 3.24** は熱型アクチュエータを用いた光ファイバスイッチで，光ファイバを動かして，その端面を特定の光ファイバの端面に合わせる[13]。これにはガイドになる溝に光ファイバを動かすため，薄膜ヒータによる熱型アクチュエータを用いられている。まず上下アクチュエータでガイドの台を下に動かしたまま，左右のアクチュエータで動かし，上下アクチュエータの通電を止めて台を上にしてから，左右のアクチュエータの通電を止める。この一連の動作によって光ファイバは別の溝に入り，別の光ファイバの端面に合うようにすることができる。

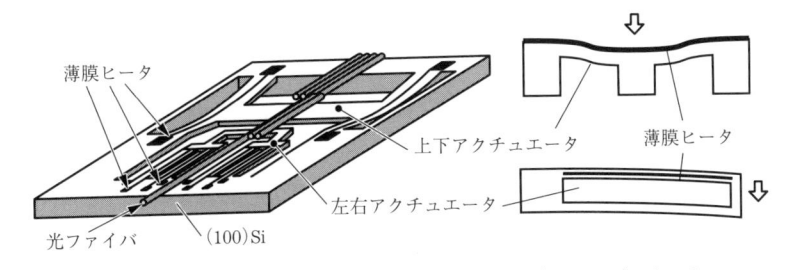

図 3.24 熱型アクチュエータを用いた保持機構付き光ファイバスイッチ

### 3.2.5 界面現象などを利用するポンプ

界面現象などを利用し，機械的なアクチュエータがないポンプを実現することもできる。**図 3.25**(a)の電気浸透流ポンプは，細い流路で壁面の電荷で生じた液側の電荷が電界で動く性質を利用したポンプであり，(b)のような細管電気泳動分析などに用いられている。この場合は試料を電気浸透流ポンプで導入した後，分離チャネルの両側に印加した電圧による電気浸透流が生じたとき，

(a) 電気浸透流の原理

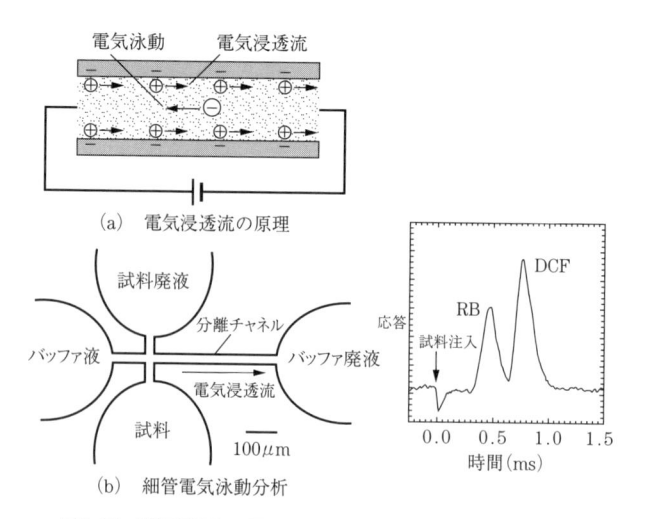

(b) 細管電気泳動分析

図3.25 電気浸透流の原理とそれを応用した細管電気泳動分析

液中のイオンが電界で動く電気泳動を利用することによって，イオンをその電荷の違いなどで分離するものである[14]）。

　固体と液体の間に電圧を印加したとき，液側の界面電気二重層の電荷密度が電圧で変化し，固体界面に接した液体の接触角が変化する現象は，エレクトロウェッティングと呼ばれる。これを利用して液体を動かすことができる。**図3.26**はこれをディスプレイに応用したものである[15]）。(a)のように白色基板を透明電極と疎水性絶縁体で覆っておき，着色した油と透明の水を入れる。電圧を印加すると着色した油が移動するため，これに光を透過させて(b)のようにディスプレイとして利用することができる。この現象は，2種の屈折率の異なる液体を用いた可変焦点のレンズなどにも応用されている。

　**図3.27**は，気液界面の界面張力が温度上昇で小さくなる性質を利用する熱毛管ポンプである。光導波路に形成した溝で屈折率整合液を動かす光スイッチなどに応用されている[16]）。

　誘電泳動と呼ばれる原理で，液中の粒子などを動かす方法がある。**図3.28**のように粒子の誘電率が媒体の誘電率よりも大きい場合には電界が強い方向に粒子が動く。この場合には電極には交流電圧を印加することができるが，交流

第3章◆MEMSの要素

(a) 原理　　　　　　　　　　(b) ディスプレイ

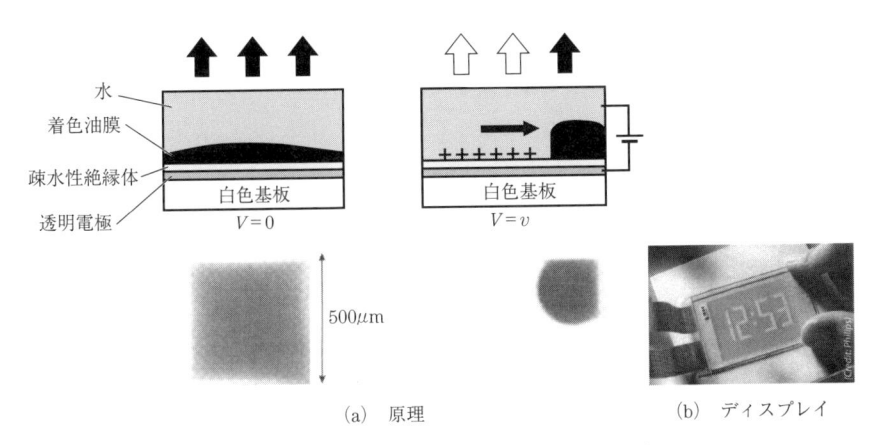

図3.26　エレクトロウェッティングを用いたディスプレイ

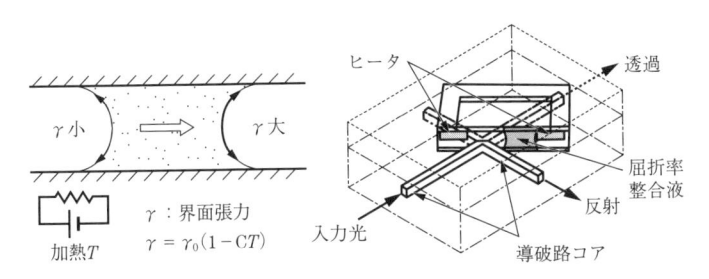

$\gamma$：界面張力
$\gamma = \gamma_0(1 - CT)$

図3.27　熱毛管ポンプの原理とそれを応用した導波路型光スイッチ

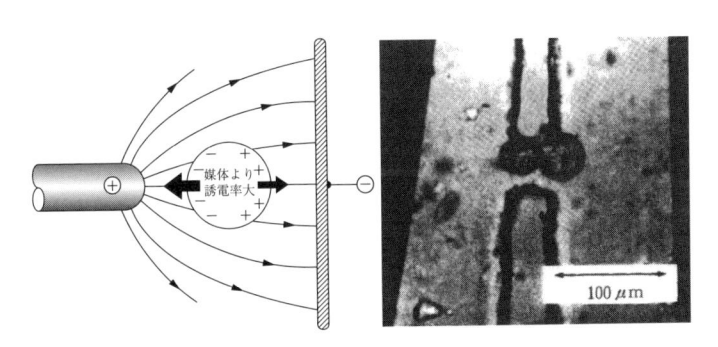

図3.28　誘電泳動とそれを利用した個別細胞融合

の場合には大きな電圧を印加しても水の電気分解が生じない。図2.28の場合は，電界の強いところに2つの細胞を集めて細胞融合させるために，この誘電泳動を利用している[17]。なお媒体よりも誘電率が小さな粒子の場合には，逆に電界強度の弱いほうに動く。

---

コラム 12

## クヌーセンポンプ

　機械を使わない気体用のポンプとして，クヌーセンポンプを紹介する。これはコラム1の図6で紹介した，MEMSによる小形ガスクロマトグラフに用いるために開発されているものである。図3.29にその原理を示すが，上下の2つの部屋の間に小さな穴が開いていて，その穴の径は気体分子の平均自由工程以下にする。大気圧の場合，平均自由工程は0.1μm程度である。穴を通過する分子束を$\Gamma$とすると，それは図中の式のように分子の密度$n$とその平均速度$v_{ave}$に比例する。分子密度$n$は絶対温度$T$に反比例し，平均速度$v_{ave}$は絶対温度$T$の1/2乗に比例するため，分子束$\Gamma$は絶対温度$T$の1/2乗に反比例することになる。このため温度の低い部屋から温度の高い部屋へ気体分子が流れる。なお図の式で，$P$，$M$，$k$はそれぞれ，圧力，気体分子の質量およびボルツマン定数である。

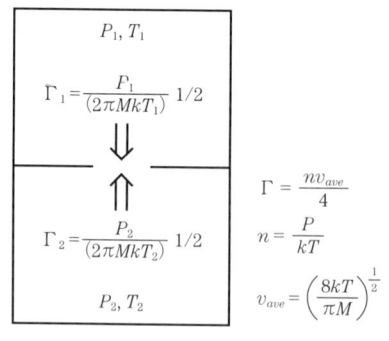

$$\Gamma_1 = \frac{P_1}{(2\pi MkT_1)^{1/2}}$$

$$\Gamma_2 = \frac{P_2}{(2\pi MkT_2)^{1/2}}$$

$$\Gamma = \frac{nv_{ave}}{4}$$

$$n = \frac{P}{kT}$$

$$v_{ave} = \left(\frac{8kT}{\pi M}\right)^{\frac{1}{2}}$$

図3.29　クヌーセンポンプの原理

このポンプの構造は図 3.30 のように，低温の部屋から狭い溝を通して，ヒータが入った高温の部屋に繋がっている[18]。その溝の径が平均自由工程以下だと，気体分子は低温側から高温側へ流れ，これを多段に接続して用いる。

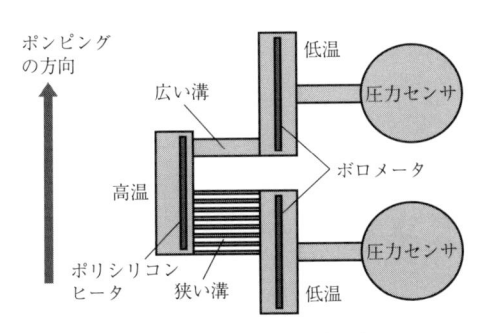

図 3.30 クヌーセンポンプの構造

## 参 考 文 献

1) 年吉洋：計測と制御，**42**, 18（2003）
2) C. Y. Shao, Y. Kawai, T. Ono & M. Esashi：The 4th Asia Pacific Conf. on Transducers and Micro/Nano Technologies（APCOT 2008），p. 1 A 2-5（2008）
3) 渡辺信一郎，江刺正喜：レーザー研究，**33**, 750（2005）
4) T. Matsubara, M. Yamaguchi, K. Minami & M. Esashi：Digest of Technical Papers Transducers '93, p. 50（1993）
5) K. Fukatsu, T. Murakoshi & M. Esashi：Technical Digest of the Transducers '99, p. 1558（1999）
6) T. Ono, D. Y. Sim & M. Esashi：J. Micromech. Microeng., **10**, 445（2000）
7) H. Xu, T. Ono, D.-Y. Zhang & M. Esashi：Microsystem Technologies, **12**, 883（2006）
8) H. G. Xu, T. Ono & M. Esashi：J. of Micromech. Microeng., **16**, 2747（2006）
9) 小牧一樹，村嶋祐二，寺田二郎：機能材料，**28**, 12（2008）
10) N. Asada, H. Matsuki, K. Minami & M. Esashi：IEEE Trans. on Magnetics, **30**, 4647（1994）
11) 石川智之，猪俣宏明：日本信号技報，**33**, 41（2009）
12) H. Hosaka, H. Kuwano & K. Murata：Intnl. Conf. on Mechatronics for Information and

Precision Equipment, p. 807 (1997)
13) M. Hoffmann, P. Kopka & E. Voges : J. of Micromech. Microeng., **9**, 151 (1999)
14) S. C. Jacobson, C. T. Culbertson & J. M. Ramsey : Solid-State Sensor and Actuator Workshop, p. 93 (1998)
15) R. A. Hayes & B. J. Feenstra : Nature, **425**, 383 (2003)
16) H. Togo, M. Sato & F. Shimokawa : Tech. Digests MEMS '99, p. 418 (1999)
17) S. Masuda, M. Washizu & T. Nanba : IEEE Trans. on Industrial Applications, **25**, 732 (1989)
18) S. McNamara & Y. B. Gianchandani : J. of Microelectromechanical Systems, **14**, 741 (2005)

## 3.3 エネルギー源

　省エネルギーという意味では，高速・大容量化により光通信網や検索システムなどでの消費電力の増大が問題になっている。一方，情報処理や通信の技術の進歩に比較して，電源技術の進歩は相対的に遅れて，バッテリ切れなどが問題になる。また大形建造物などの保守や安全の目的で，多数のワイヤレスセンサなどを利用したりするときには，電池を使うとその交換の手間が問題になる。電池交換や充電などを意識しなくても，このようなシステムを使えるようにすることが望まれている。前者の省エネルギーのためのエネルギー源ではなく，後者のような要求に応えるための小形エネルギー源を取り上げる。

　使用環境からエネルギーを得る「エネルギーハーベスト技術」が研究されている。太陽電池は発電や充電に有効であるが，光が使えない場合でも振動や温度差などが利用できれば，それによる発電が可能になる。集積回路の低電力化で消費電力が減り，腕時計では振動発電が実用化されている。**図3.31**はセイコーエプソン㈱のもので，錘が動くのを利用して電磁発電する[1]。この電気を電気二重層コンデンサに蓄積して利用しているが，これには制御用の電子回路も重要である。

　携帯情報機器用電源の目的で，小形燃料電池の開発が行われている。燃料電池を用いると，燃料を供給すれば電気が得られるので，充電する必要はなくなる。このための直接メタノール燃料電池 DMFC（Direct Methanol Fuel Cell）

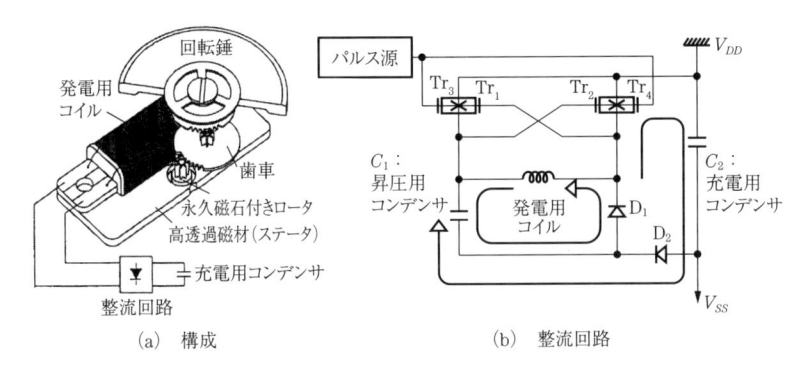

図 3.31 腕時計に使われている電磁式振動発電機

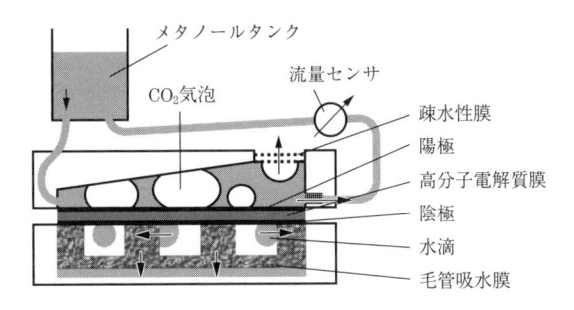

(a) 構成
(b) 整流回路

図 3.32 直接メタノール燃料電池（DMFC）におけるガス供給・排出機構

においてガス供給・排出機構が工夫されており，それを図 3.32 に示す[2]。陽極側ではメタノールから $CO_2$ が生じるため，その気泡を排出する必要がある。一方陰極側では高分子電解質膜を透過してきた $H^+$ と空気中の $O_2$ から生じる $H_2O$ を排出しなければならない。これらの機構には，親水・疎水表面や形状を工夫したり，毛管吸水膜形状にした微細構造が用いられる。

図 3.33 は米国のスタンフォード大学で開発された固体酸化物型燃料電池 SOFC（Solid Oxide Fuel Cell）である[3]。固体酸化物の薄膜を形成するのに，原子層堆積 ALD（Atomic Layer Deposition）により原料を吸着されて原子を1層ずつ堆積させている。これにより厚さ 70 nm 程の極薄でピンホールのない安定化ジルコニア（YSZ）の膜を形成している。極薄膜にすることで大きな電力を比較的低温で取り出すことができ，水素ガスを燃料として 400℃ で 677

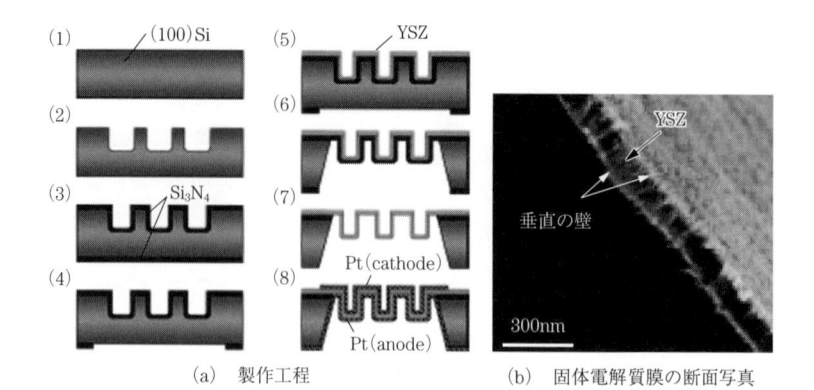

図3.33 原子層堆積（ALD）で形成した極薄固体電解質膜を用いた固体酸化物燃料電池（SOFC）

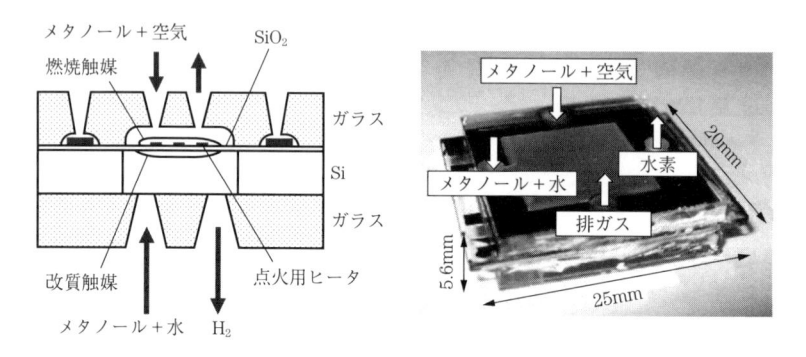

図3.34 マイクロ燃料改質器

mW/cm$^2$ の電力が得られている。なお SOFC では炭化水素やアルコールなど水素以外の扱いやすい燃料が使える。

**図3.34** には MEMS を用いた燃料改質器を示している[4]。メタノールから水素ガスを生成し，水素ガスを用いて高分子電解質燃料電池で発電する。触媒を用いメタノールと水を反応させて水素ガスとするが，この場合の熱はメタノールを触媒燃焼させて得ている。同じように触媒で燃焼して得た熱を用いて，熱電素子で発電する MEMS システムも作られている[5]。

電池交換をせずに，センサネットワークなどを使う目的で，米国のコーネル大学やウィスコンシン大学においてニュークレアバッテリが研究されている[6]。

(a) 原理

(b) ワイヤレス湿度センサ

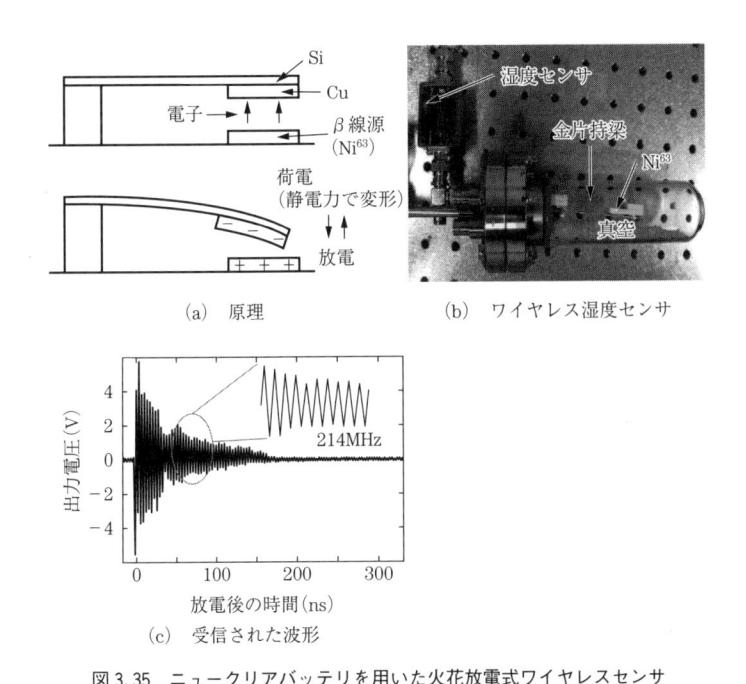

(c) 受信された波形

図 3.35 ニュークリアバッテリを用いた火花放電式ワイヤレスセンサ

図 3.35(a) はその原理，(b) はそれを用いたワイヤレス湿度センシングシステムである。$\beta$ 線源からの電子で Si の片持ち梁の Cu に負電荷が蓄積され，梁が静電引力で変形して近接すると火花放電し元の形に戻り，これが繰り返される。Li イオン電池の 1,000 倍から 10 万倍ほどのエネルギー密度を持っており，使われている $Ni^{63}$ の場合は半減期である 100 年程の寿命がある。たとえば橋などの大形構造物などに埋め込んだ場合，その耐用年数以上，間欠的に異常診断情報を送り続けるような使い方もできる。図 3.35(c) は，放電電流を LC 共振回路につないで放射した無線信号であるが，このような火花放電による無線通信は 100 年ほど前に使われた方式と同じ原理である。

### コラム 13

## 超小形ガスタービンエンジン発電器

ロボットや電動車椅子などの自走機械には，小形高出力の電源が必要とされている．従来はバッテリが用いられているが，これではその電源容量から移動範囲などが制限される．燃料で発電するようにするため，図 3.36 のような小形ガスタービンエンジン発電器の開発が行われている[7]．直径 16 mm 程のタービンが 80 万 rpm 程で回転して，タービンで圧縮した空気によって燃焼させ，そのガスでタービンを廻すエンジンサイクルが実証されている．

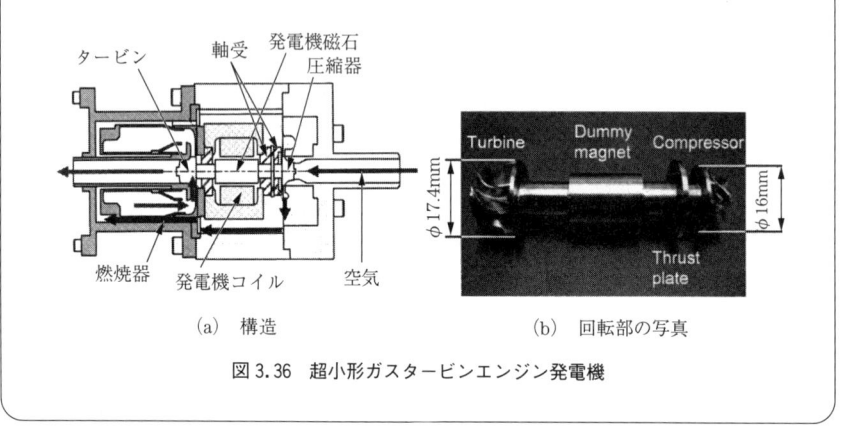

(a) 構造　　(b) 回転部の写真

図 3.36　超小形ガスタービンエンジン発電機

### 参 考 文 献

1) 高橋理：日本機械学会 IIP 2000　情報・知能・精密機器部門講演会講演論文集，p 100（2000）
2) N. Paust, S. Krumbholz, S. Munt, C. Muller, R. Zengerle, C. Ziegler & P. Koltay： MEMS 2009 Technical Digest, p. 1091（2009）
3) P.–C. Su, C.–C. Chao, J. H. Shim, R. Fasching & F. B. Prinz： Nano Letters, **8**, 2289（2008）
4) K. Yoshida, S. Tanaka, H. Hiraki & M. Esashi： J. of Micromech. Microeng., **16**, S 191

(2006)
5) K. Yoshida, S. Tanaka, S. Tomonari, D. Satoh & M. Esashi : J. of Microelectromechanical Systems, **15**, 195（2006）
6) S. Tin, R. Duggirala, R. Polcawich, M. Dubey & A. Lal : Solid–State Sensors, Actuators and Microsystems Workshop, p. 336（2008）
7) S. Tanaka, K. Hikichi, S. Togo, M. Murayama, Y. Hirose, T. Sakurai, S. Yuasa, S. Teramoto, T. Niino, T. Mori, M. Esashi & K. Isomura, Technical Digest Power MEMS 2007, p. 359（2007）

# 第4章
## MEMSの応用

この章では，MEMSの応用についてまとめた。自動車・家電，情報・通信，製造・検査，医療・バイオなど，MEMS応用は幅広い分野へ拡大している。最後に，「MEMSビジネス」と題して，集積回路とMEMSの違いを述べながら，MEMSのビジネスモデルについて方向を示した。

# 4.1　自動車・家電応用

　自動車や家庭電気製品にはいろいろなセンサが使われ，それにはMEMSが大きな役割を果たしている。自動車でセンサが用いられるのは，燃費向上や排ガス浄化などが要求されるエンジン関係，快適性と安全性が要求される走行・安全関係，および衝突の危険性などを事前に認知するための外界検知関係に分けることができる。それぞれで圧力センサ，加速度センサや角速度センサ，および赤外線イメージャなどにMEMSセンサが使われているが，ここでは圧力，加速度，角速度などの機械量のセンサを中心としたMEMS応用について説明する。

　加速度センサや角速度センサは錘に働く慣性力を検出するため慣性センサと呼ばれるが，これらは情報機器やゲーム機の入力に用いるユーザーインタフェース，ノートパソコンのハードディスクを保護するための落下検知（加速度センサ），ディジタルカメラの手振れ補正（角速度センサ）などにも使われ，これについては4.2の情報・通信関係で説明する。自動車用のセンサは，事故などをきっかけに要求が高まって実用化されてきた面があるが，それらの安全装備の貢献もあり国内の交通事故死亡者数は年々減少して現在は50年前と同程度になっている。

　車載用のセンサを家庭用や工業用と比較してみると，一般に，精度，動作温度，価格が家庭用よりは厳しいが工業用ほどではなく，動作温度は$-40\sim150$℃と広く，振動，電磁障害，汚れなどへの対策が要求される。家庭用と同様に大量生産されるため，半導体微細加工で作るMEMSが適している。

## 4.1.1　圧力センサ

　わが国では1973年に，豊田中央研究所の五十嵐伊勢美が半導体のピエゾ抵抗効果を用いて圧力センサを実現している[1]。このように圧力センサは早くから研究され，排ガス規制の要求から1980年よりエンジン制御に使われてきた。最近は安全性のためにタイヤ圧を知るタイヤ圧モニタシステム（TPMS）にも

重要な働きをしている。掃除機などの家電関係，化学プラントなどの製造関係，血圧センサなどの医療関係などにも広く使われている。

3.1でピエゾ抵抗型や容量型などのセンサの原理として，Si単結晶にエッチングで薄いダイアフラムを形成した圧力センサについて説明した。ピエゾ抵抗型ではダイアフラムに拡散抵抗が形成されており，ダイアフラムに加わる圧力差で生じる応力により，抵抗がピエゾ抵抗効果で変化するのを電気的に検出する。また静電容量型では，ダイアフラムの変位による微小ギャップ部での静電容量の変化を検出している。後者はギャップの変化で静電容量を大きく変化させることはできるが，静電容量の値は小さいため，配線の寄生容量などが問題にならないように容量検出回路を一体化することも行われる。Si単結晶は室温では塑性変性しないため特性が変化せず，またダイアフラムが基板と一体構造になっているため安定した特性が得られる。しかしパッケージング技術は重要であり，**図4.1**(a)のようにパッケージとの熱膨張の違いによる応力がダイアフラムに伝わらないように，Siに近い熱膨張係数を持つガラスを長くして間に入れるようなことを行う。また図4.1(b)は血管内で用いるカテーテルに付けるものであるが，装着用のステンレスパイプとの熱膨張の違いによる応力を避けるため，柔らかいシリコーン接着剤でセンサチップを固定し，正しい位置に固定され，はずれないように嵌め合い構造にしてある[2]。

図4.1のセンサは相対圧センサあるいはゲージ圧センサと呼ばれ，感圧ダイアフラムの両側が外部につながって圧力差を感じるものである。これに対して

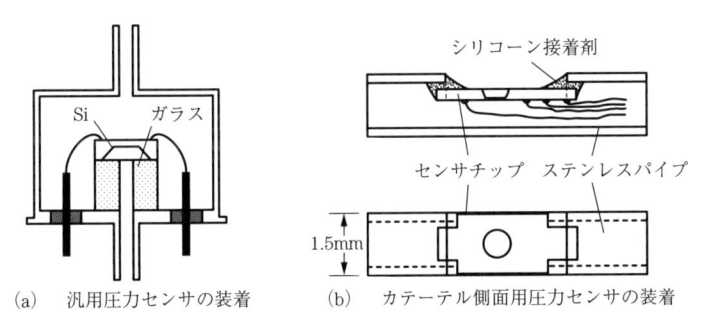

(a) 汎用圧力センサの装着    (b) カテーテル側面用圧力センサの装着

図4.1　ピエゾ抵抗型圧力センサ（相対圧（ゲージ圧）センサ）

(a) 構造  (b) 製作法

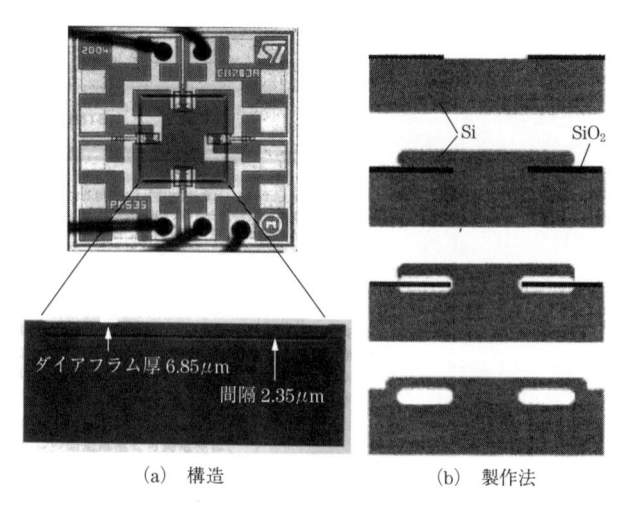

図4.2 内部空洞を持つピエゾ抵抗型圧力センサ（絶対圧センサ）

内部に一定圧力の基準圧の空洞を持つ，絶対圧センサと呼ばれるものがある。**図4.2**には，欧州のSTマイクロエレクトロニクス社で作られた，空洞を持つピエゾ抵抗型圧力センサとその製作工程を示してある[3]。これではSiをエピタキシャル成長する時に，内部に空洞ができるようにしている[4]。これは水素中で熱処理すると表面エネルギーが最小になるようにSi原子が動くためで[5]，これについては，図2.27でマイクロポーラスSiによる絶対圧センサの製造工程のところでも説明した。

以上説明したものはピエゾ抵抗型であるが，図3.7の容量型，図3.9の共振型，図4.42の表面弾性波（SAW）トランスポンダ圧力センサ，図4.56のような光干渉を用いた極細光ファイバ圧力センサなど，各種方式の圧力センサが用いられる。

### 4.1.2 加速度センサ

加速度センサの原理を**図4.3**(a)に示す[6]。錘をばねで支えた構造でセンサに加速度が加わると，錘が同じ位置に留まろうとする慣性力でばねが伸縮する。ばねに加わる応力をピエゾ抵抗効果で検出したり，錘の動きを静電容量の変化

## 第4章 ◆MEMSの応用

**(a) 基本原理**

$ma = kx$
$\rightarrow x = (m/k)a$

**(b) サーボ（フォースバランス）型の原理**

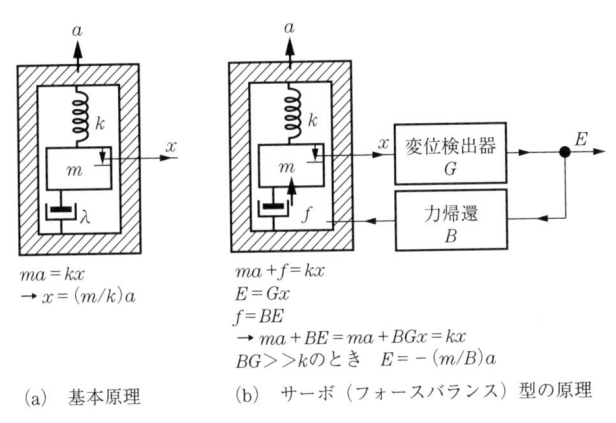

$ma + f = kx$
$E = Gx$
$f = BE$
$\rightarrow ma + BE = ma + BGx = kx$
$BG >> k$ のとき $E = -(m/B)a$

図4.3 加速度センサの原理

として検出したりする。図の(a)のように錘の変位 $X$ は加速度 $a$ に比例し，感度は錘の質量 $m$ が大きいほど，ばね定数 $k$ が小さいほど大きくなる。なお最大応答周波数は $2\pi\sqrt{k/m}$ となる。図4.3(b)はサーボ型あるいはフォースバランス型と呼ばれる加速度センサの原理である[7]。図3.8で静電サーボ（フォースバランス）型の容量型圧力センサについて説明したが，この場合と同様にアクチュエータを用い，加速度による慣性力とつりあう力で錘を一定の位置に保つ。図中の式のように出力 $E$ は加速度 $a$ に比例し，その感度は質量 $m$ と力帰還係数 $B$ で $-m/B$ と表される。すなわち(a)の場合とは異なり，感度がばね定数 $k$ に関係することはない。このため製作時のばらつきなどの影響を受けにくく，感度は電気的に設定できて，測定範囲も広くなる。力帰還はパルス幅やパルス数などの形で制御することができ，その場合は出力が加速度に比例したパルス幅やパルス数になる[8]。

衝突を検知してエアバックを作動させ乗員を保護する目的で，加速度センサが衝突検知用に開発され，1990年頃から自動車に使われている。**図4.4**にあるようなシステムで，MEMSによる電気的加速度センサの出力波形から衝突を判定し，ガス噴出器の火薬に点火してエアバックを膨らませる。セーフティスイッチと呼ばれる機械的な加速度スイッチを併用し，誤動作で膨らませないように工夫されている。

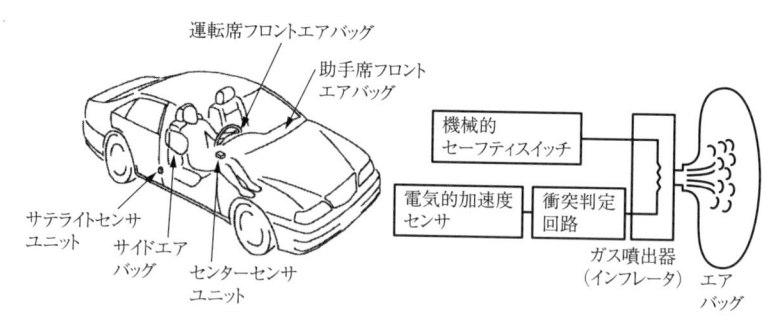

図 4.4 自動車用エアバックシステム

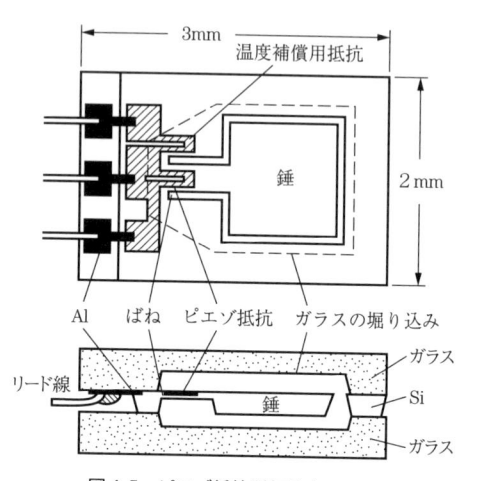

図 4.5 ピエゾ抵抗型加速度センサ

　米国スタンフォード大学の電気工学科で，MEMS 加速度センサが 1979 年に最初に開発された[9]。**図 4.5** にはその構造を示してある。錘がばねで支えられ，ばねにピエゾ抵抗素子が形成されており，加速度によってばねに生じる応力を，その抵抗変化として検出する。このピエゾ抵抗からの拡散層はガラス側の金属配線を通して外部に接続されている。

　図 2.74 で米国アナログデバイス社製の集積化容量型加速度センサを紹介した[10]。ばねで支えられた錘の動きを櫛歯により静電容量変化として検出する poly-Si 構造を形成したもので，その容量検出回路を集積化してある。これは

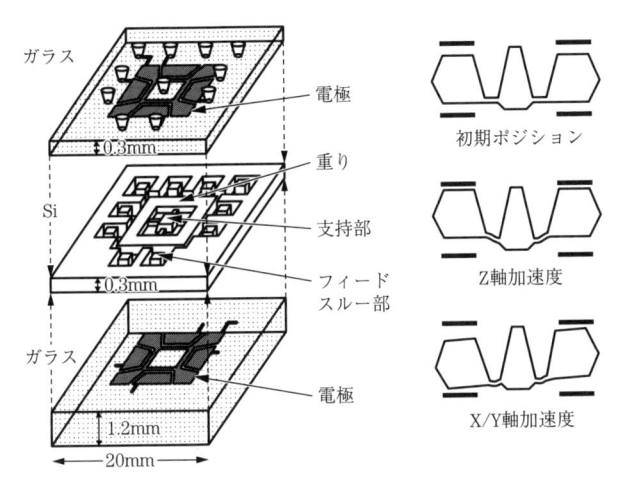

図4.6 静電サーボ3軸加速度センサ

自動車のエアバック用の容量検出などに用いられている。この他アナログデバイス社製で2方向の加速度を検出する，2軸集積化容量型加速度センサを図2.98で説明した[11]。

**図4.6**は図4.3(b)で説明したサーボ型加速度センサの例にあたる，静電サーボ3軸加速度センサである[12]。中心からばねで支えられた錘が，Z軸方向の加速度で上下に動いたり，X方向やY方向の加速度で左右や前後の方向に倒れたりするのを，各電極で静電容量の変化として検出し，電極に電圧を印加して静電引力で同じ位置に保つ。この原理を用いて，直径1mmのSi球の錘を中空に浮上させた静電浮上3軸加速度センサが作られている[13]。

内部の気体が慣性力で動くのを熱の移動で検出する熱型加速度センサが米国のMEMSIC社で作られており，**図4.7**にその原理と2軸加速度センサの例を示す[14]。MEMSでは小さいため熱時定数が短く，このような熱を使うセンサも使われる。

### 4.1.3 角速度センサ（ジャイロ）

角速度センサはジャイロとも呼ばれる回転を検出するセンサである。高精度

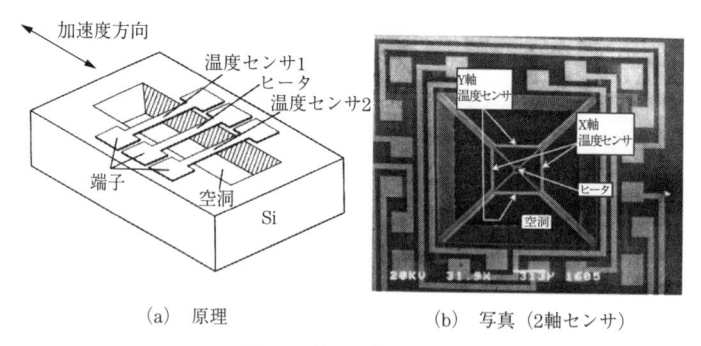

(a) 原理　　　　　　　(b) 写真（2軸センサ）

図4.7　熱型加速度センサ

のものはナビゲーション（航行制御）に，またそれほど精度を要求されないものは同じ姿勢を保つような運動制御に用いられる。

原理を**図4.8**に示すが，質量 $m$ の錘が速度 $v$ で動いている時に，その台が角速度 $\Omega$ で回転すると，錘は慣性力で同じ方向に動き続けようとするために，コリオリ力と呼ばれる力を受ける。コリオリ力を $F_c$ とすると，それは $2\,mv\Omega$ になり，その方向は錘の移動方向や回転軸の方向と直角になる。

錘を駆動して振動させ，コリオリ力によって生じる振動を検出するセンサは，振動ジャイロと呼ばれている。一方錘が回転して，その回転軸に直交する軸周りで角速度が加わると，それらの軸に垂直な軸まわりに回転軸が傾くコリオリ力を生じる。これは回転ジャイロと呼ばれ，回転軸に直交する2つの軸周りの回転を検出することができる。この他角速度によって，気体がコリオリ力で流れの向きを変えるのを検出するガスレートジャイロ，あるいは反対向きに巡回する2つの光に位相差が生じるサグニャック効果を用いたリングレーザジャイロや光ファイバジャイロがある。

角速度センサの応用例を紹介すると，**図4.9**(a)はデジタルカメラの手振れ

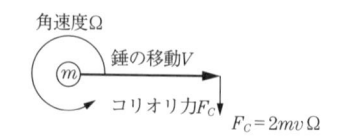

$$F_C = 2mv\Omega$$

図4.8　回転（角速度）によるコリオリ力の発生

第 4 章◆MEMS の応用

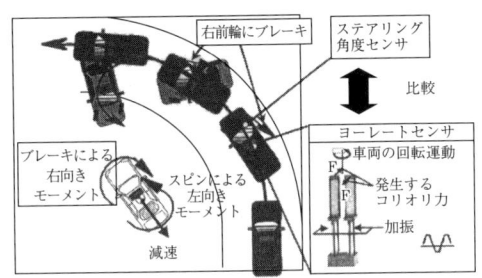

(a) デジタルカメラの手振れ防止
(b) 自動車のヨーレート検出によるスピン防止

図 4.9　角速度センサの応用例

防止への応用である。カメラが小形化するほど手振れし易くなり，また多くの画素数を生かした写真を撮るには，手振れを検出して補正する必要がある。これには上下方向と左右方向の回転を検出する 2 軸角速度センサが用いられる。

自動車では，その走行安定性のために 2000 年頃から角速度センサが高級車を中心に搭載されている。図 4.9(b) は自動車の VSC（Vehicle Stability Control）などと呼ばれる，スピンを防止する安全装備である。これには，車輪速センサや操舵センサなどに加えて，自動車の旋回速度（ヨーレート）を検出するヨーレートセンサを用いられている。自動車がスピンしていると判断されると，4 輪に独立したブレーキをかけてスピンを防ぐ。なお回転軸によって，水平面内の回転をヨー，上下方向の回転をピッチ，左右方向の回転をロールと呼ぶ。

このスピン防止の目的でトヨタ自動車にて生産されているヨーレート・加速度センサを図 4.10 に示す[15]。チップを水平にして取り付け，駆動電極を用いた静電力により，2 つの錘を左右方向に音叉振動させる。角速度によるコリオリ力のため，これらの錘は駆動に直角な方向に差動で振動する。これを検知電極により静電容量で検出しヨーレートを知ることができる。なお加速度に対しては，左右の錘が同相で振動するのを検出し，自動車の横滑りの制御に用いている。図 4.10(a) の右で周波数調整電極とあるのは，駆動振動と検出振動の共振周波数を合わせるためのもので，電極に直流電圧を印加して静電力を加える

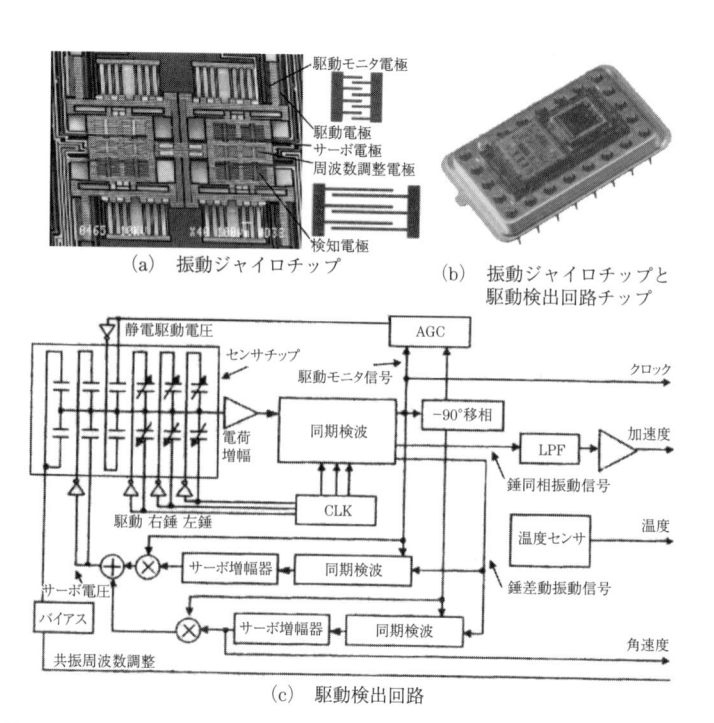

図4.10 静電駆動・容量検出型振動ジャイロ（自動車用ヨーレート・加速度センサ）

ことで等価的にばねの強さを変化させている。このセンサでは図4.10(b)のようにMEMSチップに隣接して，駆動検出用の集積回路を取り付ける。この駆動検出回路を図4.1.10(c)に示すが，錘からの信号を同期検波回路で分離することでそれぞれの電極容量を検出している。

振動ジャイロの駆動では図4.10のような静電駆動の他，永久磁石を取り付けて通電することにより電磁駆動を行うことも可能である。また検出も静電容量検出ではなくて，電磁的に誘導起電力で検出することができる。この他圧電材料を用いると，材料に付けた電極で駆動や検出を行うことができる。**図4.11**(a)は，水晶をエッチングで加工して電極を付けた水晶振動ジャイロで，図4.9(b)のVSCに使われてきたものである[16]。上部の駆動側で左右に音叉振動させ，回転した時に下部の検出側が前後に振動するのを検出することで，角速度を知ることができる。

第4章◆MEMSの応用

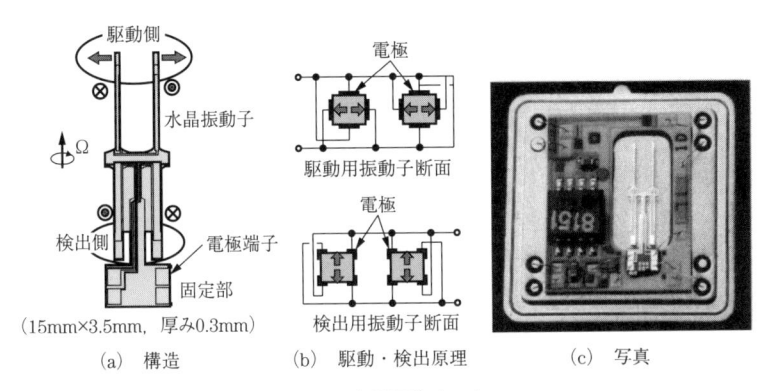

図4.11 水晶振動ジャイロ
(a) 構造　（15mm×3.5mm，厚み0.3mm）
(b) 駆動・検出原理
(c) 写真

　圧電薄膜をスパッタでSi振動子の上に形成して，振動ジャイロとした例を図3.21に示した。これはカーナビゲーションに多く使われているが，カーナビゲーションでは，人工衛星からのGPS（Global Positioning System）の電波で位置を知るだけでは不十分であり，方向検知や，トンネル内などで電波が途切れた時のため，補助的にヨーレートセンサを必要とする。

　高精度なナビゲーションなどを目的として，静電浮上回転ジャイロが東京計器㈱で開発されている[17]。図4.12(a)に示す構造で，外径1.5 mmのSiの輪が毎分7万4千回転し，回転軸に直交する2軸の角速度と3方向の加速度を同時に高精度で測定でき，市販もされている。なおこの静電浮上は，図4.6の静電サーボ3軸加速度センサで説明したように，静電容量により位置を検出し，電極に電圧を印加して静電引力で同じ位置に保つ静電サーボを全方向で行うものである。また静電アクチュエータで高速回転させるには，図3.16で説明したように，ロータの位置を静電容量で検出して，必要な電極に静電力発生用の電圧を印加する，ステッピング方式の静電アクチュエータが用いられている。これらは高速デジタル制御で行われている。この静電浮上回転ジャイロの製作工程を図4.12(b)に示す。犠牲層のAlを付けたSOI（Silicon On Insulator）ウェハをガラスに陽極接合した後（図4.12(b)(3)），SOIウェハのSi基板をエッチングし（図4.12(b)(4)），Fイオンを照射してDeep RIEでSiを垂直に加工する（図4.12(b)(5)）。この場合にDeep RIEする部分ではエッチングするとAl

159

(a) 構造

(1) ガラスエッチング/金属パターニング
エッチング深さ (3.0μm)
パイレックスガラス　電極(Cr/Pt)

(2) 犠牲層パターニング
犠牲層(Al)
Si(50μm)
SOIウェハ
SiO$_2$
Si基板

(3) 1回目陽極接合
パイレックスガラス

(4) Si基板エッチング
Si(50μm)

(5) Si Deep RIE

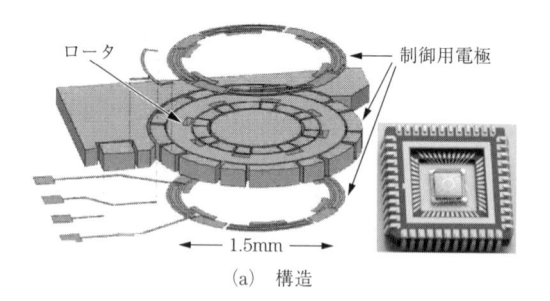

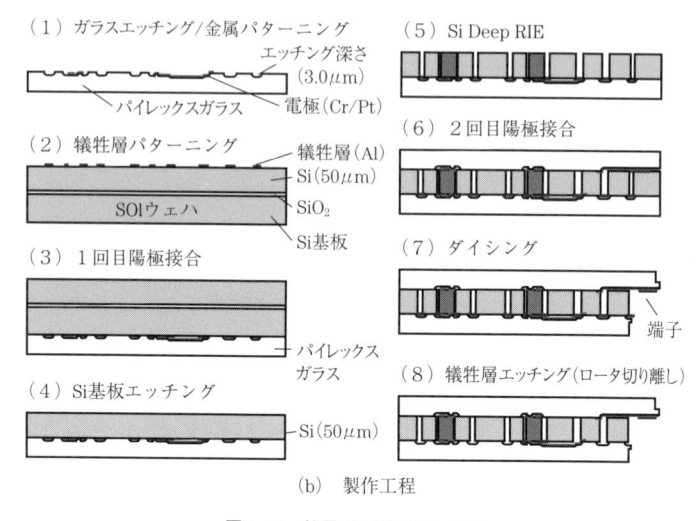

(6) 2回目陽極接合

(7) ダイシング
端子

(8) 犠牲層エッチング(ロータ切り離し)

(b) 製作工程

図4.12　静電浮上回転ジャイロ

が露出するため，図2.35で述べた帯電によるノッチングの問題は生じない。この後上のガラスを陽極接合し，ダイシングした後，犠牲層のAlをエッチングするとロータが回転できる状態になる（図4.12(b)(8)）。

## コラム 14

## 原子力潜水艦のナビゲーションに用いられてきた静電浮上回転ジャイロ

　ジャイロはナビゲーション（航行制御）のために以前から使われてきた。魚雷を直進させる目的で応用が始まり，船などにはジャイロコンパスと呼ばれる回転ジャイロが使われてきた。人工衛星からの電波で位置を知るGPSが利用可能になっているが，海中でGPSの電波を受信できない潜水艦にとっては，高性能なジャイロコンパスが不可欠である。1952年にイリノイ大学のA. Nordsieckがポラリス潜水艦のために考案したのが，電気真空ジャイロESG（Electric Vacuum Gyro）と呼ばれる高精度な2軸ジャイロで，その構造を図4.13(a)に示してある[18]。金属製の球状の回転体が，高真空中で静電力により浮上して回転するも

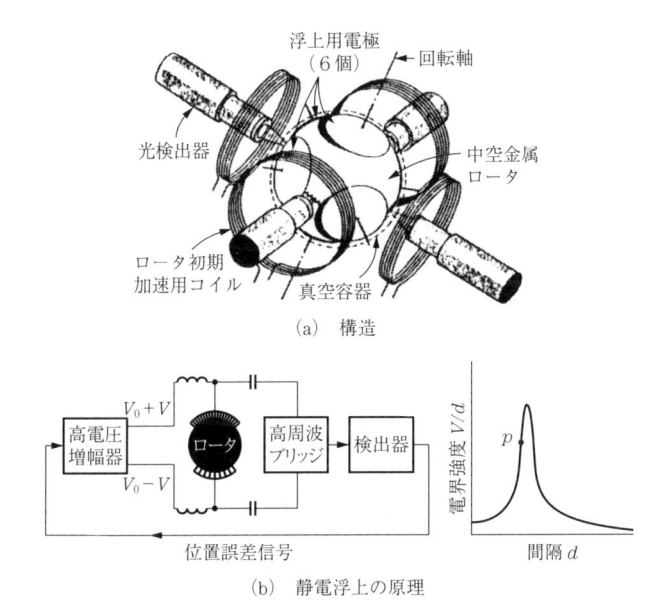

(a) 構造

(b) 静電浮上の原理

図4.13　原子力潜水艦のナビゲーションに使われてきた静電浮上回転ジャイロ

ので，従来のジャイロの誤差の原因であった物理的支持部での摩擦をなくし，誤差やドリフトが1時間で0.0001°以内という高精度を達成している。この浮上には(b)のような回路を用い，浮上用電極に高周波の高電圧を印加し，電極と球の間隔が広がると高電界が加わって静電引力を発生するようにした。

参 考 文 献

1) 五十嵐伊勢美：計測と制御，**14**，650（1975）
2) M. Esashi, H. Komatsu, T. Matsuo, M. Takahashi, T. Takishima, K. Imabayashi & H. Ozawa : IEEE Trans. on Electron Devices, **ED-29**, 57（1982）
3) ST Microelectronics：2006 マイクロマシン/MEMS技術大全，電子ジャーナル，99（2006）
4) O. De Sagazan, M. Denoual, P. Guil, D. Gaudin, B. Le Pioufle & O. Bonnaud : Technical Digests MEMS 2004, p. 661（2004）
5) I. Mizushima, T. Sato, S. Taniguchi & Y. Tsunashima : Applied Physics Letters, **77**, 3290（2000）
6) M. Esashi : Sensors for Measuring Acceleration, in Sensors, Vol. 7, Mechanical Sensors（H. H. Bau, N. F. de Rooij & B. Kloeck ed.）VCH, p. 332（1994）
7) F. Rudolf, A. Jornod & P. Bencze : Digest of Technical Papers Transducers' 87, p. 395（1987）
8) S. Suzuki, S. Tuchitani, K. Sato, Y. Yokota, M. Sato & M. Esashi : Sensors and Actuators A, **21-23**, 316（1990）
9) L. M. Roylance & J. B. Angell : IEEE Trans. on Electron Devices, **ED-26**, 1911（1979）
10) F. Goodenough : Electronic Design, 45（1991-8）
11) M. W. Judy : Technical Digest Solid-State Sensor, Actuator and Microsystems Workshop, p. 27（2004）
12) K. Jono, K. Minami & M. Esashi : Measurement Science and Technology, **6**, 11（1995）
13) R. Toda, N. Takeda, T. Murakoshi, S. Nakamura & M. Esashi : Technical Digest MEMS 2002, p. 710（2002）
14) A. M. Leung, J. Jones, E. Czyzewska, J. Chen & B. Woods : Proc. IEEE Micro Electro Mechanical Systems（MEMS' 98），p. 627（1998）
15) M. Nagao, H. Watanabe, E. Nakatani, K. Shirai, K. Aoyama & M. Hashimoto：2004 SAE World Congress, p. 2004-01-1113（2004）

16) Y. Nonomura, M. Fujiyoshi, Y. Omura, K. Tsukada, M. Okuwa, T. Morikawa, N. Sugitani, S. Satou, N. Kurata & S. Matsushige : Sensors and Actuators A, **110**, 136 (2004)
17) T. Murakoshi, Y. Endo, K. Sigeru, S. Nakamura & M. Esashi : Jpn. J. Appl. Phys., **42**, 2468 (2003)
18) H. W. Knoebel : Control Engineering, **11**, 70 (1964)

## 4.2 情報・通信応用

情報・通信機器周辺でMEMSがどのように使われているかを図4.14に示す。入力に用いるセンサや各種ユーザーインタフェース，出力に用いるプリンタやディスプレイ，また外部記録としてのハードディスク関連部品，光や無線の通信関係などで重要な働きをしている。

### 4.2.1 入力

小形化と同時に画素数も増加しているデジタルカメラで，手振れを検出する角速度センサを図4.9(a)で紹介した。このようにシステムに情報を取り込む入力部でMEMSは重要な働きをしている。

防犯などのために指紋を確認するセンサが必要とされる。図4.15は多数配

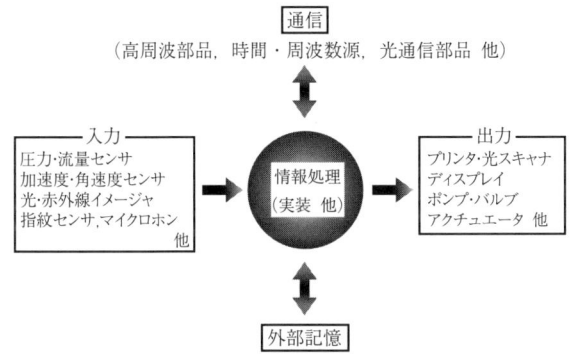

図4.14 情報通信におけるMEMS応用

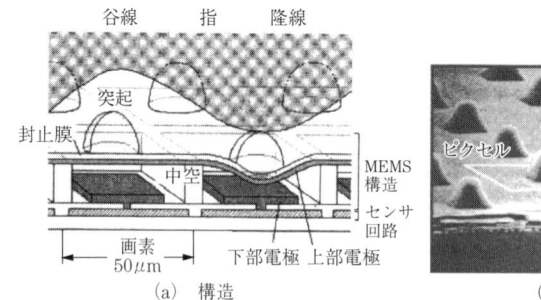

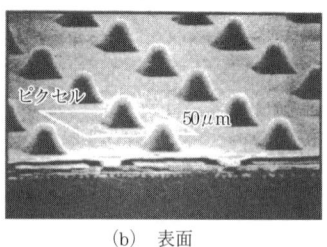

図 4.15　指紋イメージャ

(a) 構造
(b) 表面

列した力センサで指先の微細な凹凸を検出する指紋イメージャである[1]。各画素で，突起が皮膚に接触した時に生じる変形を容量変化として検出する。微小容量の検出回路や切り換え回路がチップ上に製作されている。

MEMS マイクロホンあるいは Si マイクロホンと呼ばれるものが，携帯電話などで用いられている。従来使われてきたエレクトレットマイクロホンでは，エレクトレットとして電荷を保持したテフロンの振動膜が音圧で動くのを，電圧変化として検出するものであり，外部から電圧を印加する必要はない。しかし温度を上げると電荷が消失するため，プリント基板上に部品を固定しておき，溶融はんだに接触させて電気的な接続を行うリフロー工程には適しておらず，このマイクロホンだけ別に取り付ける必要があった。これに対してMEMSマイクロホンの場合は，コンデンサマイクロホン（容量型マイクロホン）の原理によるもので，温度を上げるリフロー工程にも耐える。抵抗を介し電圧を印加して，コンデンサに一定の電荷を蓄えておき，振動膜の動きによる容量変化で発生する電圧を検出する[2]。

図 4.16 の容量型 MEMS マイクロホンは，NHK の技術研究所で開発されたものである[3]。テレビ番組にも使われており，従来のマイクロホンに比べて，高湿度の雰囲気などでも使える利点がある。Si で作られた振動板と背電極の静電容量が音圧で変化するのを検出するもので，振動板以外の支持部などでの寄生容量を少なくするように作られている。図のように裏面に孔の空いたパッケージに取り付ければ，上下方向の圧力差に感度を持つため，指向性マイクロ

(a) 構造

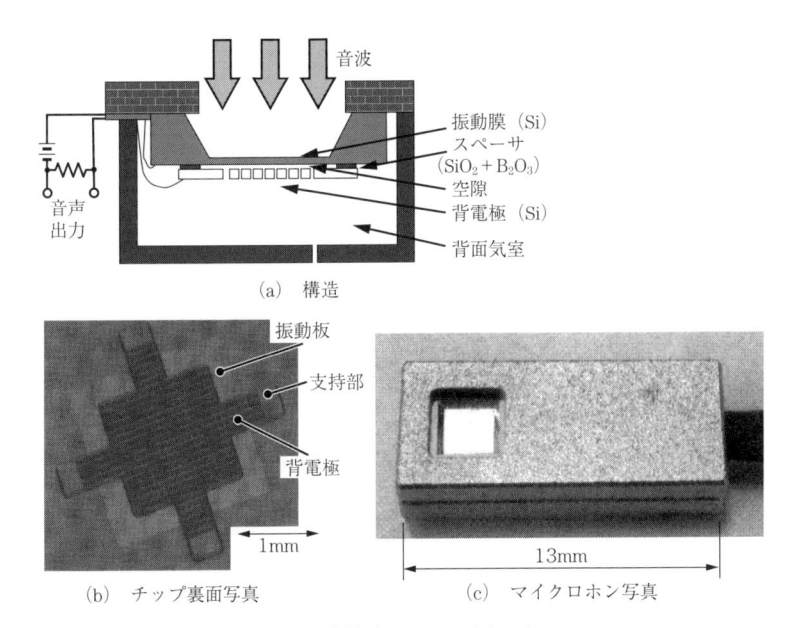

(b) チップ裏面写真

(c) マイクロホン写真

図 4.16 容量型 MEMS マイクロホン

ホンとなる。

携帯電話には米国の Knowels Acoustics 社のものが多く使われている。これでは，その場の音圧と内部空洞圧の差で振動板が動くため無指向性のマイクロホンとなり，隙間から内部空洞に空気が漏れて静的な圧力差はなくなるように作られている[4]。マイクロホンのチップと同じ容器内に容量検出回路チップを取り付けて用いる。

小さなヒータの両側に温度センサを作って，音によって局所的に空気が動くのを熱的に検出する流速型マイクロホンも作られている[5]。小さくなると熱応答が早いため，MEMSではこのようなマイクロホンも作ることができる。普通の圧力型と異なり流速型マイクロホンでは，位相の違いで音の伝播方向を感じることもできる。

### 4.2.2 出力

印刷に用いるプリンタのヘッドに MEMS 技術が使われている。インクジェ

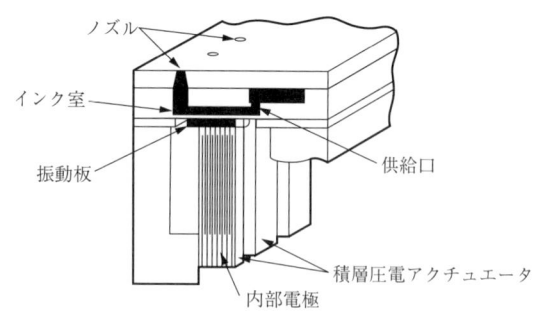

（a）圧電式インクジェットプリンタヘッド

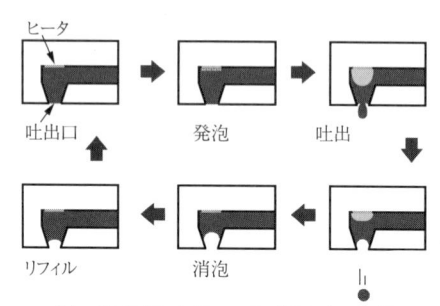

（b）熱式インクジェットプリンタヘッド

図4.17　インクジェットプリンタヘッド

ットプリンタヘッドの場合は，微小なインク滴を多数のノズルから高速に吐出させる．**図4.17**(a)(b)には，それぞれ圧電式インクジェットプリンタヘッドの構造と，熱式インクジェットプリンタヘッドの原理を示している．(a)では3.2.2で述べた積層圧電アクチュエータで振動板を押すと，ノズルからインクが吐出される[6]．振動板が戻るときにはノズル穴の先端で，インクの表面張力のため空気が入ってこないで，供給口から新しいインクがインク室に供給される．(b)では微小なヒータを通電加熱した時に，水蒸気を生じて発泡しインクが押し出される[7]．多数のノズルと駆動用ヒータおよびその制御回路を，直線的に配列したMEMSが用いられる[8]．

　ディスプレイのため，多数のミラーを平面的に配列したMEMSデバイスが使われている．**図4.18**にはDMD（Digital Micromirror Device）チップとそれ

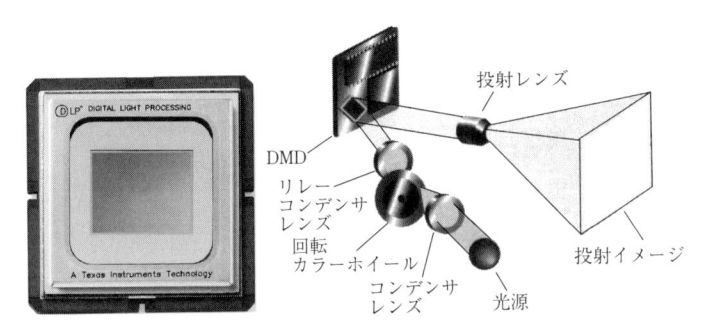

**図4.18 DMDチップとそれを用いた投影ディスプレイ**

を用いたビデオプロジェクタの原理を示す[9]。このDMDチップは，MEMSの代表例として図1.4でその構造を説明したが，チップ上にAl$_3$Tiで作られた可動ミラーが100万個ほど，平面的に配列されている。ミラーはねじりばね（トーションバー）で支えられて静電力で向きを変え，各画素の光を独立にオンオフする。図4.18のように，このチップに光を反射させて投影することにより，コンピュータやテレビの画面を投影表示することができる。それぞれの画素の可動鏡は駆動回路上に作られている。製作工程を図2.67で説明したが，表面マイクロマシニングによって作られており，図2.66で説明したスティッキングと呼ばれるMEMS構造の貼り付き問題なども解決されている。コラム15（20年間あきらめなかったDMD）のように1977年の研究開始から20年程の開発期間をかけて，米国のテキサスインスツルメンツ社で開発され，持ち運びできる小形ビデオプロジェクタや劇場用のデジタルシネマなどに用いられている。

コラム7（共振ゲートトランジスタ）で，表面マイクロマシニングによって作られたAlの片持ち梁は，繰り返し動かした時に疲労で破壊したことについて述べた。DMDでは鏡の材料にアモルファスAl$_3$Tiを用いることによって，繰り返し動かした時の疲労破壊の問題を解決している[10]。またコラム10（MEMS材料の機械的特性）では，Alミラーの動きをSiミラーの場合と比較して示した。AlはSiに比べばねとしての性能が悪く，ヒンジメモリ効果と呼ばれる材料のクリープ現象のために，偏向角を静電駆動電圧で正確に制御する

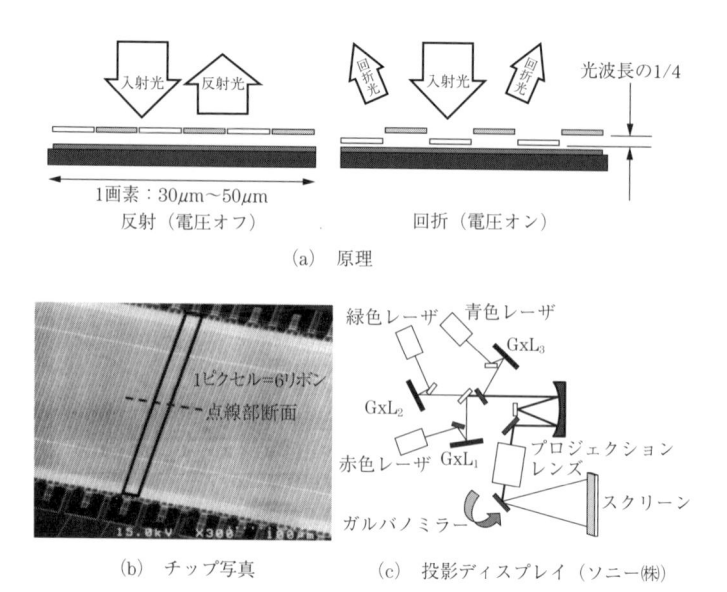

図4.19 GLV (Grating Light Valve) とそれを用いた投影ディスプレイ

ことはできない．このため，ミラーをアナログ的に動かさずに高速にオンオフして時分割表示する，DLP (Digital Light Processing) 方式によって階調を表現する方法が用いられている．すなわち鏡は小さいために $10\,\mu s$ ほどで速く動かすことができ，一画面表示する時間（約 $16\,ms$）の中で明るさに対応した時間だけ光を出すようにしている．この他パッケージングや信頼性あるいは駆動ソフトウェアなど，多くの新技術が開発されて実用化に至っている．

**図4.19** には GLV (Grating Light Valve) と呼ばれるディスプレイを示している[11]．同図(a)のように回折格子が静電引力で動き，反射する光をオンオフする．すなわち電圧が印加されない時は光は正面に反射するが，電圧が印加され静電引力で格子が下の反射面に貼り付くと，光路差が1/2波長になって光が正面に反射しなくなる．$0.1\,\mu s$ ほどの時間で高速に光をオンオフすることができるため，同図(b)に示すように垂直の1列分だけ1次元に配列したものを作っておいて，水平方向は(c)のように機械的に走査して表示することができる．2005年に名古屋で開催された「愛・地球博」では，ソニー㈱の「レーザ

第 4 章◆MEMS の応用

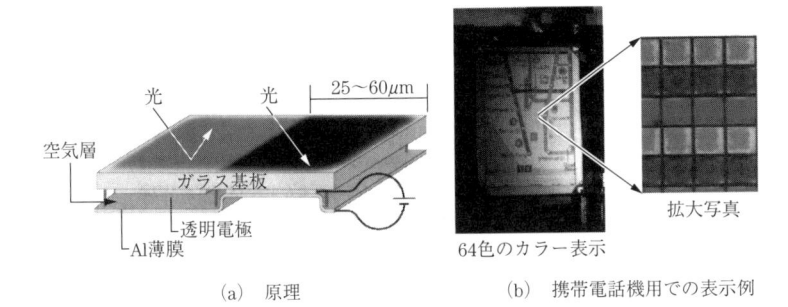

(a) 原理　　　　　(b) 携帯電話機用での表示例

図 4.20　光の干渉を制御した反射型 MEMS ディスプレイ（iMOD）

ドリームシアター」において，GLV を改良した G×L による 2005 インチ（幅 50 m）のディスプレイが用いられた[12]。なお GLV は印刷機などにも使用されている。

　携帯電話の画面のような小形ディスプレイへの MEMS 応用例を紹介する。紙のように周囲の光を反射させて表示する反射型ディスプレイに，MEMS 技術を応用した例を**図 4.20** に示す[13]。これは Qulcome 社で開発されているもので，iMOD（interferometric MODulatar）と呼ばれるものである。蝶の翅の色などは構造色と呼ばれ，色素ではなく光の干渉によるものであることが知られている。このディスプレイでは，静電引力により各画素で Al 薄膜の鏡を動かし，光の干渉を制御して表示する。図 4.20(a) のように，赤青緑の三色のカラーフィルタの下に静電引力で動く対向電極構造が作られており，それぞれの画素の光の反射を制御することができる。なお諧調は反射させる画素の数で表現している。

　上と同じような小形ディスプレイでバックライトを使う方式も，MEMS 技術で開発されている。**図 4.21** は米国の Pixtronics 社で作られている，DMS（Digital Micro Shutter）ディスプレイである[14]。静電引力で動く MEMS シャッタが，$100\,\mu m$ の周期で平面上に多数配列されており，各画素に TFT（Thin Film Transistor）を用いて制御するアクティブマトリクスとなっている。MEMS シャッタには，図 3.14 でも紹介した可動電極が対向電極にそって変形する Zipping 静電アクチュエータが用いられている。バックライトとして赤

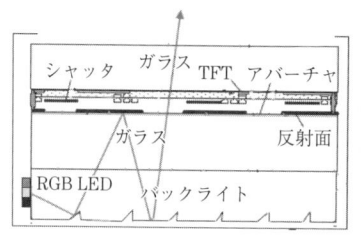

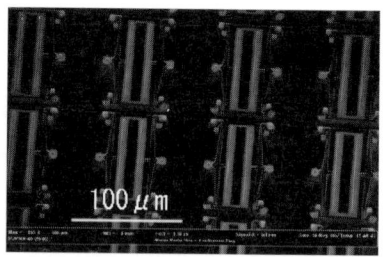

図 4.21 RGB による LED の交互点灯と静電シャッタアレイを用いた DMS ディスプレイ

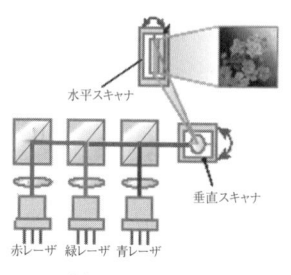

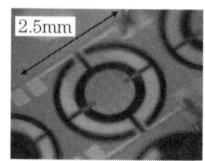

図 4.22 光スキャナを用いたレーザプロジェクタ
(a) システム構成　(b) 電磁式光スキャナユニット　(c) 2 軸圧電式光スキャナ

(R)緑(G)青(B)の三色の LED が交互に点灯し，それぞれの映像パターンになるように静電シャッタが高速に動いて表示する Field Sequential Color 方式となっている．この場合のバックライトの光は内部で多重反射し，他に漏れずにシャッタから出るようにして低消費電力化されている．

これと同じように Field Sequential Color 方式を使うディスプレイが，米国の Uni-Pixel Display 社から UNIPIXEL ディスプレイとして報告されている．これでは内部反射している導光板に，静電引力で対向電極が接触することにより光が出る表示方式となっている．

図 3.22 で 2 軸電磁式光スキャナを紹介したが，このような光スキャナと半導体レーザを用いることでレーザプロジェクタを実現することができる．携帯電話などに搭載する目的で，日本信号㈱で開発されているものを**図 4.22** に示す[15]．電磁力で動く水平用と垂直用の 2 つのスキャナで，レーザ光を偏向させ

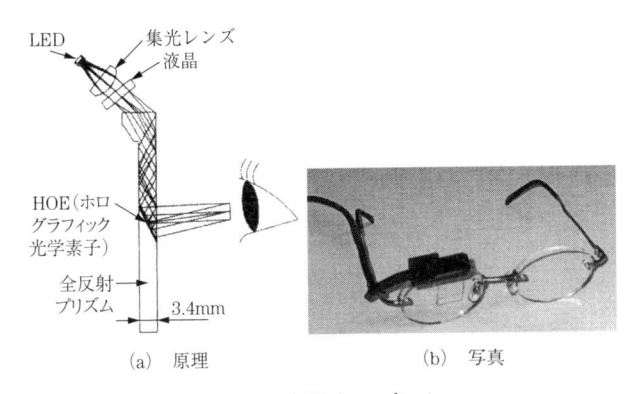

図4.23 網膜ディスプレイ
(a) 原理
(b) 写真

てスクリーンに投影する．赤青緑のレーザをオンオフさせるため，ランプが常時点灯して光シャッタを用いる従来の方式に比べると，省電力の小形プロジェクタが可能になる．また従来の方式では光シャッタの像をスクリーンに投影するために，レンズを動かして焦点を合わせるが，この光スキャナによるものではスクリーンの位置に無関係に投影できる．なお図4.22(c)には，この目的で開発されている小形の2軸圧電式光スキャナを示す[16]．レーザプロジェクタの場合には，レーザ光の強度が安全基準で制限され，また携帯機器にとっては消費電力が大きい．これに対し，映像を網膜に投影すれば光強度は弱くて済むため，これらの問題は解決する．**図4.23**はコニカミノルタで作られた網膜ディスプレイである[17]．LED光源と液晶シャッタを用いて，眼鏡のレンズに形成したホログラフィック光学素子で網膜にカラー画像を投影している．レーザを用いたものやMEMSスキャナを用いたものなども報告されている[18]．

### 4.2.3 外部記録

4.1.2で説明した加速度センサがノートパソコンの落下検出に用いられ，落下時にヘッドを退避させてハードディスクを保護し，そのクラッシュを防いでいる．この他，磁気ヘッドや光ヘッドでは高密度記録や高速読出のために小形化や微動機構などが要求され，MEMS技術が用いられる．

ここでは，MEMS技術による多数のプローブで，並列に記録・読み出しを

(a) マルチプローブデータ記録装置の概念

(b) 相変化記録媒体への記録例（導電度パターン）

(c) ナノヒータプローブアレイとその先端部

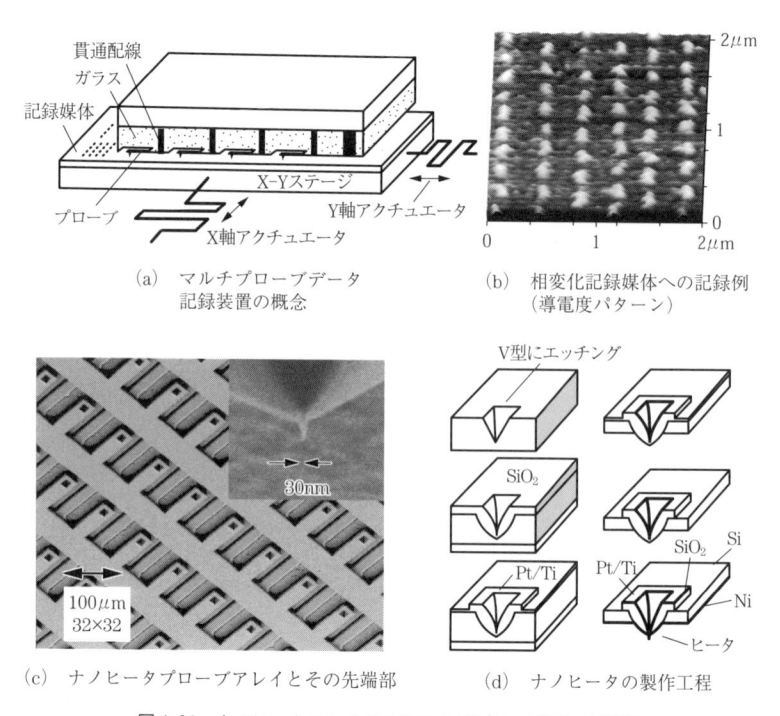

(d) ナノヒータの製作工程

図 4.24　ナノヒータアレイによるマルチプローブデータ記録

行うマルチプローブデータ記録装置を紹介する。IBMでは，ナノヒータのプローブでポリマーに熱機械的に穴を開けて記録し，熱抵抗の違いで読み出す Millipede と呼ぶ装置が開発されている[19]。

**図 4.24** もナノヒータプローブアレイによるマルチプローブデータ記録装置であるが，(a)のように多数のプローブから駆動回路につながっており，図3.20 で説明した可動ステージでプローブのピッチ幅だけスキャンしながら，その上の記録媒体に並列で高速に記録・読み出しを行う[20]。図 4.24(b)は，書き換え可能 CD（CDRW）などに用いられている相変化記録媒体（GeSbTe）の薄膜に，熱的に記録した例である。加熱した場所は抵抗が1桁程下がるため電気的に読み出すことができ，(b)はこの導電度のパターンを示している。(c)はナノヒータプローブが $100\,\mu m$ 間隔で，基板上に多数（32×32）配列されたも

ので，ナノヒータ先端の大きさは 30 nm となっている。図 4.24(d) にナノヒータプローブの製作工程を示すが，同様の製作技術は図 4.46 に示す NSOM（走査型近接場光顕微鏡）のプローブの製作にも用いられている[21]。Si に結晶異方性エッチングで V 型の窪みを作って酸化すると，窪みの底では両側から酸化膜が成長して応力が加わるために，酸化膜が薄くなる[22]。この場合の酸化は 950℃ 程度の比較的低温で行う。高温では $SiO_2$ の粘性が低下するために酸化速度の応力依存性が少なくなるためである。これに表から Ti と Pt の膜を付け，裏から Si をエッチングした後，酸化膜を少しエッチングすると，太さ 20 nm 程度の微小な開口が形成され，Pt/Ti が露出する。最後に裏面から Ni を堆積すると，電気的につながり，(c) の図中に示すような先端 30 nm のナノヒータを作ることができる。これに通電して加熱した時の熱的な応答時間は $20\,\mu s$ であったが，書き込み速度がこれで制限される。

この熱的な記録では応答が遅いため，電気的なマルチプローブデータ記録装置の開発が行われている[23]。この記録媒体には強誘電体の $LiTaO_3$ 単結晶を用い，ダイヤモンドプローブを用い電気的な分極状態を変えて書き込みを行い，誘電率の非線形性が分極状態で異なる性質を利用して読み出す。図 4.25(a) に

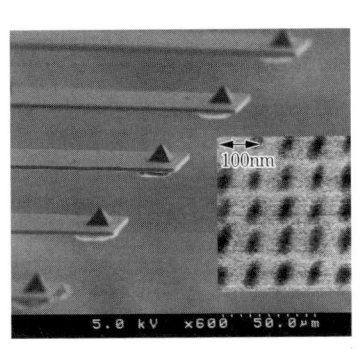

(a) ダイヤモンドプローブアレイと $LiTaO_3$ への記録例

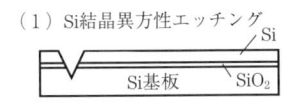

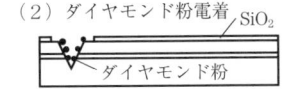

(b) 製作工程
(1) Si 結晶異方性エッチング
(2) ダイヤモンド粉電着
(3) ダイヤモンド CVD
(4) 陽極接合，Si 基板エッチング

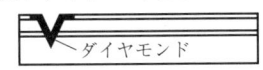

図 4.25　強誘電体記録のためのダイヤモンドプローブアレイとその製作工程

は，このダイアモンドプローブアレイと強誘電体記録の例を示す．図4.25(b)でダイアモンドプローブの製作工程を説明すると，SOI（Silicon On Insulator）ウェハをV型に結晶異方性エッチングした後，有機溶媒中で，電着により成長の核となるダイヤモンドの粉を付ける．その後，ダイヤモンドをCVDで堆積し，最後に下側のSi基板をエッチングして除去する．このCVDには図2.42でCNT（カーボンナノチューブ）用として紹介したホットフィラメントCVD装置を用いる．

### 4.2.4 通信

光ファイバを含む有線通信，あるいは無線通信でMEMSは重要な働きをしている．インターネットや携帯電話などだけでなく，センサネットワークによるシステムの保全，あるいは小形のセンサタグなどでも大きな展開が期待される．

従来クロック信号や無線周波数の発生には，圧電材料である水晶による共振子が使われてきた．これは薄い水晶片に電極を付けて共振させるもので，ATカットの結晶面のものを用いると温度で共振周波数が変化しないため，長い間使われてきた．しかし容器に入れるため大きくなってしまうことや，衝撃に対して弱いことなどの問題があった．**図4.26**はこれをSiによる共振子で置き換えて，共振子と回路を組み合わせた共振器である．静電引力で動かし，動きを静電容量で検出するマイクロ機械共振子で，米国のSiTime社で作られている[24]．回路で温度補償するため，共振周波数の温度依存性は問題にならない．図4.26(a)に示す断面構造から分かるように，共振子はSiチップ内部の真空空洞内に形成されている．小さな共振子の場合には，その表面にガス分子が吸着しただけで質量が変わり，共振周波数の変化を生じる．このため，高温で吸着ガスを放出させて真空に封止し，周波数の経時変化をなくしている．動く部分が内部に作られているため，そのまま樹脂封止して小形で安価に作ることができる．図4.26(b)に示すように，回路チップ上にMEMS共振子チップを重ねて樹脂封止し，$2\,mm \times 2.5\,mm \times 0.85\,mm$と小形に作られている．共振周波数は5.1 MHzで，これにプログラマブルPLL（Phase Locked Loop）回路を組み合わせて，1 MHzから125 MHzを出力している．この共振子の平面構造の

(a) MEMS共振子の断面構造

(b) 回路チップとMEMS共振子チップを重ねて樹脂封止した共振器

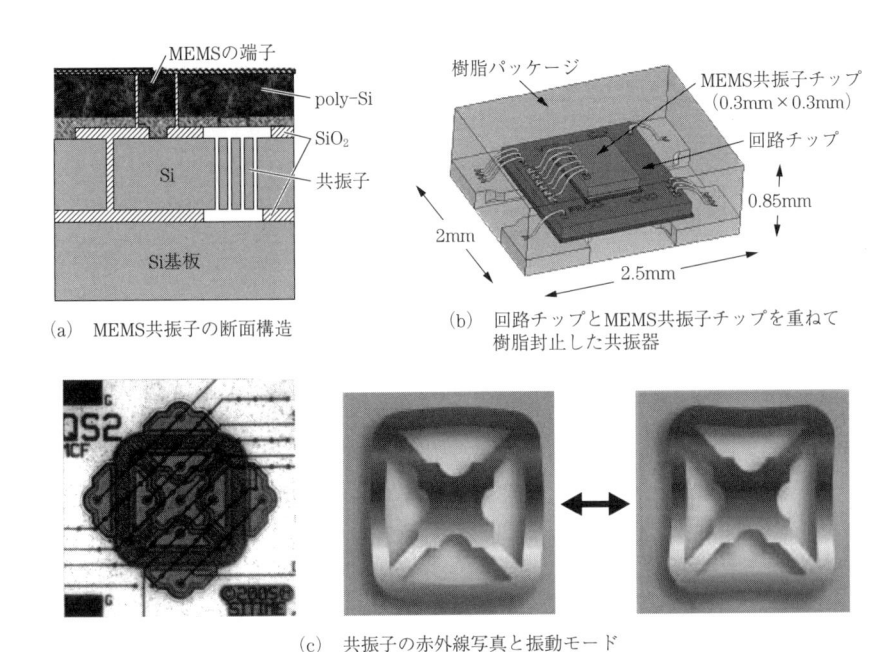

(c) 共振子の赤外線写真と振動モード

図4.26 時間・周波数源として用いられるMEMS共振子（共振器）

写真を図4.26(c)に示してあるが，コーナーで支えられた四角のリングが，内側と外側の電極に電圧を印加することによって，静電引力で内側や外側にたわむ振動を行う。

**図4.27**には，このウェハ内MEMS共振子の製作工程を示してある。(1)でSOIウェハの上の活性層にRIEで溝を入れた後，(2)で$SiO_2$を堆積して穴埋めし，その一部を除去してpoly-Siを堆積する。(3)でpoly-Siに穴あけし，図2.31で説明したHFガスエッチングで$SiO_2$の一部を除去する。(4)では，高温高真空中で吸着ガスを放出させた後，poly-Siを堆積して封止する。この後$N_2$中で熱処理すると，poly-Si堆積時に内部空洞に残った$H_2$ガスが外部に拡散するため，内部空洞を高真空にすることができる。この高真空にする方法は図2.25で説明したように，横河電機で振動型圧力センサのために開発された方法と同じである。最後に(5)で，poly-SiのRIEや$SiO_2$の堆積による穴埋めで配線取出構造を形成し，Al配線を行う。

(1) SIOウェハ活性層のRIE

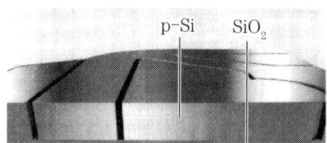

(2) SiO₂による穴埋と部分除去, poly-SiのCVD

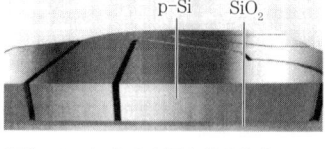

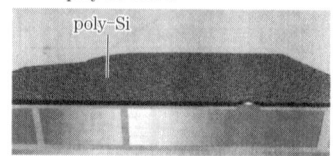

(3) poly-Siの穴あけ, SiO₂途中まで除去（HFガス）

(4) 高温高真空クリーニング, poly-Si堆積封止

(5) 配線取出, Al配線など

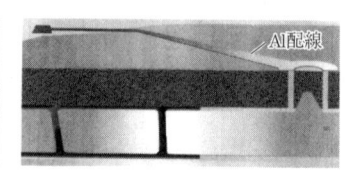

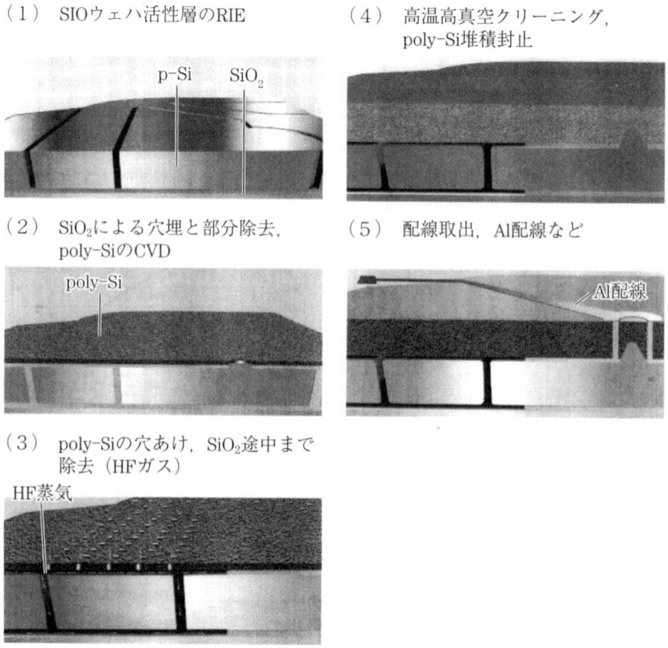

図4.27　ウェハ内MEMS共振子の製作工程

　このMEMS共振子チップは米国のJazz Semiconductor社で8インチウェハに5万個ずつ量産されている。Q値は約8万で，経年変化は±0.15 ppm/年，時間の揺らぎであるジッターは15～25 ps rmsとなっている。図2.71では，マイクロ機械共振子をSi基板内に形成し，回路を表面に形成した時間・周波数源を紹介した。図4.27の(4)でpoly-Siを堆積するときにSi基板を露出しておくと，単結晶Siを成長させることができるため，ここにCMOS回路を製作している。この方が図4.26(b)のように別チップにする場合よりもパッドの寄生容量を減らすことができ，さらに低ジッターとなる。しかしこの場合には，ウェハの一部にだけCMOS回路を形成する関係でコスト高になる。

　回路で温度補償せず，共振子自体でその共振周波数が温度で変わらないようにすることもできる[25]。SiTime社の創業者の1人である，米国Stanford大学のT.Kennyらは自己温度補償MEMS共振子を報告している。これはSiのヤン

(a) 電極ピッチと共振周波数

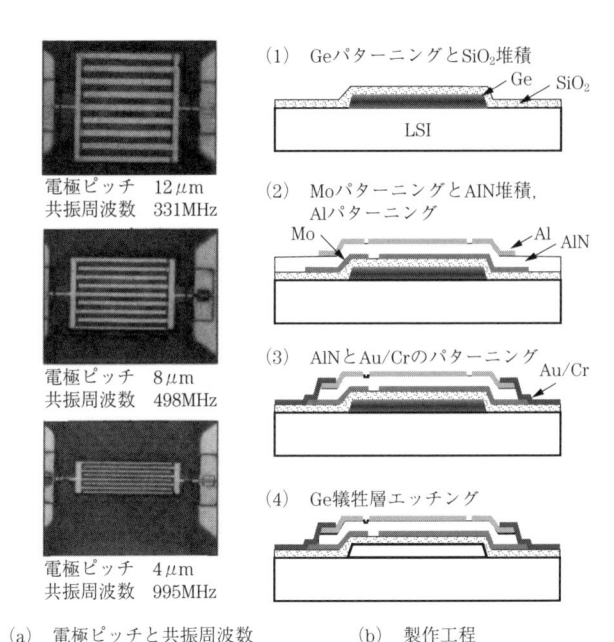

電極ピッチ　12μm
共振周波数　331MHz

電極ピッチ　8μm
共振周波数　498MHz

電極ピッチ　4μm
共振周波数　995MHz

(b) 製作工程

(1) GeパターニングとSiO₂堆積
(2) MoパターニングとAlN堆積，Alパターニング
(3) AlNとAu/Crのパターニング
(4) Ge犠牲層エッチング

図 4.28　オンチップマルチ周波数ラム波共振子

グ率の温度係数が $-60\,\mathrm{ppm}/\mathrm{℃}$ と負であるのに対し，$SiO_2$ の場合は $+195\,\mathrm{ppm}/\mathrm{℃}$ と正であるため，Si共振子の表面に熱酸化膜による $SiO_2$ を形成して，共振周波数の温度係数をゼロにするものである。

クロック信号や無線周波数の発生，あるいはフィルタとして用いるため，**図 4.28** のオンチップマルチ周波数 Lamb 波共振子が開発されている[26]。これには圧電材料である AlN を用い，櫛歯状電極のピッチで周波数が決まるようにしている。このためチップ上に，異なる周波数の複数の共振子を形成することができる。AlN 膜は 300℃ 程の比較的低温で堆積することができ，図 4.28(b) の製作工程に示すように，その下の Ge 層を過酸化水素水でエッチングして形成するため，集積回路と同一チップ上に作ることも可能である。

携帯電話などのワイヤレス機器をマルチバンド化すれば，電波帯を有効利用することができる。**図 4.29** は無線周波数（RF）用の圧電共振子による複数のフィルタを，異なる周波数で LSI 上に製作する方法である[27]。(a) はその製作

(1) LSIウェハとSOIウェハのポリイミド接合

SiO₂層　デバイス層(Si)　ポリイミド
SOIウェハ　ハンドル層
LSIウェハ

(2) Si(SOIウェハのハンドル層)と SiO₂のエッチング

(3) MEMS構造の製作

Au/Cr　AlN　電極
ディスク共振子　FBAR

(4) Si RIE

レジスト

(5) O₂プラズマによるポリイミドエッチング

(a) 製作工程

Au/Cr　Au/Cr
Siディスク　Si
ディスク共振子　Si結合部　100μm　FBAR　100μm

1GHz　2GHz　3GHz　4GHz　5GHz　6GHz
Digital TV　PHS　802.16e　802.11a　DSRC
W-CDMA　(WiMAX)
802.11b/g

(b) ディスク共振子とFBARの写真

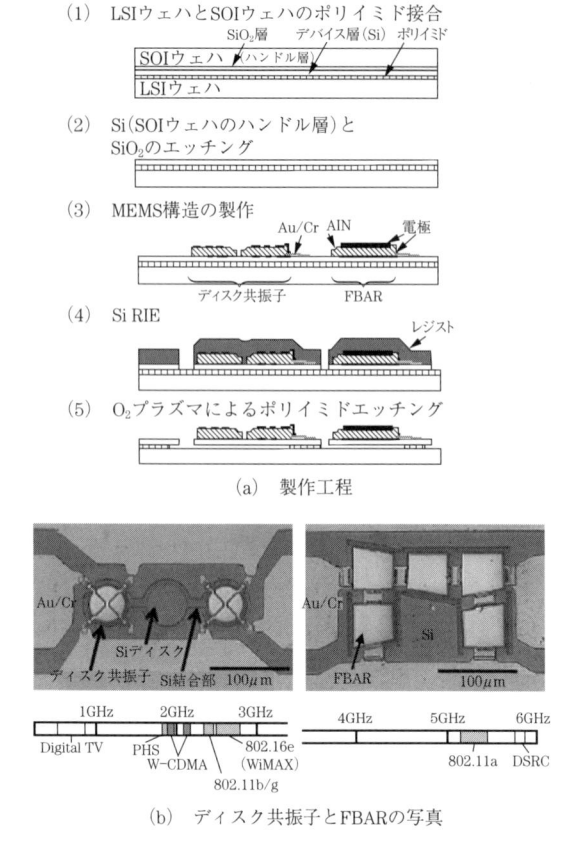

図4.29　ポリイミド接合を用いたディスク共振子と
FBAR（Film Bulk Acoustic Resonator）

工程であるが，(1)でSOI（Silicon On Insulator）ウェハをポリイミド樹脂でLSIウェハに貼り付け，(2)でSOIウェハのデバイス層（Si）以外をエッチングで除去する．(3)で，これに圧電材料であるAlNをスパッタにより堆積し，パターニングや電極付けをした後，(4)でSiをRIEでエッチングし，(5)で酸素プラズマによってポリイミド層の一部を除去することによって，基板から離れた共振子構造を製作する．この製造工程では，LSIの微細トランジスタを破壊しないような条件で加工することができる．

第 4 章◆MEMS の応用

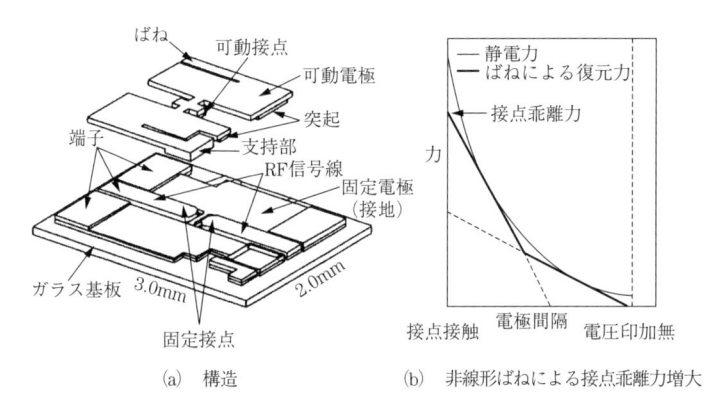

図中ラベル:
- (a) 構造: ばね、可動接点、可動電極、突起、端子、支持部、RF信号線、固定電極（接地）、ガラス基板、3.0mm、2.0mm、固定接点
- (b) 非線形ばねによる接点乖離力増大: 静電力、ばねによる復元力、接点乖離力、力、接点接触、電極間隔、電圧印加無

図 4.30　静電 MEMS スイッチ

　図4.29(b)のように，0.5〜3 GHz に用いるディスク共振子，および5〜6 GHz 帯で用いる FBAR（Film Bulk Acoustic Resonator）が作られている。FBAR の共振周波数は AlN 層の厚みで決まるためフィルタの周波数は一種類になるが，ディスク共振子の共振周波数は平面的な寸法で決まるため，同一チップ上に異なる周波数の複数のフィルタを形成することができる。

　ワイヤレス機器のマルチバンド化などの目的で，RF用の集積回路上に図4.29のような異なる周波数のフィルタ群を作ると同時に，それらを切り替えるためのスイッチを集積化することも期待されている。この場合に低消費電力にする必要があり，静電アクチュエータを用いたスイッチが研究されている。**図4.30**にはオムロン社による静電 MEMS スイッチを示してある[28]。(a)はその構造であるが，可動電極に駆動電圧を印加すると，ばねによる復元力に打ち勝って動き，可動接点が固定接点に接触し導通状態になる。駆動電圧をなくしたときに，ばねの力で接点が乖離する必要があるが，これには接点が接触している位置ではばねが強くなければならない。接点が離れている非導通状態では，接点間の静電容量が小さい必要があり電極間隔は大きい。静電引力は電極間隔の2乗に反比例するため，可動電極が離れた状態では，ばねが弱い必要がある。この相反する要求を満足するため，図4.30(b)に示す非線形ばねを用いている。すなわち，可動電極が近づいて静電引力が強い状態では突起がぶつかって，ば

ねが強くなるようにしている。

　接点のような接触部を持つ MEMS デバイスの信頼性を確保することは容易でない。電極面積を大きくし駆動電圧を上げないと大きな力を発生できないため，静電アクチュエータによる MEMS スイッチは，小形化や低電圧化が難しい。このため図 2.83 で説明した，熱膨張を利用する MEMS スイッチが実用化されているが，この場合は，消費電力をあまり小さくできないが比較的大きな力を発生できるため，信頼性が得られ易い。

　このような接点式の MEMS スイッチだけでなく，接地との静電容量を大きくすることによって信号を遮断する，並列シャント式容量型 MEMS スイッチも高周波帯で使用することができる[29]。

　光通信関係で，光路切り替えや光減衰，あるいは波長選択などに MEMS が使われている。**図 4.31** に MEMS スイッチの例として，スイスのヌシャーテル大学で開発されたものを示す[30]。これは図 3.15 で説明した櫛歯電極方式（コムドライブ）の静電アクチュエータでミラーシャッタを動かすもので，平行光

(a) チップ写真　　(b) 光ファイバを装着した断面構造

櫛歯静電アクチュエータ
(c) 保持（双安定）機構

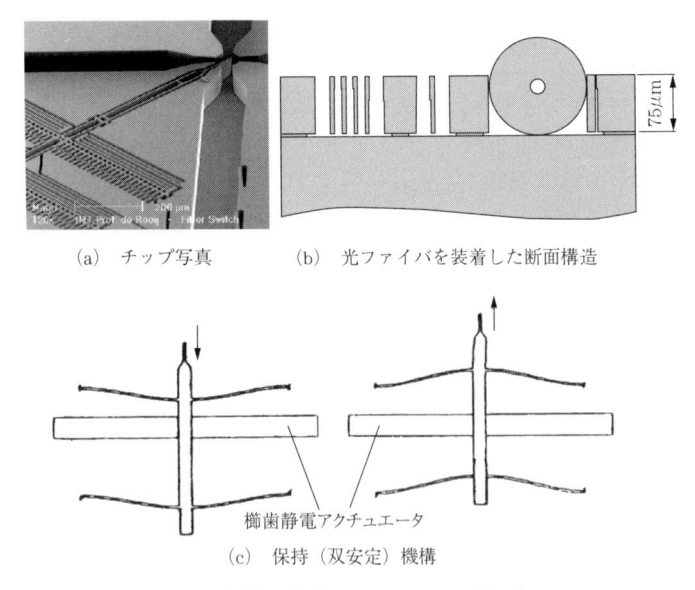

図 4.31　保持機構付き静電アクチュエータを持つ光スイッチ

が出るようにした光ファイバを取り付けて用いる。この場合に図4.31(c)のような原理を用いて，静電アクチュエータで双安定状態を切り替え，電圧を切っても状態を保持するように作られている。なお図3.24では，これと同じような目的で使用する，熱型アクチュエータを用いた保持機構付き光ファイバスイッチを紹介した。

> コラム 15
> 
> ## 20年間あきらめなかったDMD開発
> 
> 　図1.4や図4.18，また製作工程を図2.67で説明したDMD（Digital Micromirror Device）は，集積回路のチップ上に静電引力で向きを変えるミラーを多数配列させてある。集積回路の働きでおのおののミラーを独立に動かし，それに光を反射させることによって画像を表示する投影ディスプレイに用いられている。この開発は米国のテキサス・インスツルメンツ社で，Larry J. Hornbeckを中心に行われ，1977年の研究開始から1996年の製品化まで約20年の期間を要した[31]。
> 
> 　米国Westinghouse社のH. C. Nathansonとドイツ Philips社のR. N. Thomasらのグループから，1975年にMirror-matrix tubeというMEMSディスプレイが報告されている[32]。これば自己支持薄膜のミラーを電子ビームで帯電させたときに，それが静電力で曲がることを利用している。1983年にLarry J. Hornbeckらは，MOS回路の上に可動ミラーをアレイ状に製作した[33]。これは**図4.32**のように，ミラー膜を静電力で動かすことによって，各画素の明るさを変えるDeformable Mirror Deviceと呼ばれるものである。ミラーに用いる材料のばねとしての特性が不十分で，アナログ的にミラーを動かすのに限界があることから，これを解決するため1986年に，ミラーをデジタル的にオンオフ動作させるDLP（Digital Light Process）方式が考案された。これは明るさに対応した時間だけ光を投影し，見ている人がそれを明るさの違いと感じるようにするもので，ミラーが小さくて高速に動くため可能になった技術である。

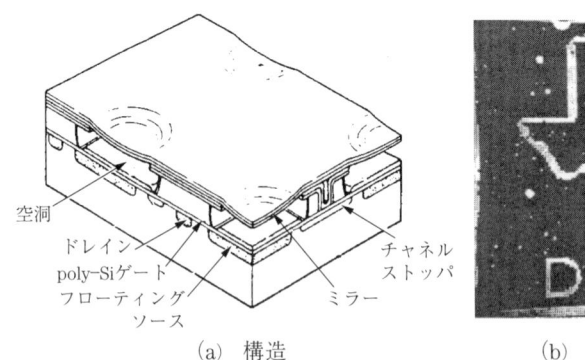

空洞
ドレイン
poly-Siゲート
フローティング
ソース
チャネル
ストッパ
ミラー

(a) 構造

(b) 表示画像例

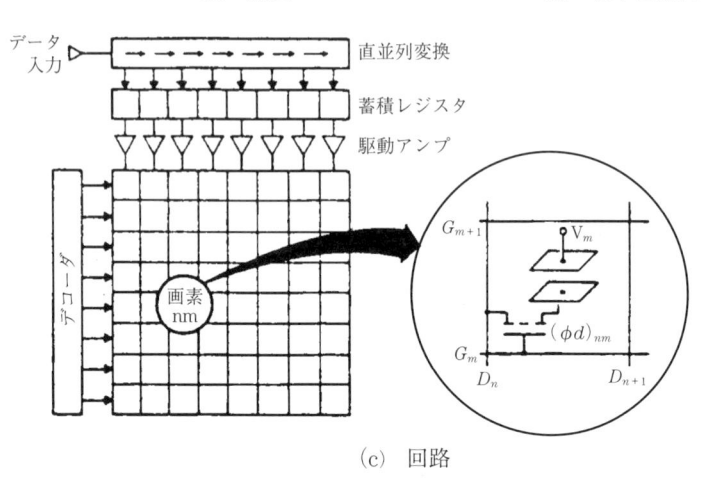

データ入力
直並列変換
蓄積レジスタ
駆動アンプ
デコーダ
画素 nm

$G_{m+1}$ ○ $V_m$
$G_m$ $(\phi d)_{nm}$
$D_n$ $D_{n+1}$

(c) 回路

図 4.32　Deformable Mirror Device

これ以降 Digital Micromirror Device と呼ばれ，1987 年末に DMD チップの展示が行われ，1996 年には製品化された。この DLP 方式による DMD は，LED 照明と組み合わせた携帯用の小形投影ディスプレイや，1,920×1,080（約 200 万）画素の高品質・高輝度な大形のデジタルシネマなどに広く使われている。1999 年 Star Wars：Episode 1（George Lucas 監督）が DLP によるデジタルシネマでニューヨークとロサンゼルスで初上映された。

## 参 考 文 献

1) N. Sato, K. Machida, H. Morimura, S. Shigematsu, M. Yano, K. Kudou, T. Kamei, H. Ishii & H. Kyuragi : Proc. of the 20th Sensor Symposium, p. 323 (2003)
2) 江刺正喜：日本音響学会誌, **57**, 517 (2001)
3) T. Tajima, T. Nishiguchi, S. Chiba, A. Morita, M. Abe, K. Tanioka, N. Saito & M. Esashi : Microelectronic Engineering, **67-68**, 508 (2003)
4) P. V. Loeppert : Solid-State Sensors Actuators and Microsystems Workshop, p. 27 (2006)
5) H. E. de Bree & M. Elwenspoek : Sensors & Actuators A, **54**, 552 (1996)
6) 米窪周二：電子写真学会誌, **34**, 226 (1995)
7) 川本広行, 中島一浩, 鴨井和美：日本 AEM 学会誌, **11**, 23 (2003)
8) M. Murata, M. Kataoka, R. Nayve, A. Fukugawa, Y. Ueda, T. Mihara, M. Fujii & T. Iwamori : IEICE Trans. Electron., **E 84-C**, 1792 (2001)
9) P. F. Van Kessel, L. J. Hornbeck, R. E. Meier & M. R. Douglass : Proc. of the IEEE, **86**, 1687 (1998)
10) J. Tregilgas : Advanced Materials & Processes, 46 (2005-1)
11) R. B. Aptr, F. S. A. Sandejas, W. C. Banyai & D. M. Bloom : Solid-State Sensors and Actuator Workshop, p. 1 (1994)
12) 田口歩：応用物理, **76**, 174 (2007)
13) 三宅常之：日経マイクロデバイス, **234**, 93 (2004)
14) N. Hagood, et al. : The 15th Internl. Display Workshops (IDW' 08), p. 1345 (2008)
15) E. Kawasaki, H. Yamada & H. Hamanaka : The 14th Internl. Display Workshops (IDW' 09), p. 1345 (2009)
16) H. Matsuo, Y. Kawai & M. Esashi : Jap. J. Appl. Phys., **49**, 04DL19 (2010)
17) 笠井一郎, 森本隆史, 野田哲也, 谷尻靖：Konika Minoruta Technology Report, **1**, 39 (2004)
18) 新澤滋：SEMI テクノロジーシンポジウム 2007 (マイクロシステム/MEMS), p. 24 (2007)
19) P. Vettiger : IEEE Trans. on Nanotechnology, **1**, 39 (2002)
20) D. W. Lee, T. Ono & M. Esashi : J. of Microelectromechanical Systems, **11**, 215 (2002)
21) P. N. Minh, T. Ono & M. Esashi : Sensors and Actuators A, **80**, 163 (2000)
22) 丹呉浩侑：電気化学, **58**, 115 (1990)
23) H. Takahashi, A. Onoe, T. Ono, Y. Cho & M. Esashi : Jap. J. of Applied Physics, **45**, 1530 (2006)
24) 江刺正喜, J. McDonald & A. Partridge：日経エレクトロニクス, **923**, 125 (2006)
25) R. Melamud & T. Kenny : Solid-State Sensors Actuators and Microsystems Workshop, p. 62 (2006)
26) K. Hirano, S. Tanaka & M. Esashi : Proc. of the 25th Sensor Symposium, p. 195 (2008)

27) 松村武，江刺正喜，原田博司，加藤修三，田中秀治：圧電材料・デバイスシンポジウム 2009, p. 59（2009）
28) 坂田稔，藤井充，積知範，佐野浩二，速水一行，今仲行一：電子情報通信学会論文誌，**J 84 C**, 11（2001）
29) T. Yuki, J. H. Kuypers, S. Tanaka & M. Esashi：Proc. of the 24th Sensor Symposium, p. 37（2007）
30) B. Hichwa, et al.：2000 IEEE/LEOS Internl. Conf. on Optical MEMS, post deadline paper（2000）
31) 蓬田宏樹：日経エレクトロニクス，**920-925**（2005）
32) B. N. Thomas, J. Guldberg, H. C. Nathanson & P. R. Malmberg：IEEE Trans. on Electron Devices, **ED**-22, 765（1975）
33) L. J. Hornbeck：IEEE Trans. on Electron Devices, **ED**-30, 539（1983）

## 4.3 製造・検査応用

　製造装置や検査装置，あるいは理化学機器などに用いられる MEMS は，今まで述べてきた自動車・家電や情報・通信関係などに比べ，大量には使われないが高付加価値の傾向にある。その代表的なものを紹介する。

　一括で多数配列した構造を作れることで，LSI ウェハのテストに用いるプローブカードに MEMS 技術が応用されている。小形の利点を生かすと，高分解能で高感度しかも高速応答の，原子間力顕微鏡（AFM）用プローブなどを作ることができる。また小形であることや，回路を集積化した配列構造を作れることで，監視などに使われる熱型赤外線イメージャに貢献している。流体を制御するバルブやポンプも紹介するが，2.8 の最後でも述べたように，微細構造体の部分が詰まるような問題も生じ易く，加速度センサのようなパッケージングできるデバイスに比較すると，原理的に信頼性などを確保しにくい。

### 4.3.1　成形用モールド

　型成形でプラスチックによる非球面レンズなどが作られているが，ガラスにこの型成形（プレスモールド）を適用するため，高温でも強度を失わない炭化珪素（SiC）を型（モールド）に使う研究が行われている[1]。**図 4.33**(a)は SiC

(1) Siエッチング
(2) SiC CVD成膜　SiC CVD
(3) 表面研磨
(4) Niのスパッタ　Ni
(5) SiCセラミック板接合(反応焼結)
　　SiCセラミック板
(6) Siエッチング

(a) SiCモールドの製作工程　　(b) SiCモールド(レンズ用)　　(c) パイレックスガラスの成形例

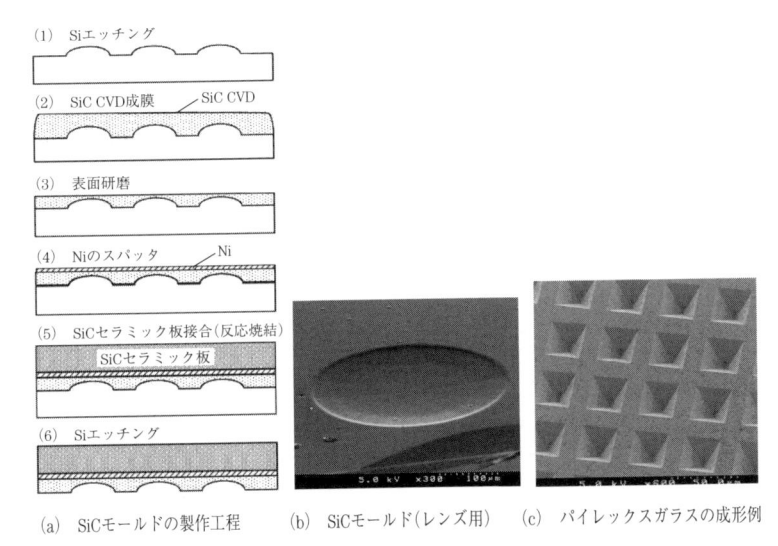

図4.33　ガラスモールドプレスに用いる SiC モールド

モールドの製作工程である。微細加工した Si に CVD で SiC を堆積し，その表面を研磨して平坦にした後，Ni 薄膜を堆積する。SiC セラミック板にこれを反応焼結させて接合し，最後に Si をエッチングし製作している。SiC を厚く堆積させた時に応力で変形するのを防ぐため，Si ウェハの両面に対称に SiC を堆積する技術も開発されている[2]。なお非球面レンズなどの形は，図2.10で説明したように，ビデオプロジェクタ用の DMD を用いたマスクレス露光装置で多重露光し，Si 基板上にレジストの形を作り，レジストと Si を同時にエッチングしてその形を Si 基板上に転写している[3]。図4.33 の(b)にはレンズ用の SiC モールド，また(c)には SiC モールドを用い，800℃，1.2 MPa でパイレックスガラスにプレスして成形した例を示す。

### 4.3.2　マスクレス描画

パターン幅が $0.1\,\mu m$ 以下で高スループットのマスクレス電子ビーム描画装置を目指し，電子源と静電レンズを並べたマルチ鏡筒並列電子ビーム描画装置が開発されている[4]。これが実現されれば，マスク代を節約して採算が合った

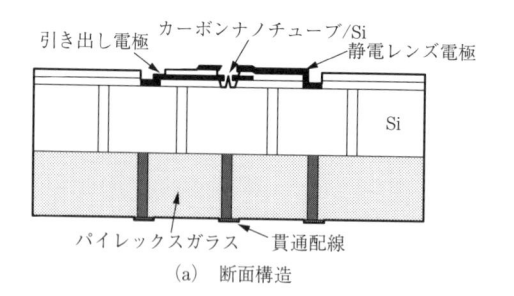

図4.34 (a) 断面構造 — 引き出し電極／カーボンナノチューブ/Si／静電レンズ電極／Si／パイレックスガラス／貫通配線

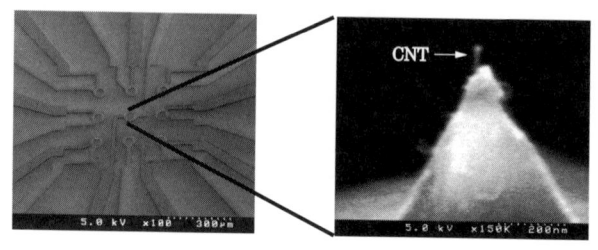

(b) 静電レンズ付きCNT電界放射電子源

図 4.34　並列電子ビーム描画を目的とした静電レンズ付 CNT 電界放射電子源

形で多品種少量の LSI ができるだけでなく，短期間で開発できることにもなる。単純な静電レンズで電子を集束させるには CNT（カーボンナノチューブ）による微細電子源が有効なため，**図 4.34** のような静電レンズの付いた CNT 電界放射電子源をアレイ構造にしたものを製作した。CNT を Si 突端に形成した電界放射電子源に，引き出し用ゲート電極や静電レンズ電極を自己整合的に形成して配列させた[5]。図 4.34(a)の断面構造から分かるように，裏面に配線を取り出し，集積回路を取り付けて駆動できるようにしている。**図 4.35** には静電レンズ電極のない CNT 電界放射電子源の製作工程を示すが，Ni を Ni シリサイドとして熱拡散させ，Si 先端部に残った Ni を触媒として，先端に CNT を選択的に成長させた。

ビデオディスプレイ装置に用いられている DMD と同様に，配列した多数のミラーが独立に動く SLM（Space Light Modulator：光空間変調器）を作ることができる。これを用いて**図 4.36** のような，LSI マスク製造用のレーザ描画

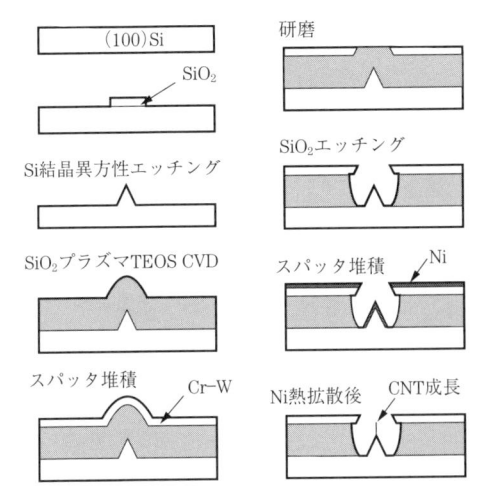

図 4.35 CNT 電界放射電子源の製作工程

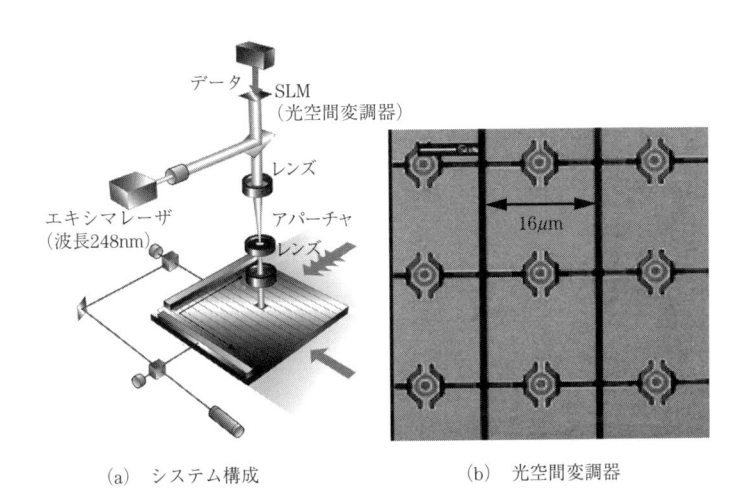

(a) システム構成 　(b) 光空間変調器

図 4.36 レーザ描画装置

装置がスウェーデンの Micronic Laser Systems 社で製品化されている[6]。波長 248 nm の KrF エキシマレーザを使用し，200 nm 以下の線幅で 256×256 のパターンを毎秒千フラッシュで高速に描画できる。この SLM はきわめて付加価値の高い MEMS と言える。

### 4.3.3　LSI テスト用プローブカード

LSI をウェハ状態でテストするには，端子に針を立てるプローブカードが必要とされ，端子の狭ピッチ化や多ピン化に伴い MEMS プローブカードが用いられるようになってきた。このプロービングテストを温度を上げた状態で行うことが，信頼性テストのために要求されており，このためのウェハレベルバーンインテスト用プローブカードが作られている[7]。図 4.37 にはその製作工程と，製作されたプローブカードの写真を示す。Si にめっきで金属の針を形成し，貫通配線を形成した LTCC（低温焼成セラミック）基板にこれを AuSn ではんだ付けし，Si を除去して作られている。温度を上げても針がずれないように，図 2.84 で説明した Si と熱膨張の合う LTCC をプローブカードの基板に用いている。

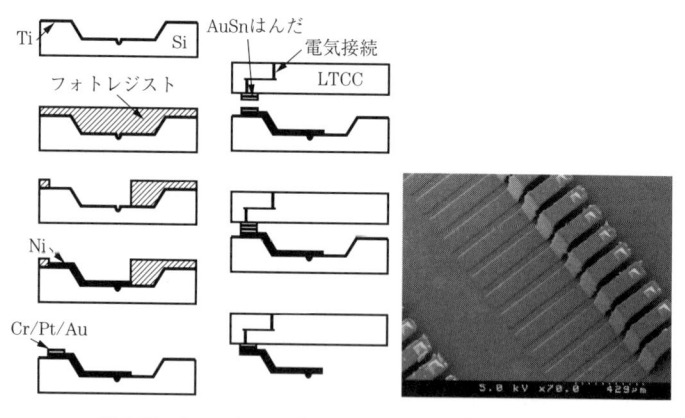

図 4.37　ウェハレベルバーンインテスト用プローブカード

### 4.3.4　赤外線センサ（イメージャとガスモニタ）

室温では波長 10μm 程度の赤外線が放射されるため，これを検知する赤外線センサや赤外線イメージャが，それぞれ放射温度計としての鼓膜体温計，あるいは暗視カメラでの人体の検知などに用いられる。半導体の内部光電効果を用いた以前の量子型では，冷却する必要があった。最近は MEMS を用いた熱型が使われて冷却が不要になったため，安価になり広く普及している。暗視カメラが搭載された自動車もあり，これでは夜間の運転時に歩行者や動物の存在を運転者に知らせ注意を促すことができる。

図 4.38 には日本電気㈱の熱型赤外線イメージャのチップ表面写真と，画素の構造を示してある[8]。赤外線を吸収して生じる温度上昇を，ボロメータと呼ばれる抵抗の変化で検出する。熱絶縁構造にして温度上昇しやすくし，感度を上げるが，同時に小さくして熱時定数を短くし応答を速めている。現在では画素数が 640×480 の普通のテレビ程度のものが安く供給されている。

大気などのガスを分析するのに，ガス分子に特有な波長での赤外線の吸収が用いられる。図 4.39 は赤外線波長帯域での大気による透過率を示してある。

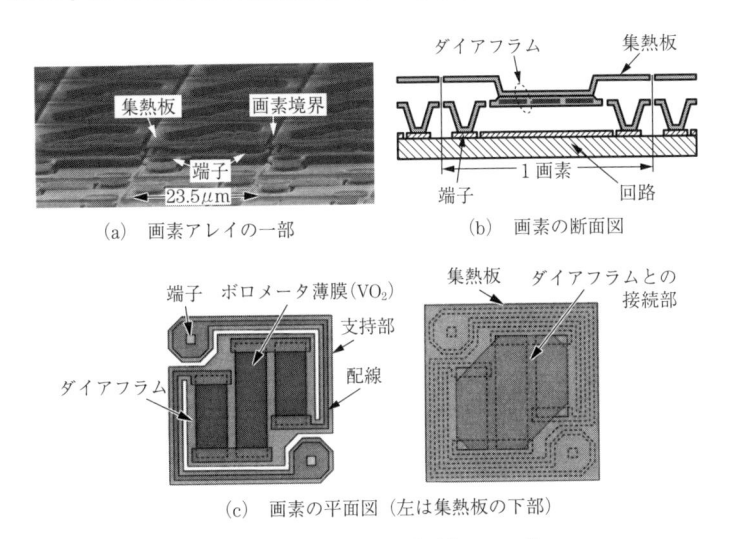

(a) 画素アレイの一部
(b) 画素の断面図
(c) 画素の平面図（左は集熱板の下部）

図 4.38　ボロメータ方式の赤外線イメージャ

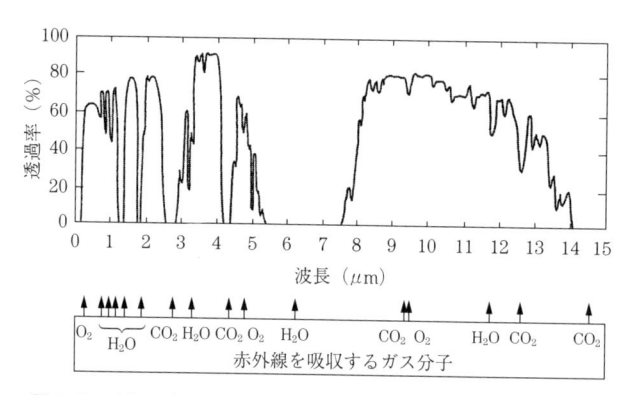

図4.39 大気の赤外線透過特性（大気中のガスによる赤外線の吸収）

　この赤外線の吸収スペクトルを連続的に測定すると環境ガスのモニタなどを行うことができる。

　赤外線センサを1次元に配列すれば，回折格子などで分光した各波長成分を同時に検出することができる。このガスモニタシステムの目的で開発された振動型赤外線センサを，図2.49(b)で紹介した。これでは赤外線を吸収して温度が上昇するのを，振動子の熱膨張による張力変化として共振周波数変化から検出する[9]。暗視カメラなどに用いられている熱型赤外線イメージャでは温度上昇をボロメータの抵抗変化として検出しているが，その場合は電流によって自己加熱するため，感度を上げにくいのに対し，この方法は自己加熱がないために高感度化に適している。

　赤外線センサを配列させないでも，図4.40のように可変波長の赤外線フィルタを用いて，透過波長を変化させながら吸収スペクトルを得ることもできる[10]。電圧を印加して静電引力で半透明の鏡を動かす可変ファブリペロー干渉計と焦電検出器が用いられている。焦電検出器は，温度変化に応じて強誘電体の分極が変化し電圧を生じるものである。この場合に赤外光源を断続させる必要があるが，これには自己支持構造のマイクロヒータに断続して通電加熱するMEMS構造を用いることができる。このマイクロヒータと特定波長のフィルタ，および赤外線検出器を組み合わせ，呼気ガス中の$CO_2$をモニタするセンサがMEMS技術で作られている[11]。

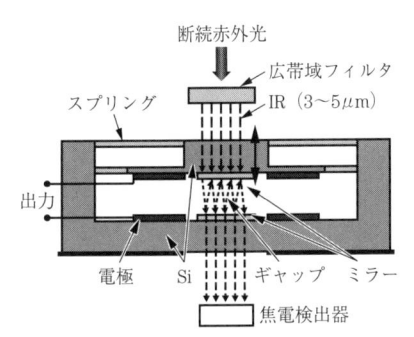

図 4.40　ファブリペロー型可変波長赤外線フィルタによるガスモニタ

## 4.3.5　保全用センシング

　送電線や橋などの健全性をセンサなどでモニタしながら保全し，長期間使用することは，安全や省資源などの点から重要である．この場合に用いられるワイヤレスのセンサシステムでは，電池の交換をしなくて済むようにすることが望まれる．図 3.35 で紹介した，100 年程の長期間使用できるニュークリアバッテリも，この目的で開発されている．**図 4.41** に示す SAW トランスポンダの場合は，圧電基板上の表面弾性波 SAW（Surface Acoustic Wave）を用いる．読み取り装置からのマイクロ波の電波をアンテナで受信し，櫛歯電極で表面弾性波を発生させる．その表面弾性波は基板表面を伝播して反射器で反射され，その伝播遅延時間だけ遅れてアンテナから逆に送信される．これを読み取り装置で受信するが，この場合に伝播遅延時間が温度などで変化するため，これを温度センサなどに利用することができる[12]．また基板に加わる力でも伝播遅延時間が変わるため，それを利用して力なども知ることができる．図 4.41(c) には動作例も示してあるが，遅延時間が異なるように反射器を形成した 4 個のセンサを用い，異なる場所の各センサから情報を得ている．読み取り装置では周波数掃引連続波 FMCW（Frequency Modulated Continuous Wave）を用い，送信中の信号と戻ってきた信号との周波数差をフーリエ変換することで，図の動作例に示すような多重化された信号が得られる．

　タイヤ圧モニタシステム TPMS（Tire Pressure Monitor System）が，安全の

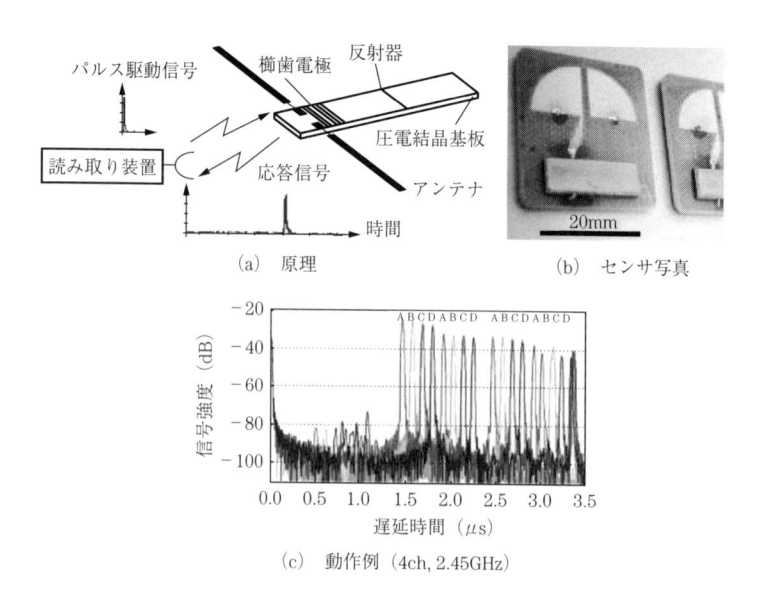

図 4.41 SAW トランスポンダと動作例

ために車に装備されるようになった。回転しているタイヤ内から，圧力情報を電波で取り出すため，SAW トランスポンダ圧力センサが開発されている[13]。伝播遅延時間が圧力で変化するように，圧力で変形するダイアフラムを形成してある。このため SAW センサに用いる圧電材料の $LiNbO_3$（ニオブ酸リチウム）単結晶基板に，薄いダイアフラムを選択エッチングで形成しており，その製作工程と作られたセンサの断面写真を図 4.42 に示している[14]。これでは加熱したときに表面分極反転層ができる性質を利用し，HF（フッ化水素）水を用いて特定の分極方向だけを選択的にエッチングする。

### 4.3.6 気体・液体の制御

気体や液体の流量を検出するのに MEMS を応用し，高感度で高速応答のセンサが実現されている。流体を制御するバルブやポンプにも MEMS が使われている。界面現象などを利用するポンプについては 3.2.5 で紹介したが，気体用は図 3.29 や図 3.30 のクヌーセンポンプ，液体用は図 3.25 の電気浸透流ポンプや図 3.27 の熱毛管ポンプ，また図 4.17 のインクジェットプリンタ用のヘ

第 4 章 ◆MEMS の応用

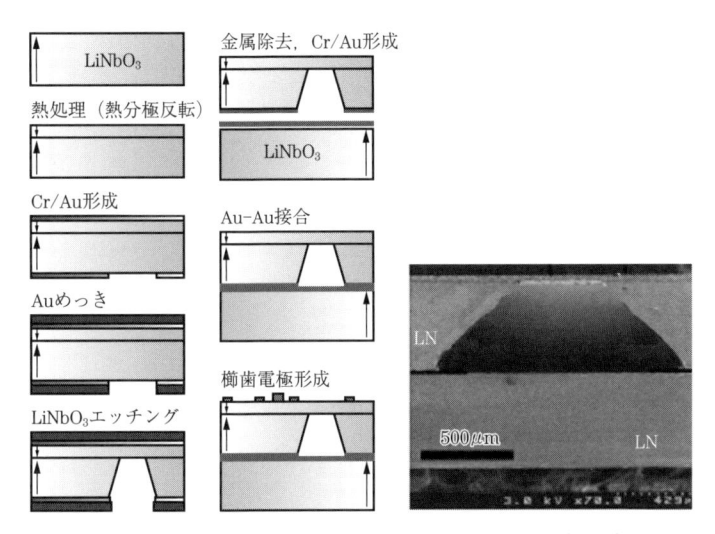

図 4.42 SAW トランスポンダ圧力センサの製作工程と断面写真

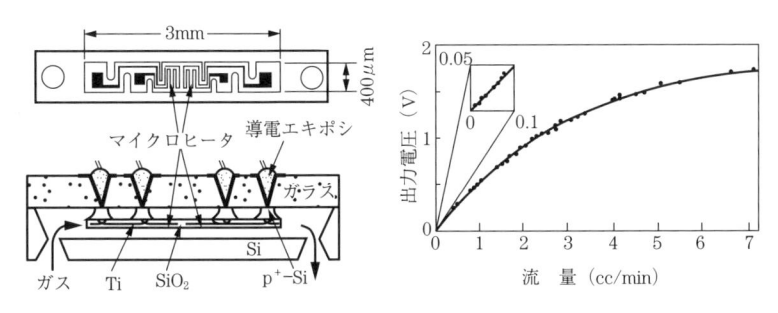

図 4.43 気体用熱型質量流量センサ

ッドなどがその例である。以下では気体用と液体用の流量センサの後，気体や液体を封止した構造の例として原子時計用のセルを紹介する。

図 4.43 は気体用の熱型質量流量センサである[15]。流路に自己支持型のマイクロヒータが作られており，気体の流れで冷却されたときの抵抗変化を検知する。気体の流れの上流と下流に配置した 2 つのヒータの温度差から流量を知ることができる。図の例では $SiO_2$ 膜で覆われた Ti ヒータが用いられ，配線を Si の支持部から裏に取り出してある。金属ヒータが気体に露出しないようにして

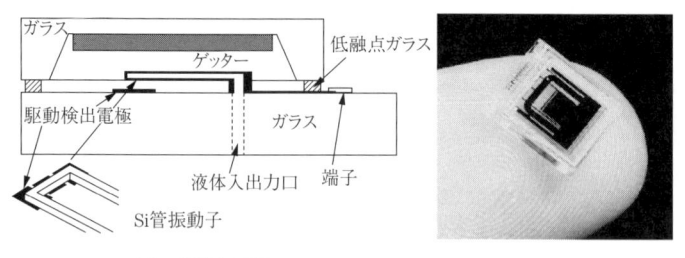

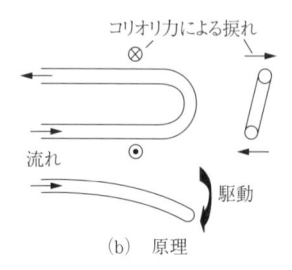

図中ラベル:
(a) 構造と写真
- ガラス
- 低融点ガラス
- ゲッター
- 駆動検出電極
- ガラス
- 液体入出力口
- 端子
- Si管振動子

(b) 原理
- コリオリ力による振れ
- 流れ
- 駆動

図 4.44　液体用コリオリ式質量流量計

あるが，これは金属が水素を吸蔵して抵抗が変わるのを防ぐためである．マイクロヒータの熱膨張による応力で破壊しないように，自己支持膜に切り欠きを入れ，その応力を膜のねじれで開放する構造にしてある．また切り欠きの角は丸みを付けて応力集中が生じないように作られている．

**図 4.44** は微量の液体の流量や密度を測るセンサである．コリオリ式質量流量計を MEMS で実現したもので，米国の Integrated Sensing Systems 社から市販されている[16]．これでは U 字の形をした Si 管の振動子を静電引力で共振させる．管内に流れがあると，図 4.8 で説明したコリオリ力によってねじれ振動が生じ，それを静電容量の差として検出する．封止した内部はガスを吸着するゲッターを入れて真空にし，振動子のダンピングを防いでいる．なお図 4.43 のような熱型センサを用いると，液体の場合には液中の溶存ガスが，泡として出てくるのが問題になる．

マイクロ機械共振子による時間・周波数源について図 4.26 から図 4.28 で述べたが，非常に高精度な時間・周波数源である原子時計を小形・低電力にして

通信機器などで使えるようにする研究が，米国で行われている。原子時計はGPS（Global Positioning System）のため人工衛星に搭載されており，複数の人工衛星からの信号を地上で受信することにより，位置や時間を正確に知ることができる。これは自動車用ナビゲーションなどに利用されている。原子時計を搭載することで，たとえばGPSの電波がいったん途切れてもすぐに復帰することができ，またネットワークでの同期などへの利用も考えられる。米国のDARPA（Defense Advanced Research Projects Agency）のプロジェクトでは，大きさ1 cm$^3$，消費電力30 mW，精度$10^{-11}h^{-1}$を目標にして研究開発が進められている。

Cs（セシウム）原子のエネルギー状態の遷移を用いる小形原子時計を**図4.45**に示す[17]。これは米国のNIST（National Institute of Standards and Technology）などで開発されているものである。図のCell部にCsガスが入っている。エネルギー状態の遷移に相当する周波数で面発光レーザの光を変調し，その周波数の光がガスで吸収されるように帰還制御する。この周波数を基準にして水晶振動子による発振回路から10 MHzの正確な周波数が取り出せるようになっている。この場合Csガスが入ったセルを作るには，CsN$_3$を蒸着して封止しておき，外部から紫外線レーザを照射して分解しCsガスになるようにして

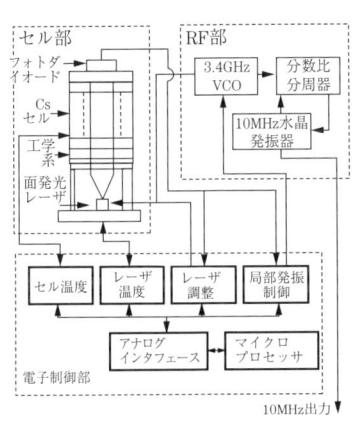

図4.45　MEMS原子時計

いる。

### 4.3.7 マイクロプローブ

　微細な探針と表面のさまざまな相互作用を画像化する，走査型プローブ顕微鏡 SPM（Scanning Probe Microscope）が用いられてきた。MEMS による薄いカンチレバー（片持ち梁）で表面を走査しながら，その撓みを測ることで表面原子との間に働く力を画像化する原子間力顕微鏡 AFM（Atomic Force Microscope）はその代表的なものである。これでは梁を薄くして高感度に原子間力を測れるようにし，同時に梁を短くし共振周波数を高めてあるため，画像も速く得られる。原子間力による片持ち梁の撓みを光の反射によって検出する従来の原子間力顕微鏡（AFM）に代わり，微小ギャップのコンデンサ構造を持つ，図 4.46(a)のような容量型 AFM が作られている。この先端には，20 nm 径の微小な開口を製作してあるため，その穴からの光を用いた高分解能の走査型近接場光顕微鏡 NSOM（Near field Scanning Optical Microscope）としても用いることができる[18]。図 4.46(b)にはそれらを同時に画像化した例を示してある。

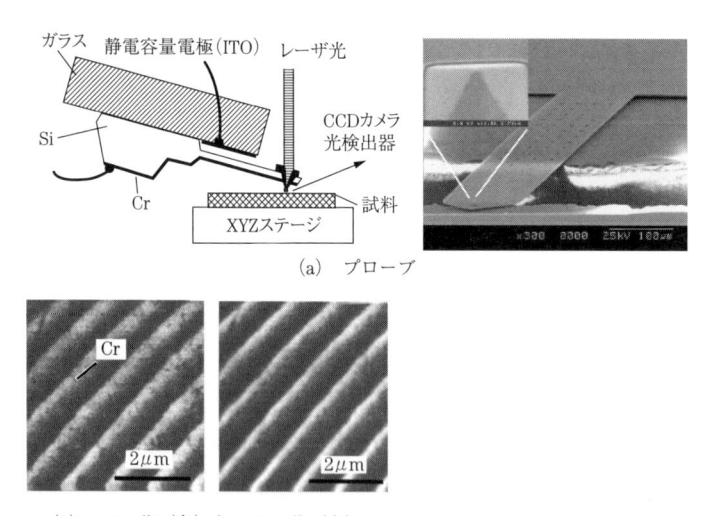

(a)　プローブ

(b)　AFM 像（左）と NSOM 像（右）

図 4.46　原子間力顕微鏡（AFM）走査型近接場光顕微鏡（NSOM）プローブ

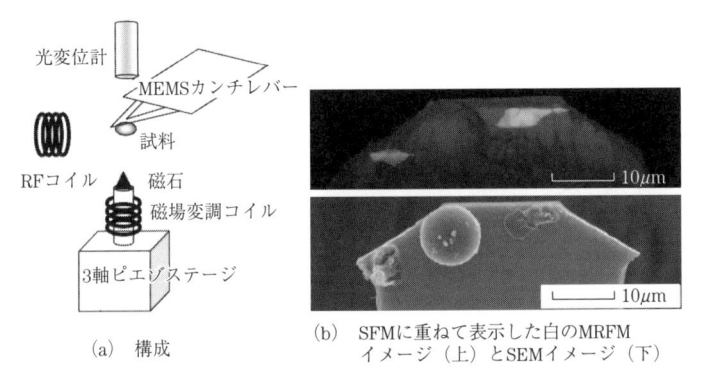

図4.47 磁気共鳴力顕微鏡（MRFM）を用いたESRイメージング

(a) 構成
(b) SFMに重ねて表示した白のMRFMイメージ（上）とSEMイメージ（下）

なお微小開口は図4.24(d)と共通する方法でつくられている。この場合に，開口が小さいほど光の強度が弱くなるので，微小部で高強度の近接場光を発生させるボータイアンテナ型プローブも開発された。これは20 nmほどに近接されたところに偏光の光を照射し，光の電界で金属に生じる表面プラズマモンにより，狭キャップでの高電界で生じる近接場光を用いるものである[19]。このように空間分解能や感度・応答速度などに優れた，各種の走査型プローブ顕微鏡がMEMS技術によって製作されている。

薄いカンチレバーを用いた高感度計測の例を図4.47に示すが，これは磁気共鳴力顕微鏡MRFM（Magnetic Resonance Force Microscope）と呼ばれて研究されているものである[20]。細胞のような小さなものでも，無侵襲で内部の磁気共鳴イメージングMRI（Magnetic Resonance Imaging）などを行えるようにすることが目的である。これによって，薬物の効果を細胞レベルで評価することなどが期待できる。図4.47(a)は日本電子㈱で電子スピン共鳴ESR（Electron Spin Resonance）のイメージングにこのMRFMを適用したものである[21]。この試料は大きさ20 $\mu$mのDPPH（diphenylpicrylhydrazil）の粒子で，これではAFM用のMEMSカンチレバー先端に試料を付け，磁場を変化させながらRFコイルに高周波を印加しており，試料内の共鳴した部分で生じる磁力を，MEMSカンチレバーの変位で計測し画像化している。図4.47(b)はこのようにして得られたESR像であり，断面が分かるように表示されている。

コラム 16

# カーボンナノチューブラジオ

　原子間力顕微鏡（AFM）用，あるいは図4.47で紹介した磁気共鳴力顕微鏡（MRFM）用のプローブは，MEMS技術による極端に小さい構造が，極端な高感度や高速応答をもたらす例といえる。図4.48は米国カリフォルニア大学バークレー校のA. Zettiらによる，CNT（カーボンナノチューブ）ラジオである[22]。電波の電界によりCNTが100 MHzほどの周波数で機械的に共振する。CNTを電界放射電子源として用いると，振幅変調された電波の場合には振幅に対応した電流が流れて，ラジオとして音声を聞くことができる。電圧を印加すると，静電引力で共振周波数を変えることもできる。これで受信したBeach Boysの曲"Good Vibration"を実際に聞かせたりしている。これは2極真空管と同様に検波していると考えることもできるが，電波の電界で機械的に動くのは，極端に小さいナノの世界だからできることである。

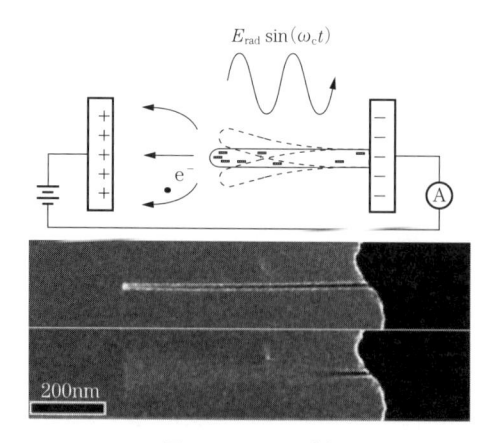

図4.48　CNTラジオ

**参 考 文 献**

1) K. O. Min, S. Tanaka & M. Esashi : Proc. of the 21th Sensor Symposium, p. 473(2004)
2) K. Ishizuka, B. Larangot, M. Esashi & S. Tanaka : The 4th Asia Pacific Conf. on Transducers and Micro/Nano Technologies(APCOT 2008), p. 158(2008)
3) K. Totsu & M. Esashi : J. Vac. Sci. Technol. B, **23**, p. 1487(2005)
4) C. H. Tsai, J. Y. Ho, T. Ono & M. Esashi : MEMS 2008 Technical Digests, p. 355(2008)
5) J. Ho, T. Ono, C. -H Tsai & M. Esashi : Nanotechnology, **19**, 365601(2008)
6) P. Durr, et al. : Proc. of SPIE, **4985**, 211(2003)
7) S. -H. Choe, S. Tanaka & M. Esashi : IEEE International Test Conference 2007, Paper 20. 2(2007)
8) S. Tohyama, M. Miyoshi, S. Kurashina, N. Ito, T. Sasaki, A. Ajisawa, Y. Tanaka, A. Kawahara, K. Iida & N. Oda : Optical Engineering, **45**, 014001(2006)
9) C. Cabuz, S. Shoji, K. Fukatsu, E. Cabuz, K. Minami & M. Esashi : Sensors and Actuators A, **43**, 92(1994)
10) N. Neumann, M. Ebermann, K. Hiller & S. Kurth : J. Micro/Nanolith. MEMS MOEMS, **7**, 21004(2008)
11) T. Corman, E. Kalvesten, M. Huiku, K. Weckstrom, P. T. Merilaien & G. Stemme : J. of Microelectromechanical Systems, **9**, 509(2009)
12) J. H. Kuypers, L. M. Reidl, S. Tanaka & M. Esashi : IEEE Trans, on Ultrasonics, Ferroelectrics, and Frequency Control, **55**, 1640(2008)
13) S. Hashimoto, J. H. Kuypers, S. Tanaka & M. Esashi：電気学会論文誌 E, **128-E**, 231(2008)
14) A. Randles, J. Kuypers, S. Tanaka & M. Esashi : Proc. 2008 IEEE International Ultrasonic Symposium, p. 1124(2008)
15) 江刺正喜，川合浩史，吉見健一：電子情報通信学会論文誌，**J 75-C-II**, 738(1992)
16) D. Sparks, R. Smith, S. Massoud-Ansari & N. Najafi : Solid-State Sensors and Actuators Workshop, p. 75(2004)
17) J. Kitching, et al. : Solid-State Sensors Actuators and Microsystems Workshop, p. 108(2006)
18) P. N. Minh, T. Ono & M. Esashi : Review of Scientific Instruments, **71**, 3111(2000)
19) K. Iwami, T. Ono and M. Esashi : J. of Microelectromechanical Systems, **15**, 1201(2006)
20) O. Zuger & D. Rugar : J. Appl. Phys. **75**, 6211(1994)
21) S. Tsuji, Y. Yoshinari, EKawai, K. Nakajima, H. S. Park & D. Shindo : J. of Magnetic Resonance, **188**, 380(2007)
22) K. Jensen, J. Weldon, H. Garcia & A. Zetti : Nano Letters, **7**, 3508(2007)

## 4.4 医療・バイオ応用

　半導体・MEMS技術とバイオ技術は共にミクロンからナノの寸法であり，1970年頃からそれらの技術を結びつける研究が行われてきた。小さくて高機能なため，カテーテルなどの低侵襲診断治療に適しており，また多量に使われる時は安価に作ることができ，感染を防ぐ必要から使い捨てにする場合にも適している。神経インパルス導出や電気刺激に用いる微小電極などの神経インタフェース，体内埋め込み用のデバイス，内視鏡のような光学診断機器，血管内で診断や治療を行う細いカテーテルの先端に搭載する機器，および生体成分分析用の小形システムやDNAチップについて以下で述べる。

### 4.4.1 神経インタフェース

　神経インパルスなどの生体電気信号の導出，あるいは電気刺激などの電極にMEMS技術を応用する研究は，スタンフォード大学から始まった[1]。ミシガン大学で大きく発展して，電極が世界中の研究機関に供給されている。図4.49は，SiプローブにWの配線を形成した，神経インパルス導出用多重電極である[2]。このような多重電極を用い，三次元的に電極を配置して脳内に刺入することもできる。電極を多数配置しておき，神経細胞の近くにある電極を選んで信号を導出するように，切換回路を電極に集積化したものもある[3]。

　刺激用電極としては，Irを電気化学的に酸化したものが，低インピーダンスにできるため使用されている。体内に埋め込む刺激電極は，心臓ペースメーカや体内埋込除細動器の他，蝸牛内マルチ電極で聴覚神経を刺激し聴覚障害者に音を聞かせる人工内耳に用いられている[4]。体内で電極を慢性的に使用できるように，感染を防ぐため線を皮膚に貫通させずに，電磁波などによるエネルギー供給や信号伝送などを行う。

　この他，電極を平面的に配列したチップ上で神経細胞を培養し，神経ネットワークを形成して研究に用いることなども行われている[5]。

(a) 構造

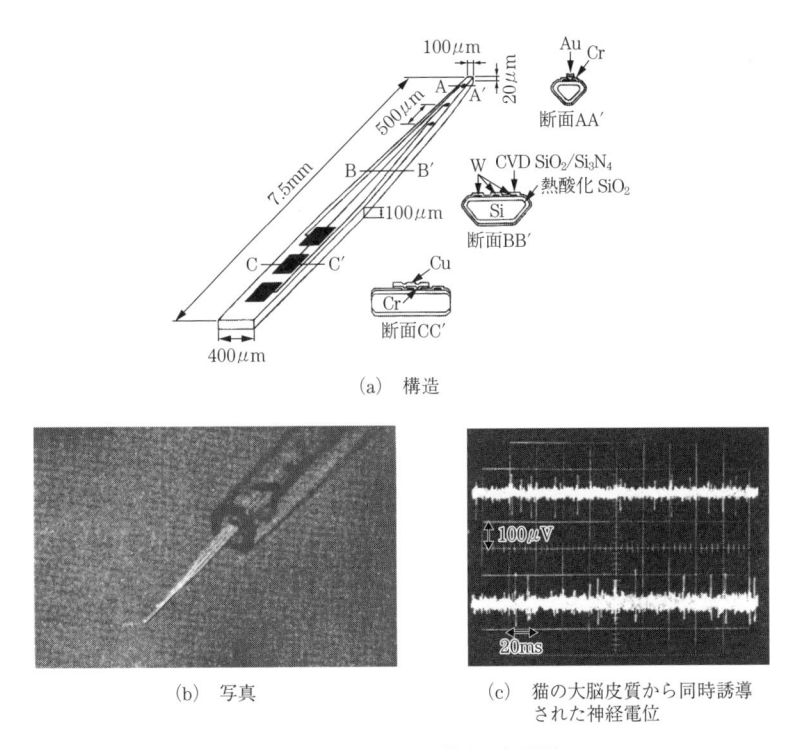

(b) 写真

(c) 猫の大脳皮質から同時誘導された神経電位

図4.49　神経インパルス導出用多重電極

## 4.4.2　体内埋め込み

　体内埋め込みの例として，体外から送信した電波が体内のセンサによるLC共振回路で吸収される原理を用いた，トランスポンダの例を紹介する。これは吸収される周波数を送信側で知ることで，センサとして用いる静電容量の値を求めるものである。**図4.50**の例は，米国のミシガン大学によるステント用血圧・血流センサである[6]。狭窄した血管を広げた際に，再狭窄を防ぐため塑性変形させた金属の網で血管の内張りをするステントが用いられる。図4.50(a)のようにステントを2つのコイルとして製作し，その前後に静電容量が圧力で変化するセンサを取り付けると，(b)のように2つのLC共振回路となる。その共振周波数からステントの前後の圧力を計測し，圧力差から流量や狭窄の状

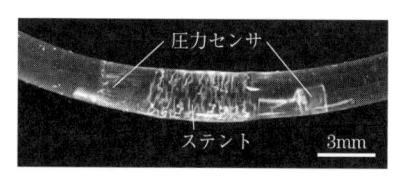

(a) 写真

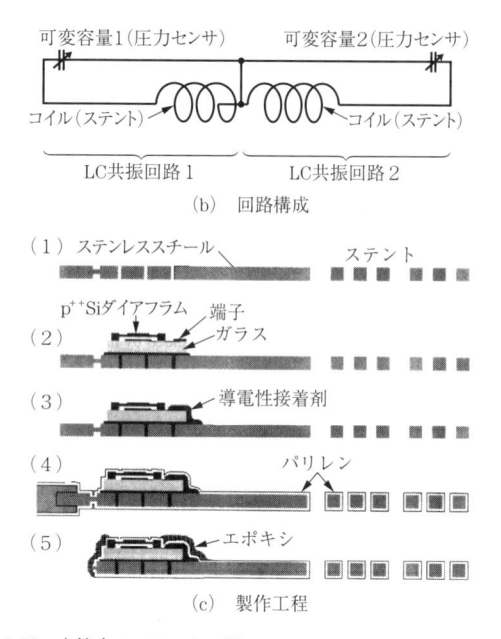

(b) 回路構成

(c) 製作工程

図 4.50 血管内のステントに用いるワイヤレス血圧・血流センサ

態を知ることができる。(c)にその製作工程を示してある。ステンレススチール板を加工してステント兼コイルとし，それにガラスと Si からなる圧力センサを取り付ける。配線を形成した後，気相でコーティングできるパリレンや，エポキシ樹脂で覆い，曲げて装着する。

### 4.4.3 光学診断機器と内視鏡

図 4.51 はトプコン㈱で開発されている，デフォーマブルミラーとそれを用いた眼底カメラである[7]。デフォーマブルミラーは配列したアクチュエータで

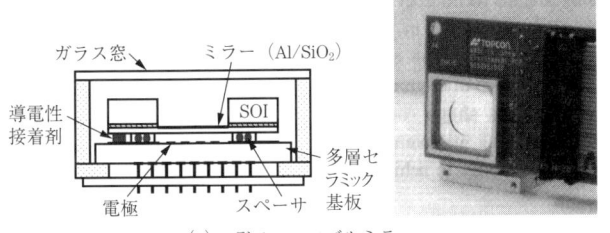

(a) デフォーマブルミラー

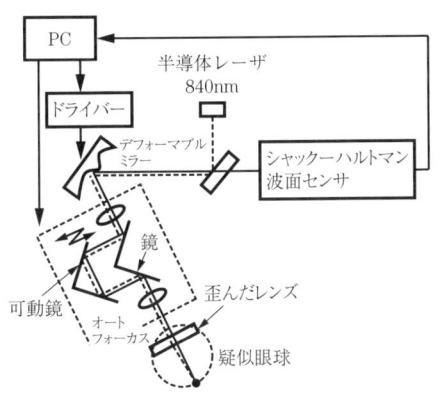

(b) デフォーマブルミラーで眼球レンズの収差を補正した眼底カメラ

図4.51 デフォーマブルミラーとそれを用いた眼底カメラ

ミラーを変形させるもので，光学系の収差を補正することができる。診断のために網膜の顕微鏡像を得る場合に，眼球のレンズの収差をデフォーマブルミラーで補正することができる。

近赤外線は皮膚にある深さ侵入するので，それを用いて皮下の断層像を得ることができる。この光コヒーレンストモグラフィ OCT（Optical Coherence Tomography）の原理を，**図 4.52**(a)に示す[8]。コヒーレンスの低い光源からの光を2つに分け，参照光ミラーと生体組織から反射した光を干渉させる。位相の一致した光を検出できるため，参照光ミラーを移動させると皮膚の下の対応した深さの情報が得られる。(b)にはこの OCT でイメージングした例を示す。図4.52はその装置の例であるが，光ファイバからの光をスキャナで偏向し，

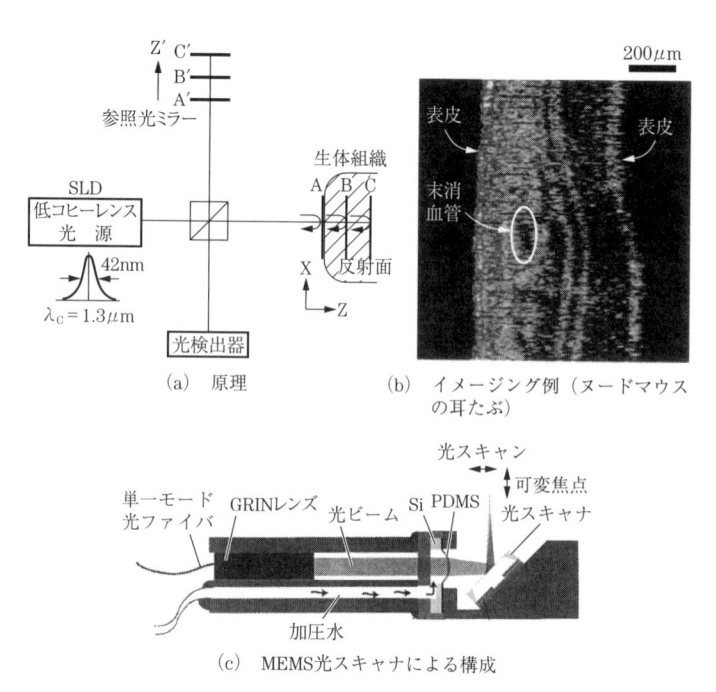

図 4.52 光コヒーレンストモグラフィ OCT (Optical Coherence Tomography)

透明なシリコーンゴム (PDMS) 内に水を加圧して可変焦点のレンズとしている[9]。

通常の内視鏡は先端に CCD カメラが付いているが，それに代わり光スキャナを付けてイメージングを行うこともできる。図 4.53 はその光スキャナ式内視鏡で，レーザを用いて治療する機能を有する。画面上で患部にカーソルを合わせれば画像処理によってその場所を追尾し，そこにレーザ光を照射して治療することができる[10]。スキャナの可動鏡は PZT のユニモルフを用いた圧電アクチュエータで動かす。組立を容易にするため，Si の可動鏡をつながった状態で組み立て，最後に YAG レーザで切断することによって動くようにしている。

### 4.4.4 カテーテル

血管内に導入する細いカテーテルの先端部に高度な機能を持たせて，低侵襲

(a) システム構成

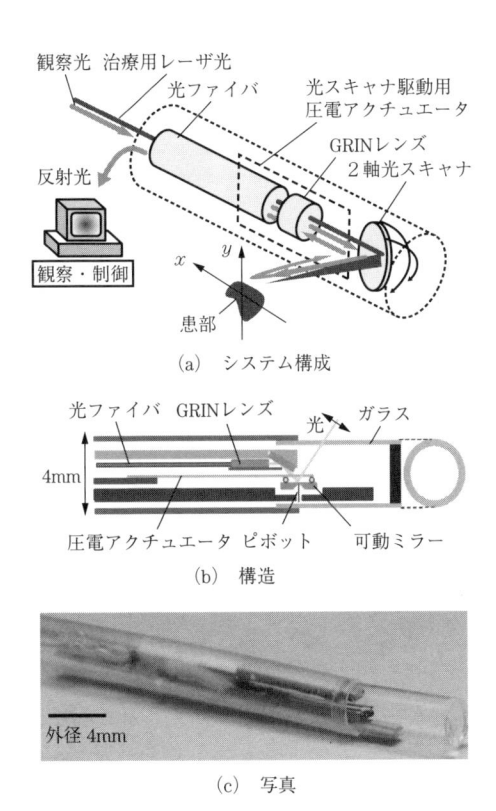

(b) 構造

(c) 写真

図 4.53 レーザ治療機能付きスキャナ内視鏡

で検査や手術を行うことができる[11]。

カテーテルの視覚としての血管内前方視超音波イメージングプローブ（超音波内視鏡）を，**図 4.54** に示す[12]。図 4.54(a)のような断面構造で外径は 3 mm である。圧電セラミックスである PZN–PT を用いて，細い溝を入れエポキシ樹脂で埋めた 1–3 コンポジット型の超音波トランスジューサとし，超音波が拡がるように凸状にしてある。(b)のように 8 個リング状に並べてあり，超音波パルスを送信して反射波を受信する。それからコンピュータで画像化すると，(c)の例のような像が得られる。通常のカテーテル操作は，X 線透視画像を見ながら必要な部位にカテーテルを導入して行うが，これを用いれば，術者は自分が血管内に入ったような感覚で手術することができる。

(a) 構造

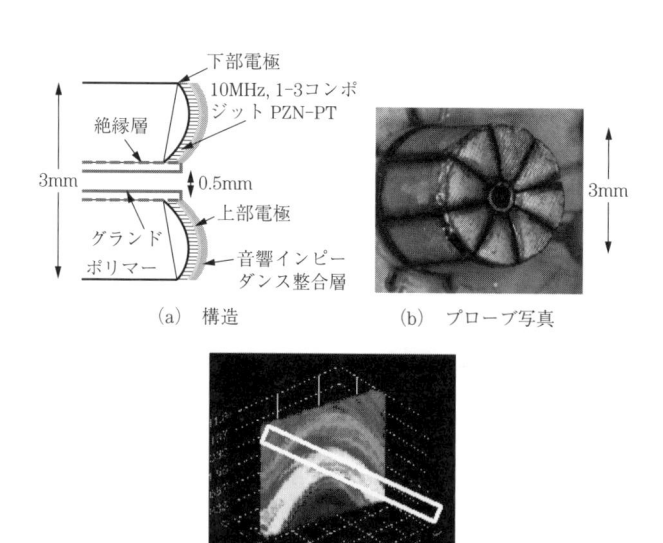

(b) プローブ写真

(c) イメージング例

図4.54　血管内前方視超音波イメージングプローブ

この他，磁気共鳴イメージングMRI（Magnetic Resonance Imaging）装置内でカテーテル先端の近くを高解像度でイメージングするため，MRI用検出コイルをカテーテル先端に形成することが行われている[13]。またカテーテル先端の3軸磁気センサにより，外部で発生した磁場を検出することにより，カテーテルの空間的な位置を知ることもできる[14]。これをMRIの画像データ上に重ねて表示すると，カーナビゲーションのような感覚でカテーテル先端の位置を表示することもできる。なお重ねて表示する場合，体動や呼吸などで内臓の位置が動くので，その補正などを行う必要がある。

このような診断ツールあるいは治療ツールなどを体内の必要な患部に導入するため，自分で曲がる機能を持つ能動カテーテルも開発されている[15]。**図4.55**は，超弾性合金のチューブをフェムト秒レーザで加工し，柔らかいチューブを被せた外径1mmほどのもので，吸引すると先端が閉じて曲がる。チューブを通してガイドワイヤや造影剤などを導入することもできる。

カテーテルに導入できる，直径125μmの極細光ファイバ血圧センサを**図**

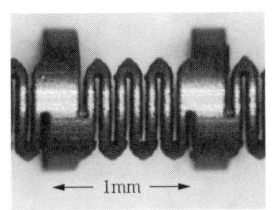

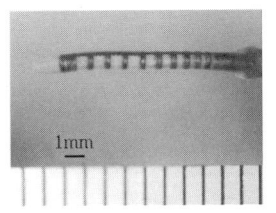

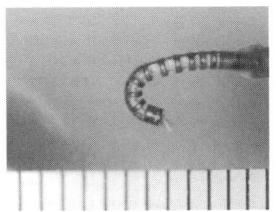

(a) 微細加工した超弾性合金　　(b) 直線状態　　(c) 屈曲状態

図4.55　超弾性合金を用いた吸引屈曲型能動カテーテル

(a) 構造　　(b) 写真

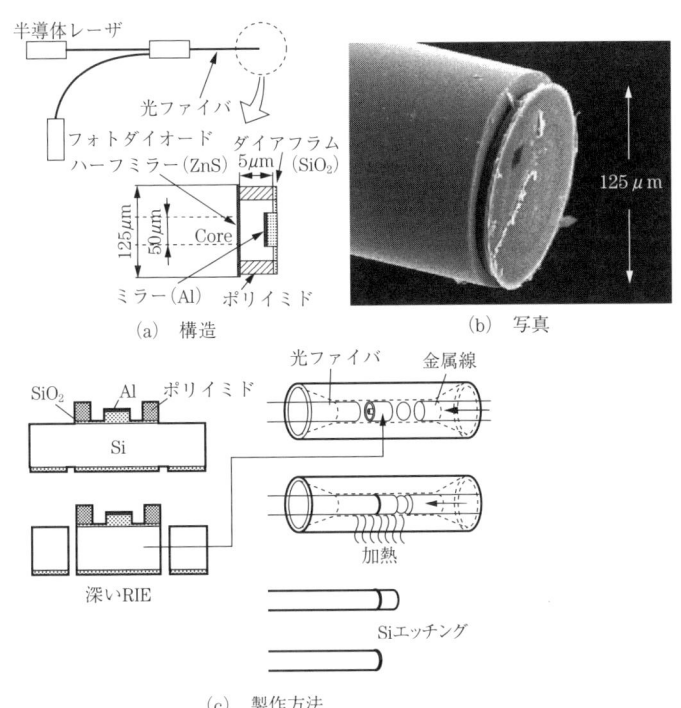

(c) 製作方法

図4.56　極細光ファイバ血圧センサ

4.56 に示す[16]。血圧によって光ファイバ先端に取り付けたダイアフラムが変位するのを，光干渉スペクトルの変化で検出するものである。干渉スペクトルが波長方向に移動することで圧力を知るため，光ファイバが曲がって光強度が変化しても影響を受けない。ダイアフラムは Si 基板上に製作し，ダイアフラム部の Si を円柱状に Deep RIE で加工してチップを作る。このチップをガラス管に挿入して，光ファイバ先端に貼り付け，最後に Si をエッチングして製作している。直径 10 cm の Si ウェハ 1 枚に 10 万個のチップを作ることができ，組立も容易なため安く製造できて使い捨ても可能である。

### 4.4.5 生体成分分析と DNA チップ

　血液などを採血し，血液自動分析装置（オートアナライザ）などで成分などを分析すること，あるいはグルコースセンサで血糖値を調べてインシュリンを注射し血糖値を正常に保つことなどが行われている。血管内などで成分を連続モニタする目的で ISFET（Ion Sensitive Field Effect Transistor）が開発された[17]。図 4.57(a) にその原理を示すが，これは MOSFET のゲート電極の代わりに電解液が付いており，液中にある特定のイオンの濃度を検出することができる。たとえばゲート絶縁膜と液の界面で電位決定イオンが水素イオンの場合は pH センサとなり，ゲート絶縁膜表面の材料をアルミノシリケートにすれば Na イオンに感じる[18]。ゲート以外の部分を液から保護するため，(a)のようにゲート以外の部分を覆うこともできるが，装着に適した実用的なものにするため，(b)のようにエッチングで Si をプローブ状に加工し，根本の端子部分以外は絶縁するようにしている。この ISFET は小形化できるため，血管内に留置して血液の pH と溶存炭酸ガス分圧（$PCO_2$）を連続測定するセンサとして実用化された[19]。図 4.58 にはそれらの構造と製品の写真を示す。外径は 1 mm で，血栓などができるのを防ぐため，表面はソフトコンタクトレンズなどに使われるハイドロゲル pHEMA（poly–hydroxyethylmethacrylate）で覆ってある。また $PCO_2$ センサは表面をシリコーンゴム製のガス透過膜で覆った内部に，炭酸水素ナトリウム（$NaHCO_3$）の液が入っており，$CO_2$ ガス透過による内部液の pH 変化を計測することで $PCO_2$ を知ることができる。このような血液に触れ

図 4.57 ISFET（Ion Sensitive Field Effect Transistor）

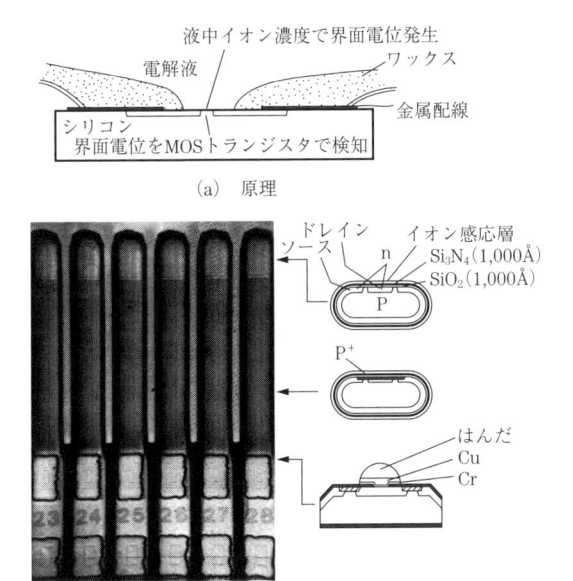

(a) 原理
(b) 装着し易くしたプローブ形ISFET

るカテーテルは感染を防ぐために，使い捨てが求められる。チップは集積回路の技術で安価に作れるが，装着コストや信頼性の点で図 4.57(b) のようなプローブ構造が適している。このカテーテルは，新生児・乳幼児の食道内 pH 測定などに使われたが，血管内で使うとなると原理的に校正ができないために信頼性の確保が難しいという問題がある。

　ISFET はピロリ菌ウレアーゼ測定器にも用いられた。ピロリ菌は胃潰瘍の原因となる菌として 80 年代に発見され，胃潰瘍は抗生物質によって除菌する治療が行われるようになった。ピロリ菌は尿素を分解してアンモニアを生成するウレアーゼを持っており，その酵素反応による pH 変化を ISFET で検出することでピロリ菌を検出している[20]。具体的には内視鏡で胃粘液を採取し，ピロリ菌のモノクロナール抗体が付いたカラムにそれを入れて，菌をトラップする。そこに尿素を入れたときの酵素反応で生成した微量なアンモニアを pH 変化で高感度に検出できる。この他 ISFET は携帯用 pH センサとして，たとえ

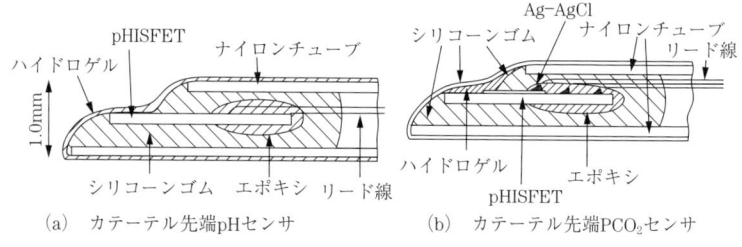

(a) カテーテル先端pHセンサ

(b) カテーテル先端PCO₂センサ

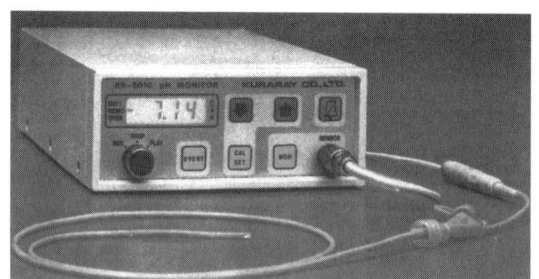

(c) 装置写真

図4.58 ISFETによるカテーテル先端用のpHセンサとPCO₂センサ

ば魚の飼育における水槽の水の管理などに使用されている。

先端60μmの部分でイオン濃度を計測できる，マイクロISFETも開発されている[17]。

血管内にカテーテルを留置する方法では校正ができないという欠点を解決するため，点滴しながら間歇的に微量の血液を採取し，校正しながら分析（半連続的にモニタ）する，**図4.59**の血液間歇採取分析システムが開発された[21]。図の(a)のように点滴システムの留置針の近くに分析システムを取り付ける。分析システムのチップには(b)のように，流路切換用のバルブとpH用ISFETが作られている。バルブは形状記憶合金に通電加熱して動き，シリコーンゴムを押して動作するもので，(c)のような構造である。分析システムの写真を(d)に示す。しかし実際に病院で使うとなると，信頼性が最も優先されるため，このように半連続的にモニタするよりも，採取した血液を常時動いて精度管理されている，検査センタの血液自動分析装置で分析することが行われている。

採血してベッドサイドで分析する使い捨て分析チップの例として，**図4.60**

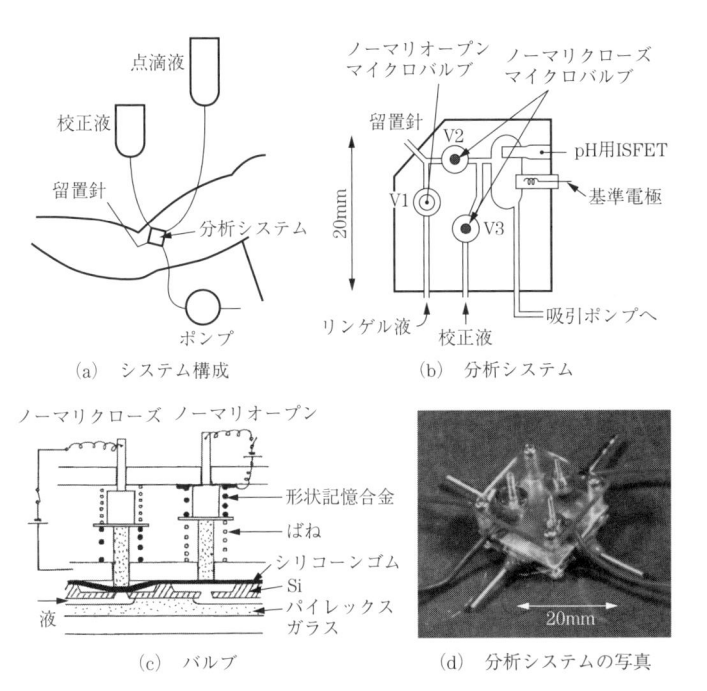

図4.59 血液間歇採取分析システム

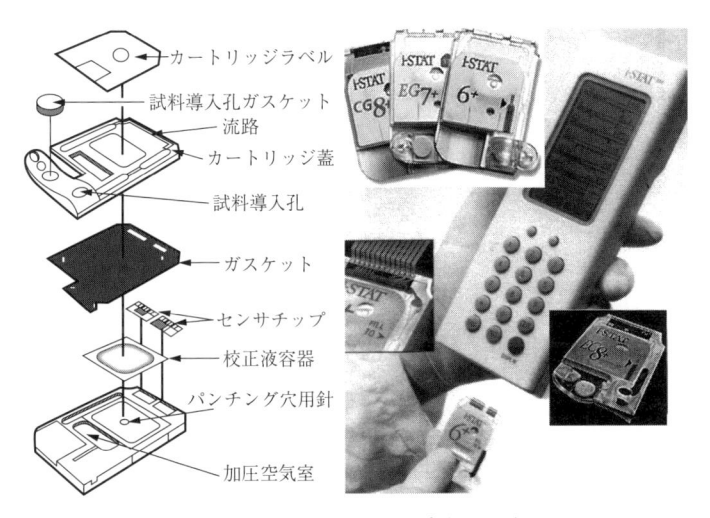

(a) システム構成
(b) 分析システム
(c) バルブ
(d) 分析システムの写真

図4.60 使い捨て分析チップ（i-STAT）

(a) 構造

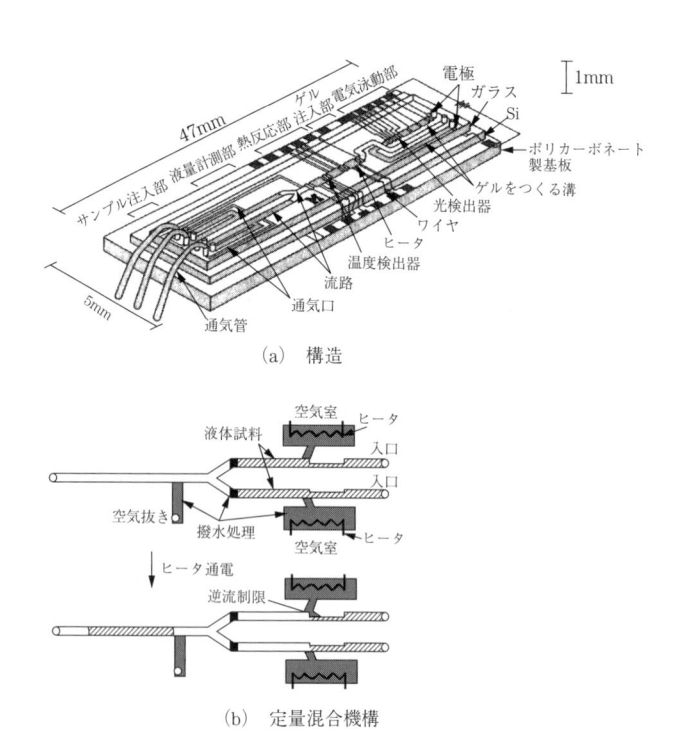

(b) 定量混合機構

図4.61 カード型DNA分析装置と使用されている定量混合機構

に示す米国製のi-STATを紹介する[22]。分析チップに微量の血液を付けて分析を行い、装置にデータを取り込んだ後、分析チップは捨てる。測定項目ごとにいろいろな種類の分析チップが用意されており、その内部にはセンサや校正液などが含まれている。

図3.25では、電気浸透流の原理とそれを応用した細管電気泳動分析を紹介した。これと同様の細管電気泳動はDNA分析に用いられており、**図4.61**(a)にはその例としてカード型DNA分析装置を示してある[23]。制限酵素で分断したDNAを、ゲル中での電気泳動により分析する。この分析装置に使用されている定量混合機構を図4.61(b)に示す[24]。流路中の壁の一部が撥水性になっており、水溶液の液体試料はそこまで満たされる。流路につながった空気室のヒータを通電加熱したとき、膨張した空気で液体試料が押されて撥水部分を通り

越して流れていく。これによって，2種類の液を定量的に混合することができる。またMEMSで作った小形の加熱チャンバは早く温度を上下できるので，DNAを増倍するPCR（Polymerase Chain Reaction）用のチャンバとして用いられる。

　生体では分子量の大きなタンパク分子などの相互作用，たとえば抗原―抗体や酵素―基質，DNA分子のハイブリダイゼーションなどの特異的反応が重要な役割を担っている。抗原抗体反応などによる固体表面との相互作用を利用して，生体分子を分析することもできる。これには水晶振動子上での表面吸着による周波数変化を用いるQCM（Quartz Crystal Microbalance），また薄い金属膜表面での吸着を表面プラズモン共鳴SPR（Surface Plasmon Resonance）を用い光学的に測る方法もある。また吸着分子を蛍光物質でラベルしておきその分布を画像計測する方法が，DNAチップとして使われている。DNAチップは，2重らせんを形成する2本の内1本のプローブDNAを基板上に固定しておき，対になる特定のターゲットDNAと特異的に結合するのを検出することで，塩基配列を調べ効率よくDNA診断などを行うものである。異なるプローブDNAを平面上に配置しておき，末端に蛍光色素を付けたターゲットDNA分子が結合するのを，光学的に検出する。**図4.62**(a)は，光感受性試薬を用いたフォトリソグラフィの手法で異なる4種類の塩基を空間的に配列しながら，すべての組み合わせでプローブを基板上に形成する方法で，米国のAffimetrix社で開発され使われている[25]。図4.62(b)は肝臓ガンの増殖に関係する1塩基多型SNPs（Single-Nucleotide Polymorphism）を解析するチップを作成した例である[26]。この場合はSNPsに関係する部分だけ，光感受性試薬を用いたフォトリソグラフィを適用し，他の配列は通常のDNA合成法で歩留り良く作られている。

　小さなチップがたくさん使われるのに，集積回路技術は適しており安く供給できるため，使い捨てで診断検査に用いることができる。**図4.63**は抗原などの生体関連物質を検知できる使い捨てワイヤレスイムノセンサで，米国のカリフォルニア大学バークレー校で研究されているものである[27]。原理を(a)に示すが，磁気センサ上に抗体が固定化されており，血液などに入れると抗原抗体反応（イムノ反応，免疫反応）で抗体に特定の抗原が結合する。それに磁気ビ

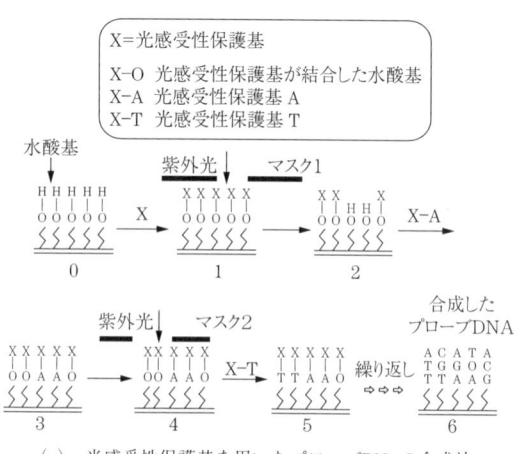

```
               X=光感受性保護基
               X-O 光感受性保護基が結合した水酸基
               X-A 光感受性保護基A
               X-T 光感受性保護基T
```

(a) 光感受性保護基を用いたプローブDNAの合成法

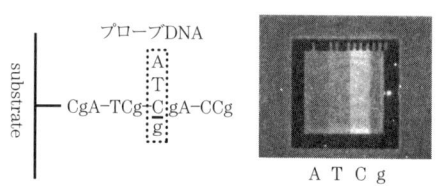

(b) 肝臓がん増殖遺伝子のSNPs解析例

図4.62 基板上にプローブDNAを合成した分析チップ

ーズの付いた抗体を結合させ，側面から交流磁場を与えると，この磁気ビーズが磁気センサで検知される。磁気センサはアレイ状に複数配列されており，エイズとかでんぐ熱とかの抗体をそれぞれ付けておくことによって，それらを同時に調べることもできる。(b)のようにチップには通信用の回路やコイルも集積化されており，読み出し装置側のコイルを近づけることによって，トランス結合で電源供給や読み出しを行うことができ，使用後はチップを捨てる。電話などでデータを病院に送り，必要に応じて再検査を行う。

　ベッドサイドで血液を分析する図4.59や図4.60のような技術は，精度管理の点から集中的な自動血液分析装置に代わることは難しい。しかし図4.63の

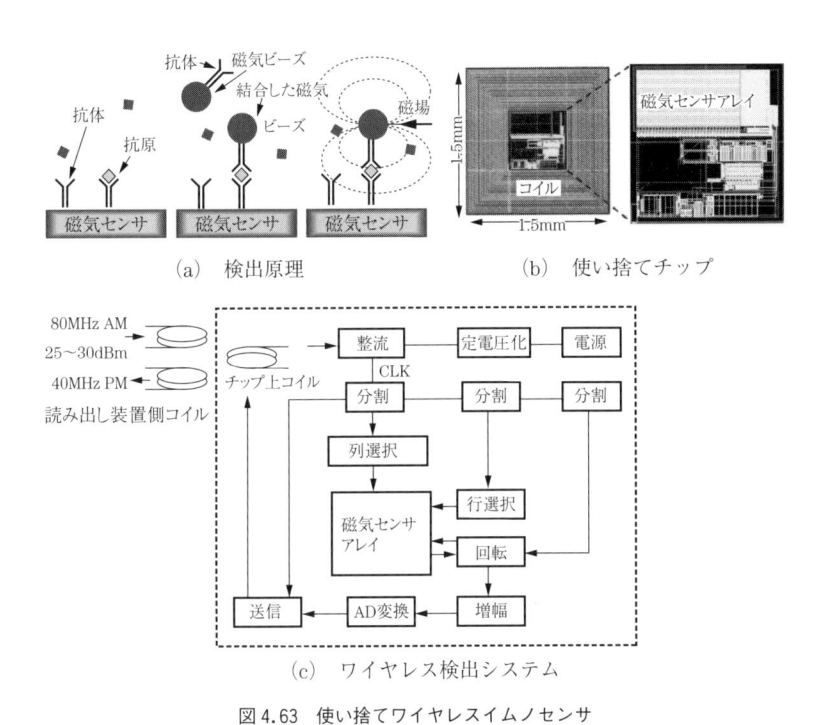

図 4.63　使い捨てワイヤレスイムノセンサ
(a) 検出原理
(b) 使い捨てチップ
(c) ワイヤレス検出システム

ように健康管理のために家庭で検査するような目的であれば病院で再検査をするため，医療ミスにつながる恐れもなく，進歩した集積回路の技術を活かして通信機能などを持たせれば，安価で使い捨てができ役に立つ．

コラム 17

## 多孔神経再生電極

　多数の孔の開いた電極を神経束の断面に付けて，神経が再生して孔に入り込むことを利用すると，神経インパルス信号を取り出せる可能性がある．この多孔神経再生電極は，言わば神経との電気的なコネクタに相当するもので，神経の切れた障害者のために，義手を動かす信号を取り出すことなどに利用することも考えられる．図 4.64 は，Si の孔に絶縁

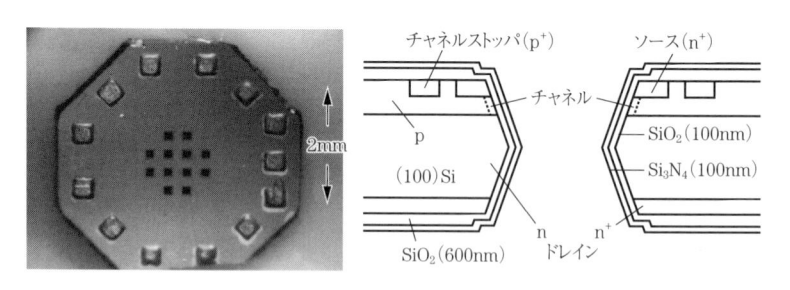

図 4.64　試作した FET 式多孔神経再生電極

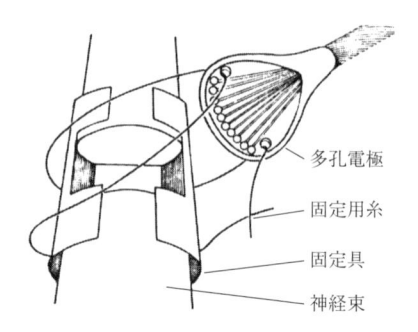

図 4.65　多孔神経再生電極の提案

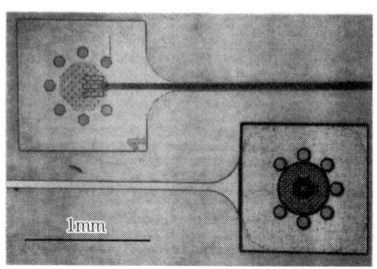

図 4.66　単結晶 Si を配線に用いた多孔神経再生電極

ゲートの電界効果トランジスタ（FET）を形成した構造の多孔神経再生電極である[28]。これを用いた実際の動物実験では，神経からの信号を得ることには成功しなかった。

これは 1974 年の Science 誌に図 4.65 のような図で提案されたものである[29]。実際の手術でも，切断された神経は再生して神経鞘に入り込むため，リハビリで運動機能を回復させることが行われている。

図 4.66 は米国のミシガン大学で作られた多孔神経再生電極である。単結晶 Si も薄くすると曲がるため，それをケーブルに使うことによって神経に傷を付けないように工夫している[30)31]。このように，30 年ほど前から多くの人によって研究されているが，神経との接続部は難しいため，実用には至っていない。

## 参　考　文　献

1) K. D. Wise, J. B. Angell & A. Starr : IEEE Trans. on Bio-Medical Eng., **BME-17**, 238 (1970)
2) 太田好紀，江刺正喜，松尾正之：医用電子と生体工学，**19**，106 (1981)
3) Y. Yao, M. N. Gulari, J. A. Wiler & K. D. Wise : J. of Microelectromechanical Systems, **16**, 977 (2007)
4) T. R. Gheewala, R. D. Melen & R, L. White : IEEE J. of Solid-State Circuits, **SC-10**, 472 (1975)
5) J. L. Novak & B. C. Wheeler : IEEE Trans. on Biomedical Eng., **BME-13**, 196 (1986)
6) K. Takahata, A. DeHennis, K. D. Wise & Y. B. Gianchandani : Technical Digest IEEE MEMS 2004, p. 216 (2004)
7) H. Kawashima, M. Nakanishi & N. Takeda : Proc. of SPIE, **5717**, 219 (2004)
8) 春名正光：光技術コンタクト，**46**，486 (2008)
9) K. Aljasem, A. Seifert & H. Zappe : MEMS 2009 Technical Digest, p. 1003 (2009)
10) H. Akahori, H. Wada, M. Esashi & Y. Haga : Technical Digest MEMS 2005, p. 76 (2005)
11) Y. Haga & M. Esashi : Proc. of the IEEE, **92**, 98 (2004)
12) 陳俊傑，江刺正喜，大城理，千原国宏，芳賀洋一：生体医工学，**43**，553 (2006)
13) Y. Haga, Y. Muyari, T. Mineta, T. Matsunaga, H. Akahori & M. Esashi : Proc. of the 3rd Annual International IEEE EMBS Special Topic Conference on Microtechnologies in Medicine and Biology, p. 245 (2005)
14) 五島彰二，松永忠雄，松岡雄一郎，黒田輝．江刺正喜，芳賀洋一：電気学会論文誌E，**128-E**，389 (2008)
15) 戸津健太郎，芳賀洋一，江刺正喜：電気学会論文誌E，**120-E**，211 (2000)
16) K. Totsu, Y. Haga & M. Esashi : J. of Micromech. Microeng., **15**, 71 (2005)
17) M. Esashi & T. Matsuo : J. of the Japan Soc. of Applied Physics, **44**, Supplement, 339 (1975)
18) M. Esashi & T. Matsuo : IEEE Transactions on Biomedical Engineering, **BME-25**, 184 (1978)
19) K. Shimada, M. Yano, K. Shibatani, Y. Komoto, M. Esashi & T. Matsuo : Med. & Biol. Eng. & Comput., **18**, 741 (1980)
20) 中村通宏：Chemical Sensors, **18**, 2 (2002)
21) S. Shoji, M. Esashi & T. Matsuo : Sensors & Actuators, **14**, 101 (1988)
22) I. R. Lauks : Acc. Chem. Res, **31**, 317 (1998)
23) M. A. Burns, et al. ; Microfluidis, Science, **282**, 485 (1998)
24) K. Handique, D. T. Burke, C. H. Mastrangelo & M. A. Burns : Solid-State Sensors and Actuators Workshop, p. 3346 (1998)

25) S. P. A. Fodor, J. L. Read, M. C. Pirrung, L. Stryer, A. T. Lu & D. Solas : Science, **251**, 767 (1991)
26) K. Takahashi, K. Seio, M. Sekine, O. Hino & M. Esashi : Sensors and Actuators B, **83**, 67 (2002)
27) T. Ishikawa, T. S. Aytur & B. E. Boser : Complex Medical Eng. 2005 (CME 2005), p. 943 (2005)
28) 山口淳, 松尾正之, 江刺正喜：第 17 回日本 ME 大会, p. 261 (1978)
29) A. Mannard, R. B. Stein & D. Charles : Science, **183**, 547 (1974)
30) T. Akin & K. Najafi : Digest of Technical Papers, Transducers'91, p. 128 (1991)
31) T. Akin, K. Najafi & R. M. Bradley : IEEE J. of Soilid–State Circuits, **33**, 109 (1998)

## 4.5 MEMS ビジネス

　設計，ウェハプロセス，およびパッケージング・テストの一連の作業における，集積回路と MEMS の分業体制の違いを**図 4.67** に示す。集積回路の場合はウェハプロセスやパッケージング・テストは標準化・共通化されており，これらの作業は分業して進めることができる。これに対して MEMS では設計，ウェハプロセス，およびパッケージング・テストの作業が相互に関係し合う。具

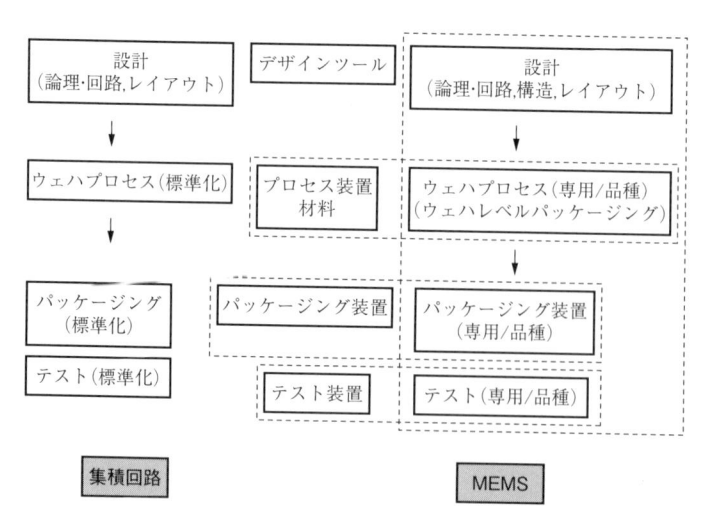

図 4.67　標準化・分業化が可能になっている集積回路，および相互に関係する MEMS

| 集積回路 | MEMS |
|---|---|
| ・作業の独立性が高く分業可 | ・作業間に関係があり分業困難 |
| ・回路設計が中心 | ・機械・電気・光・材料などの融合 |
| ・要素数が膨大で複雑 | ・多様な知識が必要で複雑 |
| ・標準プロセス・標準パッケージング・標準テスト | ・専用プロセス・専用パッケージング・専用テスト |
| ・標準プロセス装置（微細・高額） | ・専用プロセス装置・パッケージング装置・テスト装置開発 |
| ・ウェハ状態でプロービングテスト可 | ・パッケージング後にしかできないテストが多い |
| ・巨額設備開発投資・量産，集中製造 | ・多品種少量・付加価値大・分散製造 |
| ・短製品寿命・投資短期回収，シリコンサイクル | ・長製品寿命・投資長期回収，技術流出小 |

図 4.68　集積回路と MEMS における特徴の違い

体例にはエッチング加工などの知識がないと，どのような構造が作れるか理解することは難しい。またダイシングやパッケージングを考え，MEMS 部分を保護する構造をウェハプロセス段階で作るウェハレベルパッケージングなどが必要である。

　**図 4.68** に集積回路と MEMS の特徴を比較してある。集積回路の場合には回路設計によって機能を実現するのに対し，MEMS では機械・電気・光・材料などのさまざまな知識を融合した設計を行うが，前者では要素の数が膨大で複雑なのに対し，後者では多様な知識が要る点で複雑である。集積回路の場合は品種が違ってもプロセス・パッケージング・テストを共通の装置群で行うが，装置は微細化に対応し高度に発達した高額なものになる。これに対し MEMS では，品種ごとに専用プロセス・専用パッケージング・専用テスト・専用装置が必要になり，材料開発・装置開発などを MEMS のデバイスごとに行われければならない。集積回路ではウェハ状態でプロービングテストができるが，MEMS では機械的に動かしたりすることもあるためパッケージング後にしかテストできない場合が多い。このため内部に静電アクチュエータなどを組み込んで電気的に自己診断できるようにし，ウェハ状態でのプロービングテストを

可能にするようなことも行われる．この他経済的には，集積回路では集中的な生産施設で巨額の設備開発投資を行い，量産効果で投資を回収しながら再生産を続けており，短製品寿命・短期投資回収である．また各社が一斉に設備投資をして過剰生産になるシリコンサイクルと呼ばれる変動がある．これに対してMEMSでは，多品種少量で多様な知識が必要で，品種ごとに設計・製造・パッケージング・テストが異なり，少量でフォトファブリケーションの量産効果が活かせない場合も多いが，付加価値は高く，製品寿命は長いため長期で投資を回収でき，また極端な知識集約になるため技術流出もし難い．

マイクロマシニングによるMEMSは圧力センサを始めとして以前から使われ，生産額は毎年13％程の割合で成長し続けている．システムの重要な部品として用いられ付加価値も高い．しかし品種ごとに製造方法が異なり標準化しにくく，設備も必要なため，その開発や生産はコスト的に容易ではない．しかし集積回路の微細化による性能向上が鈍化を見せ始め，多様化による高付加価値化の方向でのMEMSへの期待は大きい．

図4.69にはMEMSにおける開発と製造の関係を示しており，上側は大量に出るものである．MEMS産業の柱となる高付加価値システムLSIとしての「集積化MEMS」は，大量に出る場合も多いがその開発は難しいため，開発が追いつかず製造設備が遊休化しがちである．このためICビジネスの延長で作り易くたくさん出るようなMEMSを，他社と同じように作って競争し合う傾向にある．

一方図4.69の中段のように，開発を行っても少量なためにコストの点から生産できない場合も多い．このようなニーズに応え多品種少量を可能にする，通常の集積回路の場合とは異なるMEMSビジネスモデルが必要である．償却済み設備の有効利用や大学との連携などで固定費を減らしたり，また設備をコインランドリーのような形で借りて，研究開発や製造を行うなど，MEMSビジネスモデルへの努力も行われている[1]．

MEMSはシステムの鍵を握る部分に使われ付加価値も高いが，多様で製品開発は容易でない．知識に効率的にアクセスし，短期間に開発できなければならない．このため設備の共用・有効活用，研究開発の効率化・低コスト化のた

第4章◆MEMSの応用

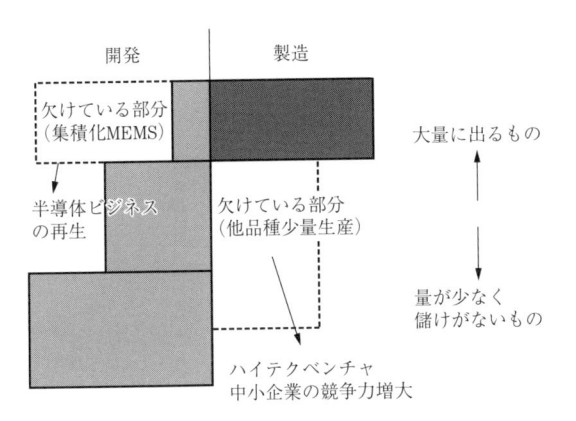

図4.69 MEMSの開発・製造における課題

めのオープンコラボレーションの他，試作開発を通し設計から製作まで全体を経験したリーダーを育てることなど，MEMSの将来に向けた努力が必要である。

> コラム 18
>
> ## MEMS企業9社の連携プロセスによる MEMS携帯ストラップ
>
> MEMSはSiチップ上に多様な要素を作るため，CMOSLSIなどの場合と異なり，いろいろな設備や技術が必要となる。特定の設備が不足しているために1社では作れないことも多い。このため同じウェハを別の会社でプロセスできることも必要で，その実験としてMEMS企業9社の連携プロセスを行った[2]。「SEMIマイクロシステム／MEMSセミナー10周年記念イベント」で製作した「MEMS携帯ストラップ」の製作工程と写真を図4.70に示す。これは東京エレクトロン㈱の円城寺啓一氏の発案により，国内のMEMS関連企業にボランティアとして協力して頂いたものである。SOIのシリコンウェハに，文字のパターンを形成したダイアフラムを形成してある。図のようにMEMS関連企業の回り持

ちで4インチウェハを処理して頂いたが，図以外にウシオ電機㈱，住友精密㈱や丸紅ソリューション㈱などの企業にもご協力頂いた。

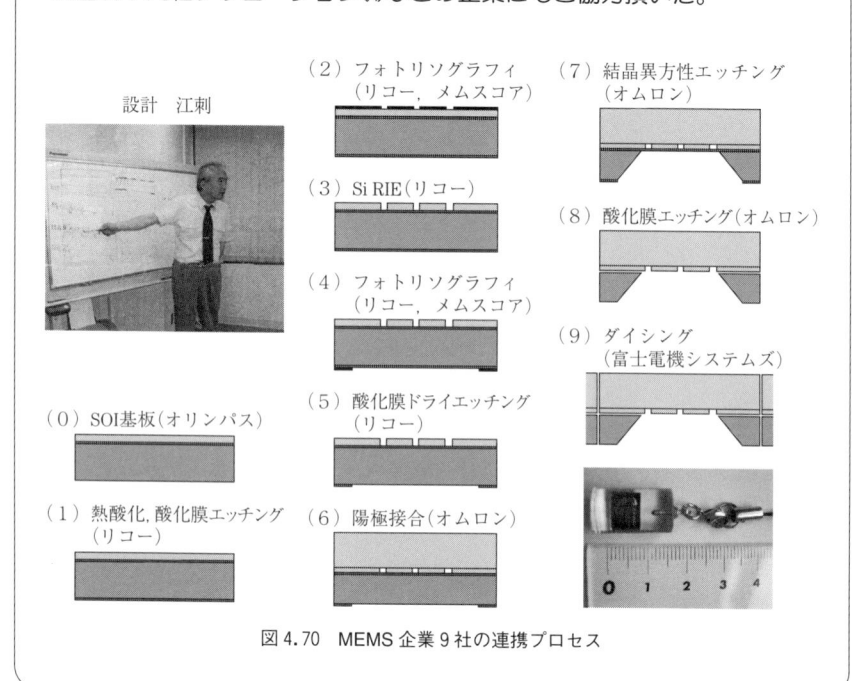

図4.70 MEMS企業9社の連携プロセス

(0) SOI基板(オリンパス)
(1) 熱酸化, 酸化膜エッチング (リコー)
(2) フォトリソグラフィ (リコー, メムスコア)
(3) Si RIE (リコー)
(4) フォトリソグラフィ (リコー, メムスコア)
(5) 酸化膜ドライエッチング (リコー)
(6) 陽極接合(オムロン)
(7) 結晶異方性エッチング (オムロン)
(8) 酸化膜エッチング(オムロン)
(9) ダイシング (富士電機システムズ)

設計 江刺

## 参 考 文 献

1) 戸津健太郎：電子デバイス技術の行方，日本工業出版（2010）
  http://www.mu-sic.tohoku.ac.jp/coin/index.html
2) 江刺正喜：SEMI News, **23**, 22 (2007-12)

# さくいん

## 【あ】

アクチュエータ …………………… 128
アスペクト比 ……………………… 17
アスペクト比（幅に対する深さの比）… 47
圧縮応力（負応力）………………… 64
圧電アクチュエータ ………… 128, 132
圧電効果 …………………………… 133
圧電薄膜 …………………………… 61
厚膜レジスト ……………………… 17
圧力センサ …………………… 42, 150
アノーディックボンディング …… 68
暗視カメラ ………………………… 189
安定化ジルコニア（YSZ）………… 143
イオンエッチング ………………… 32
イオンエッチング（スパッタエッチング）
 …………………………………… 47
異常エッチング …………………… 43
一時的接合（temporary bonding）…… 102
一括組立 …………………………… 105
一体型可動ステージ ……………… 134
一点支持 …………………………… 64
異方性エッチング ………………… 32
異方性ドライエッチング ………… 47
イメージリバーサルレジスト …… 18
医療 ………………………………… 200
インクジェットプリンタ ………… 87
インクジェットプリンタヘッド … 166
ウェットエッチング …………… 32, 33
ウェハ内 MEMS 共振子 …………… 175
ウェハパーシャルソー …………… 83
ウェハレベルバーンインテスト用プローブカード ……………………………… 188
ウェハレベルパッケージング … 50, 101
ウェハレベルパッケージング技術 … 89
エアバック ………………………… 114
液浸密着露光 ……………………… 23
液相 CVD …………………………… 58
液相堆積 …………………………… 59
液相堆積法 ………………………… 54
液体用コリオリ式質量流量計 …… 194
エッチング ………………………… 32
エッチング液に耐性があるレジスト …… 18
エッチング形状 …………………… 48
エッチング速度 …………………… 48
エネルギー源 ……………………… 142
エネルギーハーベスト技術 ……… 142
エレクトレットマイクロホン …… 164
応力制御 ………………………… 54, 61
オープンコラボレーション ……… 221
オンチップマルチ周波数ラム波共振子
 …………………………………… 177
温度勾配帯溶融法 ………………… 66

## 【か】

カード型 DNA 分析装置 …………… 210
カーボンナノチューブ …………… 58
カーボンナノチューブ（CNT）…… 186
カーボンナノチューブラジオ …… 198
開口数 $NA$（Numerical Aperture）…… 23
改質加工 …………………………… 66
解像度 $R$（Resolusion）…………… 23
回転ジャイロ ………………… 156, 161
化学増幅型 ………………………… 17
化学的気相堆積法 CVD（Chemical Vapor Deposition）……………………… 54
拡散接合 …………………………… 74
角速度センサ（ジャイロ）………… 155
ガスエッチング ………………… 32, 45
ガスクロマトグラフ ……………… 13
ガスレートジャイロ ……………… 156
加速度センサ ………………… 100, 152
型成形（プレスモールド）………… 184

片持ち梁振動子 ……………………… 73
カテーテル …………………………… 204
可変重なり型 ………………………… 128
可変間隔型 …………………………… 128
可変ファブリペロー干渉計 ………… 190
ガラス貫通配線 ……………………… 60
ガラス貫通配線構造 ………………… 50
ガラスモールドプレス ……………… 185
ガルバノメトリックエッチング …… 40
環境ガス ……………………………… 190
慣性センサ …………………………… 150
貫通エッチング ……………………… 50
眼底カメラ …………………………… 202
犠牲層エッチング ………………… 47, 82
気相堆積 ……………………………… 54
気相堆積法 …………………………… 54
気体・液体の制御 …………………… 192
気体用熱型質量流量センサ ……… 64, 193
逆圧電効果 …………………………… 133
逆テーパ ……………………………… 49
吸引屈曲型能動カテーテル ………… 207
共晶接合 …………………………… 74, 100
共振型圧力センサ …………………… 40
共振型センサ …………………… 120, 125
共振ゲートトランジスタ …………… 85
共通化 ………………………………… 217
金属同士の接合 ……………………… 74
櫛歯電極方式（コムドライブ）…… 130
クヌーセンポンプ …………………… 140
組立 …………………………………… 98
携帯用 pH センサ …………………… 209
ゲージ圧センリ ……………………… 152
血液間歇採取分析システム ………… 210
血管内前方視超音波イメージングプローブ
  ………………………………………… 206
結晶異方性エッチング …………… 34, 37
結晶面 ………………………………… 34
ゲッタ ………………………………… 77
減圧 CVD（LPCVD（Low Pressure CVD））
  ………………………………………… 56

原子間力顕微鏡 ……………………… 196
原子層堆積 ALD（Atomic Layer Deposition）
  ………………………………………… 143
原子時計 ……………………………… 194
原子力潜水艦 ………………………… 161
顕微 FTIR（フーリエ変換型赤外分光光度
  計）………………………………… 111
光学診断機器 ………………………… 202
抗原―抗体 …………………………… 213
抗原―抗体反応 ……………………… 213
酵素―基質 …………………………… 213
高付加価値化 ………………………… 220
高密度プラズマ ……………………… 50
小形電子時計 ………………………… 195
極細光ファイバ血圧センサ ………… 206
固体酸化物型燃料電池 SOFC（Solid Oxide
  Fuel Cell）………………………… 143
コバール 10 …………………………… 69
鼓膜体温計 …………………………… 189
コリオリ力 …………………………… 156
コンデンサマイクロホン …………… 164
コンフォーマル貼り ………………… 17

【さ】

サーモマイグレーション …………… 66
細管電気泳動分析 …………………… 137
細胞融合 ……………………………… 140
材料データ …………………………… 110
ザグニャック効果 …………………… 156
シース ………………………………… 48
磁気共鳴イメージング ……………… 197
磁気共鳴イメージング MRI（Magnetic
  Resonance Imaging）……………… 206
磁気共鳴力顕微鏡 …………………… 197
自己現像レジスト …………………… 18
自己支持型 …………………………… 64
自己支持薄膜構造 …………………… 39
自己触媒反応 ………………………… 33
自己整合 ……………………………… 105
自己整合的 …………………………… 24

自己組織化（セルフアセンブリ）............ 29
自己組織的単分子膜 SAM（Self Assembled Monolayer）............ 27
自然酸化膜 ............ 74
自動車・家電応用 ............ 150
自動車用エアフローセンサ ............ 115
ジブロックコポリマー ............ 29
シミュレーション ............ 110
指紋イメージャ ............ 164
集積化 ............ 86
集積化 MEMS ............ 93, 220
集積化振動ジャイロ ............ 91, 92
集積化容量型圧力センサ ............ 89
集積化容量型加速度センサ ............ 90
周波数掃引連続波 FMCW（Frequency Modulated Continuous Wave）............ 191
縮小投影 ............ 23
縮小投影露光（ステッパ）............ 23
出力 ............ 165
常温界面活性化接合法 ............ 73
蒸着 ............ 54
焦電検出器 ............ 190
焦点深度 DOF（Depth Of Focus）............ 23
情報・通信応用 ............ 163
触覚イメージャ ............ 126
触覚ディスプレイ ............ 107
シリコーンゴム ............ 18, 27
真空センサ ............ 77
真空封止 ............ 75
神経インパルス導出用多重電極 ............ 200
人工内耳 ............ 200
振動ジャイロ ............ 75, 135
水晶 ............ 133
水晶振動ジャイロ ............ 158
スカロプス ............ 48
ステッパ ............ 23
ステッピング方式 ............ 130
ステルスダイシング ............ 107
ステンシルマスク ............ 55
ステント ............ 201

ステント用血圧・血流センサ ............ 201
スパッタリング ............ 54
スピンナ ............ 19
スプレーコーティング ............ 20
製造・検査応用 ............ 184
生体成分分析 ............ 208
静電 MEMS スイッチ ............ 179
静電アクチュエータ ............ 114, 128
静電引力 ............ 68, 74
静電駆動・容量検出型振動ジャイロ ............ 158
静電サーボ 3 軸加速度センサ ............ 155
静電サーボ型 ............ 125
静電式インクジェットプリンタ ............ 112
静電浮上 3 軸加速度センサ ............ 155
静電浮上回転ジャイロ ............ 131, 159
静電容量型センサ ............ 120, 121
赤外線イメージャ ............ 189
赤外線干渉スペクトル ............ 111
赤外線センサ ............ 189
赤外線フィルタ ............ 190
積層圧電アクチュエータ ............ 133
設計 ............ 109
接合 ............ 68
絶対圧センサ ............ 152
セルフアセンブリ ............ 29
センサ ............ 120
センサタグ ............ 174
選択エッチング ............ 40
選択研磨 ............ 44
せん断型ピエゾ抵抗素子 ............ 123
走査型近接場光顕微鏡 ............ 196
走査型トンネル顕微鏡 STM（Scanning Tunnel Microscope）............ 26
捜査型プローブ顕微鏡 ............ 196
相対圧センサ ............ 152
相変化記録媒体 ............ 172
側壁保護膜堆積（パッシベーション）... 47
ゾルゲル法 ............ 61

## 【た】

- ターゲット DNA ……………………… 213
- ダイアフラム ……………………… 42, 76
- 堆積 ……………………………………… 54
- タイヤ圧モニタシステム ……………… 191
- タイヤ圧モニタシステム（TMPS）…… 151
- 多孔神経再生電極 ………………… 215, 216
- 多重露光 ………………………………… 23
- 多層金属膜の異常エッチング ………… 43
- 多品種少量 ……………………………… 220
- 多様化 …………………………………… 220
- 炭化珪素（SiC）を型（モールド）…… 184
- 単結晶 Si カンチレバー ………………… 85
- チタン酸ジルコン酸鉛（PZT）…… 133, 134
- 超音波トランスジューサ ……………… 205
- 超小型ガスタービンエンジン発電器 … 146
- 超弾性合金 ……………………………… 206
- 超臨界状態乾燥 ………………………… 83
- 直接接合 …………………………… 68, 71
- 直接メタノール燃料電池 DMFC（Direct Methanol Fuel Cell）…………………… 142
- 使い捨て分析チップ …………………… 210
- 使い捨てワイヤレスイムノセンサ …… 213
- 低応力厚膜 ……………………………… 95
- 低温 Deep RIE ………………………… 50
- 低周波基板バイアス …………………… 49
- 低侵襲診断治療 ………………………… 200
- ディスク共振子 ………………………… 179
- ディゾルブドウェハプロセス ……… 39, 80
- 低融点ガラス ………………………… 74, 100
- 定量混合機構 …………………………… 212
- デフォーマルミフー …………………… 203
- 手振れ防止 ……………………………… 156
- 電解エッチング ………………………… 38
- 電解放射電子源 ………………………… 186
- 電解めっき ……………………………… 59
- 電気泳動 ………………………………… 138
- 電気化学エッチング停止法 …………… 39
- 電気真空ジャイロ ESG（Electric Vacuum Gyro）………………………………… 161
- 電気浸透流ポンプ ……………………… 137
- 電磁アクチュエータ …………… 128, 135
- 電子源 …………………………………… 75
- 電磁式振動発電機 ……………………… 143
- 電子スピン共鳴 ………………………… 197
- 電子ビーム露光 ………………………… 26
- 電着レジスト …………………………… 18
- 電鋳 ……………………………………… 59
- テンティング貼り ……………………… 17
- テンパックスガラス …………………… 69
- 投影露光 ………………………………… 21
- 等方性エッチング ………… 32, 33, 37, 45
- 等方性ドライエッチング ……………… 47
- ドライエッチング …………………… 32, 45
- ドライフィルム ………………………… 17

## 【な】

- 内視鏡 …………………………………… 202
- 内部応力 ………………………………… 61
- 内部空洞 ………………………………… 152
- ナノインプリント ……………………… 28
- ナノヒータプローブアレイ …………… 172
- ナノマシニング ………………………… 9
- ナビゲーション（航行制御）……… 156, 161
- ニュークレアバッテリ ………………… 144
- 入力 ……………………………………… 163
- ネガ型 …………………………………… 17
- 熱型アクチュエータ …………… 128, 137
- 熱型加速度センサ ……………………… 155
- 熱型質量流量センサ …………………… 193
- 熱型赤外線イメージャ ………………… 189
- 熱型赤外線センサ ……………………… 75
- 熱毛管ポンプ …………………………… 138
- 燃料改質器 ……………………………… 144
- 能動カテーテル ………………………… 206
- ノッチング ……………………………… 49

## 【は】

- ハイブリッド組立型 …………………… 87
- バイモルフ圧電（ピエゾ）アクチュエータ

| | |
|---|---|
| ………………………………… | *133* |
| バイモルフ構造 ……………………… | *133* |
| パイレックスガラス …………… | *50, 69, 185* |
| 薄膜バルク音響共振子 ……………… | *104* |
| パターニング ………………………… | *16* |
| パターンドメディア ………………… | *31* |
| パッケージング ……………………… | *98* |
| パッシェン曲線 ……………………… | *132* |
| 撥水性処理 …………………………… | *83* |
| 張り付き（スティッキング）……… | *83* |
| パリレン ……………………………… | *202* |
| バルクマイクロマシーニング ……… | *79* |
| パルスプラズマ源 …………………… | *49* |
| 反射型 MEMS ディスプレイ（iMOD）… | *169* |
| はんだ接合 …………………………… | *100* |
| はんだ付け …………………………… | *74* |
| 反応性イオンエッチング …… | *47, 100* |
| 反応性イオンエッチング（Deep RIE）… | *42* |
| 反応性イオンエッチング RIE（Reactive Ion Etching） ………………………… | *32* |
| 微圧用センサ ………………………… | *89* |
| ピエゾ抵抗 …………………………… | *42* |
| ピエゾ抵抗型圧力センサ …………… | *151* |
| ピエゾ抵抗型センサ ………………… | *120* |
| ピエゾ抵抗係数 ……………………… | *120* |
| ピエゾ抵抗効果 ……………………… | *120* |
| ピエゾ抵抗素子 ……………………… | *40* |
| 光減衰器 ……………………………… | *130* |
| 光コヒーレンストモグラフィ …… | *203, 204* |
| 光スキャナ ……………………… | *135, 170* |
| 光スキャナ式内視鏡 ………………… | *204* |
| 光導波路 ……………………………… | *138* |
| 光ファイバジャイロ ………………… | *156* |
| 非球面レンズ ………………………… | *184* |
| 非結合ボンド数 ……………………… | *34* |
| 微細加工技術 ………………………… | *8* |
| 非蒸発型ゲッタ（NEG：Non Evaporable Getter） ……………………………… | *76* |
| 非線形ばね …………………………… | *179* |
| 引っ張り応力 ………………………… | *62* |

| | |
|---|---|
| 引っ張り応力（正応力）…………… | *64* |
| ヒドラジン …………………………… | *36* |
| ピニング効果 ………………………… | *61* |
| 評価 …………………………………… | *109* |
| 標準化 ………………………………… | *218* |
| 標準電極電位 ………………………… | *40* |
| 表面弾性波 …………………………… | *191* |
| 表面張力（メニスカス力）………… | *82* |
| 表面プラズマモン …………………… | *197* |
| 表面マイクロマシーニング ……… | *47, 79, 80* |
| 表面マイクロマシーニング技術 …… | *85* |
| ピロリ菌ウレアーゼ測定器 ………… | *209* |
| ヒンジメモリ効果 …………………… | *92* |
| フェムト秒レーザ …………………… | *60* |
| フォースバランス型 ………………… | *125* |
| フォトエレクトロプレーティング … | *59* |
| フォトファブリケーション ………… | *16* |
| フォトファブリケーション（フォトリソグラフィ）………………………………… | *8* |
| フォトレジスト ……………………… | *16* |
| 複合プロセス ………………………… | *79* |
| 不純物濃度依存性エッチング ……… | *37* |
| 物理的気相堆積法 PVD（Physical Vapor Deposition） ……………………… | *54* |
| プラズマ CVD ……………………… | *58* |
| プラズマアンダーカット …………… | *84* |
| プラズマエッチング ……………… | *32, 45* |
| プラズマ支援接合 …………………… | *71* |
| プラズマ支援低温接合 ……… | *72, 73, 85, 93* |
| プリントヘッド ……………………… | *87* |
| プルイン ……………………………… | *129* |
| プローブ DNA ……………………… | *213* |
| プローブ型 ISFET ………………… | *209* |
| プログラマブル PLL（Phase Locked Loop）………………………………… | *174* |
| 分析チップ …………………………… | *212* |
| 並列シャント式容量型 MEMS スイッチ ……………………………………… | *180* |
| 変形 …………………………………… | *62* |
| ボイル・シャルルの法則 ………… | *77* |

放射温度計 …………………………… 189
放電（絶縁破壊）…………………… 132
ボータイアンテナ型プローブ ………… 197
ポーラス Si ……………………………… 41
保持（ラッチ）機構 ………………… 135
ポジ型 …………………………………… 17
保全用センシング …………………… 191
ホットエンボシング …………………… 28
ホットフィラメント CVD 装置 ……… 58
ポリイミド接合 ……………………… 178
ポリシングクロス ……………………… 44
ポリスチレン（PS）…………………… 29
ポリマーを介した接合 ………………… 74
ポリメチルメタクリレート（PMMA）… 29
ボロメータ …………………………… 189
ポンプ ………………………………… 137

【ま】

マイクロ ISFET ……………………… 210
マイクロ機械共振子 ………………… 174
マイクロコンタクトプリンティング …… 26
マイクロシステム ……………………… 11
マイクロ燃料改質器 ………………… 144
マイクロプローブ …………………… 196
マイクロマシーニング ………………… 8
マイクロメカニカルフィルタ ………… 92
マグネトロンプラズマ ………………… 50
マクロポーラス Si ……………………… 42
マスク合わせ装置 ……………………… 21
マスク蒸着法 …………………………… 56
マスクレス電子ビーム描画装置 ……… 185
マスクレス露光 ………………………… 23
マスクレス露光装置 …………………… 93
マルチ鏡筒並列電子ビーム描画装置 … 185
マルチプローブデータ記録装置 ……… 172
ミクロ相分離 …………………………… 29
密着露光（プロキシミティ露光）…… 21
ミラーアレイ …………………………… 93
無電解めっき …………………………… 59
メニスカス力（表面張力）…………… 47

網膜ディスプレイ …………………… 171
モノリシック集積型 …………………… 87

【や】

誘電泳動 ……………………………… 138
ユニモルフ構造 ……………………… 133
陽極酸化 ………………………………… 38
陽極酸化（陽極化成）………………… 42
陽極接合 ……………………… 68, 70, 74
溶存炭酸ガス分圧（PCO$_2$）……… 208
容量型 AFM ………………………… 196
容量型 MEMS マイクロホン ………… 164
容量型圧力センサ（真空センサ）…… 125
容量型センサ …………………………… 95
ヨーレートセンサ …………… 157, 159

【ら】

リフトオフ ……………………………… 55
流速型マイクロホン ………………… 165
両持ち梁構造 …………………………… 64
リングレーザジャイロ ……………… 156
レーザ治療機能付きスキャナ内視鏡 … 205
レーザドップラ法 …………………… 112
レーザ描画装置 ……………………… 188
レーザプロジェクタ ………………… 170
レジスト ………………………………… 16
レジストの塗布 ………………………… 18
レジストの剥離 ………………………… 19
レチクル ………………………………… 23
露光 ……………………………………… 21
露光装置 ………………………………… 21

【わ】

ワイヤレス湿度センシングシステム … 145

【数字・英字】

1-3 コンポジット …………………… 205
{100} 面 ………………………………… 34
{111} 面 ………………………………… 34
1 塩基多型 SNPs（Single-Nucleotide Poly-

morphism) ……………………………… 213
2軸加速度センサ ……………………… 114
2軸集積化容量型加速度センサ ………… 155
a-Si（アモルファスシリコン）…………… 57
AFM（Atomic Force Microscope）……… 196
$C_2H_2$（アセチレン）ガス ………………… 58
CMP（Chemical Mechanical Polishing）
……………………………………………… 44
Curved actuator …………………………… 130
CVD ………………………………………… 56
DARPA（Defense Advanced Research Projects Agency）……………………………… 195
Deep RIE …………………………………… 47
Deep RIE 技術 ……………………………… 48
Deep RIE 装置 ……………………………… 50
Deformable Mirror Device ……………… 181
Digital Micromirror Device ……………… 182
DLP（Digital Light Processing）…… 92, 181
DLP（Digital Light Processing）方式
…………………………………………… 168
DMD ………………………………………… 81
DMD（Digital Micromirror Device）
……………………………………… 11, 181
DMD（Digital Micromirror Device）チップ
…………………………………………… 166
DMD 開発 ………………………………… 181
DMS（Digital Micro Shutter）ディスプレイ
…………………………………………… 169
DNA チップ ………………… 200, 208, 213
DPPH（diphenylpicrylhydrazil）………… 197
EDP（エチレンジアミン―ピロカテコール
―水）………………………………… 36, 44
Electromechanical Delta-Sigma 変調 … 125
epi-poly-Si（エピタキシャルポリシリコン）………………………………………… 95
ESR（Electron Spin Resonance）……… 197
FBAR（Film Bulk Acoustic Resonator）
……………………………………… 104, 179
Field Sequential Color 方式 …………… 170
Fusion bonding …………………………… 71

F ラジカル（F*）…………………………… 45
GLV（Grating Light Velve）……………… 168
GPS（Global Positioning System）……… 195
iMOD（interferometric MODulatar）…… 169
ISFET（Ion Sensitive Field Effect Transistor）……………………………………… 208
Jaccodine のグラフ法 …………………… 109
KOH ………………………………………… 36
LED アレイ ………………………………… 93
LED プリンタヘッド ……………………… 93
LIGA プロセス ……………………………… 59
LSI テスト用プローブカード …………… 188
LTCC（Low Temperature Co-fired Ceramic）
…………………………………………… 101
LTCC（低温焼成セラミック）…………… 188
MEMS ………………………………… 219, 221
MEMS（Micro Electro Mechanical Systems）
………………………………………… 8, 11
MEMS ウェハ ……………………………… 94
MEMS 応用 ……………………………… 150
MEMS 共振子 ……………………………… 55
MEMS 共振子（共振器）………………… 175
MEMS 原子時計 ………………………… 195
MEMS 材料 ……………………………… 115
MEMS スイッチ ………………………… 101
MEMS の製作 ……………………………… 16
MEMS の歴史 ……………………………… 11
MEMS ビジネスモデル ………………… 220
MEMS プローブカード ………………… 188
MEMS マイクロタービン ………………… 72
MEMS マイクロホン …………………… 164
Millipede ………………………………… 172
Mirror-matrix tube ……………………… 181
MOCVD（Metal Organic CDV）………… 134
MRFM（Magnetic Resonance Force Microscope）……………………………………… 197
MRI（Magnetic Resonance Imaging）… 197
MRI 用検出コイル ……………………… 206
NASA（米国航空宇宙局）………………… 13
NEMS（Nano Electro Mechanical Systems）

................................................. *9*
NIST（National Institute of Standards and Technology）................ *195*
NSOM（Near field Scanning Optical Microscope）................ *196*
OCT（Optical Coherence Tomography）
................................................. *203, 204*
OTS（オクタデシルトリクロロシラン，$C_{18}H_{37}SiCl_3$）................ *83*
O ラジカル ................ *50*
$PCO_2$ センサ ................ *210*
PCR（Polymerasa Chain Reaction）...... *213*
PDMS（ポリジメチルシロキサン）......... *27*
pH センサ ................ *208, 210*
PMMA（ポリメチルメタクリレート）... *59*
poly–Si（ポリシリコン，多結晶シリコン）
................................................. *56*
Post CMOS ................ *87, 89*
Pre CMOS ................ *87*
PSG（りんシリケートガラス）............ *105*
PSG（リンシリケートガラス）............ *56*
PZT（チタン酸ジルコン酸鉛）............ *61*
QCM（Quartz Crystal Microbalance）... *213*
Q 値 ................ *41*
RCA 洗浄 ................ *72*
RIE（Reactive Ion Etching）................ *47*
Robert Bosch 社 ................ *47*
SAM（セルフアセンブルドモノレーヤ）
................................................. *83*
SAW（Surface Acoustic Wave）............ *191*
SAW トランスポンダ ................ *191*
SAW トランスポンダ圧力センサ ......... *192*
SCREAM（Single Crystal Reactive Etch and Metal）................ *79*
SF6 ................ *49*
$Si_3N_4$（窒化シリコン）................ *56*

SiC ................ *50*
SiC モールド ................ *185*
$SiH_4$（シラン）ガス ................ *57*
$SiO_2$（酸化シリコン）................ *56*
SiP MEMS ................ *94*
SiP（System in Package）MEMS ......... *87*
SiTime 社 ................ *87*
Si 圧力センサ ................ *121*
Si ウェットエッチング ................ *33*
Si 振動ジャイロ ................ *50*
Si ダイアフラム ................ *40*
Si ダイアフラム圧力センサ ................ *121*
Si ダイアフラム型真空センサ ............ *77*
Si ダイアフラム構造 ................ *40*
Si マイクロホン ................ *164*
SLM（Spatial Light Modulator：光空間変調器）................ *186*
SoC MEMS ................ *87*
SoC（System on Chip）MEMS ............ *87*
SOG（スピンオンガラス）................ *61*
SOI（Silicon On Insulator）............ *40, 174*
SOI（Silicon on Insulator）基板 ......... *71*
SOI ウェハ ................ *62*
SPM（Scanning Probe Microscope）...... *196*
SPR（Suface Plasmon Resonance）...... *213*
TEOS（Tetraethyl orthosilicate $Si(OC_2H_5)_4$）
................................................. *47, 58*
TLP（Transient Liquid Phase）接合 ...... *74*
TMAH（水酸化テトラメチルアンモニウム）................ *36*
TPMS（Tire Pressure Monitor System）
................................................. *191*
UV マスクモールディング ................ *27*
VSC（Vehicle Stability Control）......... *157*
$XeF_4$ ガス ................ *46*
Zipping actuator ................ *130*

### 著者略歴

**江刺 正喜（えさし・まさよし）**

1971 年　東北大学工学部　電子工学科　卒業
1976 年　東北大学大学院　博士課程　修了，東北大学工学部　助手
1981 年　東北大学工学部　助教授
1990 年　東北大学工学部　教授
1995〜1998 年　東北大学ベンチャー・ビジネス・ラボラトリー長
2006〜2009 年　東北大学大学院工学研究科付属マイクロ・ナノマシニング研究教育センター長
現　在　東北大学　原子分子材料科学高等研究機構（WPI-AIMR）教授
　　　　東北大学　マイクロシステム融合研究開発センター（$\mu$SIC）センター長

半導体センサ，マイクロマシーニングによる集積化システム，MEMS の研究に従事し，研究開発において先導的な役割を果たしてきた．電子回路やセンサ，アクチュエータといった多彩な機能をもった素子を Si 基板上に集積化し，情報・通信，自動車・家電，医学・バイオなどの世界でさまざまな基幹部品を生み出す研究開発を実施．
電子通信学会業績賞，日本 IBM 科学賞，SSDM Award，第 3 回産学官連携推進会議文部科学大臣賞などを受賞．2006 年には紫綬褒章を受賞．
電気学会センサ・マイクロマシン準部門長，第 10 回固体センサ・アクチュエータ国際会議（Transducers'99）組織委員長，仙台市地域連携フェロー，MEMS パークコンソーシアム代表，などを歴任．

主な著書：『半導体集積回路設計の基礎』（培風館）
　　　　　『電子情報回路Ⅰ，Ⅱ』（昭晃堂）
　　　　　『マイクロマシーニングとマイクロメカトロニクス』（培風館）
　　　　　『検証　東北大学江刺研究室　最強の秘密』（彩流社）

---

はじめての MEMS　　　　　　　　　　　　　　Ⓒ 江刺正喜　2011
2011 年 3 月 28 日　第 1 版第 1 刷発行　　　【本書の無断転載を禁ず】
2020 年 4 月 10 日　第 1 版第 4 刷発行

著　　者　江刺正喜
発 行 者　森北博巳
発 行 所　森北出版株式会社

　　　　　東京都千代田区富士見 1-4-11（〒102-0071）
　　　　　電話 03-3265-8341／FAX 03-3264-8709
　　　　　https://www.morikita.co.jp/
　　　　　日本書籍出版協会・自然科学書協会　会員
　　　　　JCOPY ＜（一社）出版者著作権管理機構　委託出版物＞

落丁・乱丁本はお取替えいたします　　印刷・製本／美研プリンティング

**Printed in Japan／ISBN978-4-627-78491-8**